人的本性是自私的吗

REN DE BEN XING SHI ZI SI DE MA

进化心理学
视角下的人性论

皋古平 / 著

华东师范大学出版社

图书在版编目(CIP)数据

人的本性是自私的吗:进化心理学视角下的人性论/皋古平著.—上海:华东师范大学出版社,2013.1
ISBN 978-7-5675-0194-2

Ⅰ.①人… Ⅱ.①皋… Ⅲ.①人性论-研究 Ⅳ.①B82-061

中国版本图书馆 CIP 数据核字(2013)第 010601 号

人的本性是自私的吗
进化心理学视角下的人性论

著　　者　皋古平
策划编辑　彭呈军
审读编辑　徐　丽
责任校对　赖芳斌
版式设计　崔　楚
封面设计　陈军荣　孙　震

出版发行　华东师范大学出版社
社　　址　上海市中山北路 3663 号　邮编 200062
网　　址　www.ecnupress.com.cn
电　　话　021-60821666　行政传真 021-62572105
客服电话　021-62865537　门市(邮购)电话 021-62869887
地　　址　上海市中山北路 3663 号华东师范大学校内先锋路口
网　　店　http://hdsdcbs.tmall.com

印 刷 者　常熟市高专印刷有限公司
开　　本　787×1092　16 开
印　　张　20
字　　数　261 千字
版　　次　2013 年 5 月第 1 版
印　　次　2013 年 5 月第 1 次
书　　号　ISBN 978-7-5675-0194-2/B·749
定　　价　39.80 元

出 版 人　朱杰人

(如发现本版图书有印订质量问题,请寄回本社客服中心调换或电话 021-62865537 联系)

目 录

人性百题　　　　　　　　　　　　　　　　　　　　001
前言　　　　　　　　　　　　　　　　　　　　　　001

第一章
人性问题的历史争论　　　　　　　　　　　　　　001

一、"人是万物的尺度"　004

二、"人类心灵的主要动力或推动原则是快乐或痛苦"　007

三、潜意识是"心理的关键性的组成部分"　015

第二章
生物界的一切都是进化的产物　　　　　　　　　　025

一、达尔文与环球考察　028

二、达尔文生物进化学说　033

三、达尔文以后进化论的发展　041

第三章
人的机体上存在着需要 　　　　　　　　043

一、人是动物　045
二、生命的存续需要物质和繁衍　052
三、人的需要归根到底是机体的需要　057

第四章
人的机体上存在着情感需要 　　　　　　067

一、一切生物都有生存能力　069
二、人的原始情感是作为生存能力进化而来的　074
三、情感是生存能力　080
四、情感本质上是情感需要　092
五、情感的生理根源　094
六、"情感"被误解　098

第五章
机体需要的种类 　　　　　　　　　　　　101

一、机体需要种类的确定原则　103
二、营养的需要　106
三、性的需要　108
四、健康的需要　111
五、温度的需要　112
六、睡眠的需要　113
七、好奇的需要（好奇心）　113
八、美的需要（爱美之心）　115
九、尊重的需要（自尊心）　118

十、好胜的需要(好胜心) 123

十一、安全的需要(恐惧感) 126

十二、复仇的需要(仇恨心) 128

十三、情爱的需要(爱情) 130

十四、母爱的需要(母爱) 133

十五、同情的需要(同情心) 138

十六、维护正义的需要(正义感) 138

十七、归群的需要(孤独感) 140

十八、劳动的需要(寂寞感) 141

第六章
机体需要是人的主宰　　　　　　　　　　143

一、快乐、痛苦的感觉是人内在的直接动力 146

二、机体需要是人内在的根本动力 149

三、情感需要是人内在的两大动力之一 153

四、机体需要是人的一切行为的根本动因 169

第七章
情感需要是不图回报利他的根源　　　　　179

一、人类对利他的探索 181

二、为物种生存而利他是自然界的意图 185

三、满足情感需要表现为利他 189

四、自尊守德而利他 191

五、激情而利他 195

六、情感爆发而利他 208

七、真实的人性 212

第八章
机体需要是道德行为的最终基础   **221**

一、物质利益并不是道德的最终基础   223

二、道德与欲望关系的历史考察   225

三、"潘晓讨论"的反叛及迷茫   229

四、"主观为自我,客观为别人"的对与错   232

五、"人都是自私的,不可能有什么忘我高尚的人"的对与错   234

六、道德教育应建立在对个人利益的关心上   237

第九章
机体需要的满足就是幸福   **243**

一、幸福是机体需要满足时的感受   245

二、人幸福的基本需求是相同的   249

三、幸福的人生才是有价值的人生   255

四、个人幸福是国家一切工作的落脚点   258

五、谋求幸福是一门科学   266

第十章
人欲限制与人性实现   **277**

一、人欲先压抑后解放是社会发展的必然   279

二、奴隶社会对人欲的残酷限制是必要的   282

三、封建社会推行禁欲主义和宗教是必要的   284

四、人性的不断解放是历史的必然   287

五、"合乎人性"不是检验历史和现实的标准   293

主要参考书目   **302**

人性百题
——答案在书中

1. 英国历史上发生过人的本性是利己还是利他的大争论吗？（第009页）
2. 美国近30年新生的"进化心理学"有什么重大意义？（第023页）
3. 达尔文环球考察是怎么一回事？（第028页）
4. 达尔文《物种起源》一书的伟大意义是什么？（第032页）
5. 为什么雄性动物普遍比雌性动物高大凶猛？（第038页）
6. 达尔文的"性选择"是指什么？（第039页）
7. 为什么"强大"的恐龙会灭绝而"弱小的"蚂蚁还那样兴盛？（第049页）
8. 在《裸猿》一书中人类是什么？（第051页）
9. 物种生存是生物生长和进化的根本目标吗？（第069页）
10. 雄孔雀为什么会长出不利于飞行和逃避天敌的尾羽？（第070页）
11. 一切生物个体都有生存能力吗？（第071页）
12. 觅食、护身、繁衍是生物个体最基本的生存能力吗？（第073页）
13. 动物有情感吗？（第078页）
14. 生物机体上存在的东西一般都是有用的吗？（第080页）
15. 孕妇的妊娠反应的作用是什么？（第082页）
16. 人的机体上会不会产生有利于群居的情感？（第084页）
17. 好奇心是为更多地觅食而形成的吗？（第085页）
18. 爱美之心是为更好地觅食和择偶而形成的吗？（第086页）
19. 自尊心是为维护群体稳定和自我生存而形成的吗？（第087页）
20. 好胜心是为维护个人在群体中的地位而形成的吗？（第088页）

21. 恐惧感是为防御敌人躲避危险而形成的吗？（第 089 页）
22. 仇恨心是为反抗侵害保护自我而形成的吗？（第 089 页）
23. 爱情是为更好地繁殖而形成的吗？（第 090 页）
24. 母爱是为幼儿健康生长延续物种而形成的吗？（第 090 页）
25. 同情心是为帮助同一群体的受难者维护群体生存而形成的吗？（第 091 页）
26. 正义感是为打抱不平维护群体秩序而形成的吗？（第 091 页）
27. 孤独感是为归入群体避免危险而形成的吗？（第 091 页）
28. 人的机体上不仅有生理需要而且有情感需要吗？（第 093 页）
29. 情感受挫会导致身体疾病吗？（第 096 页）
30. 美国有位女子没有恐惧感是她大脑发育残缺造成的吗？（第 096 页）
31. 情感有两个层次吗？（第 097 页）
32. 人们常说的"精神需要"本质上是"情感需要"吗？（第 099 页）
33. 自然界赋予人味觉和嗅觉的作用是什么？（第 107 页）
34. 老人有儿女关心就没有再婚的必要了吗？（第 110 页）
35. 美女坐怀是乱还是不乱？（第 110 页）
36. 避孕要警惕人类的繁衍会出现危机吗？（第 111 页）
37. 性感美的线索是繁殖吗？（第 116 页）
38. 什么样的女人是最美的女人？（第 116 页）
39. 人为什么爱表扬怕批评？（第 120 页）
40. 将病名"老年痴呆症"改为"脑退化症"有价值吗？（第 121 页）
41. 为什么人在异性面前会感到特别害羞甚至手足无措？（第 122 页）
42. 人在受了委屈时为什么会心酸流泪？（第 123 页）
43. 人的"逆反心理"是好胜心的表现吗？（第 124 页）
44. 人争强好胜是为了名利吗？（第 125 页）
45. 为什么仇恨心要比感恩心强 100 倍？（第 129 页）
46. 爱情的本质是什么？（第 133 页）
47. 为什么情人眼里会出西施？（第 133 页）
48. 一夫一妻为什么是自然的选择而不是人的主观选择？（第 134 页）
49. "爱情是自私的"这句话的本意是什么？（第 135 页）

50. 人有没有爱父母的天生情感?（第136页）

51. 为什么缺少亲情的孩子常常会出现心理问题?（第137页）

52. "不服气"是出于好胜心、"看不惯"是出于正义感吗?（第139页）

53. 老人为什么希望儿女"常回家看看"?（第142页）

54. 人的机体上为什么会有快乐、痛苦的感觉。（第147页）

55. 情感需要也具有动力性吗?（第153页）

56. 文艺作品受欢迎的程度取决于它激发人情感的程度吗?（第159页）

57. 一个连鸡都不敢杀的人为什么却敢杀人?（第163页）

58. 有长时间存在的激情吗?（第163页）

59. 香港歌星梅艳芳为什么会放弃癌病治疗?（第164页）

60. 武器精良、人数众多的国民党为什么打不过共产党?（第165页）

61. "网迷"是好奇心和好胜心被无限制的激发所致吗?（第166页）

62. 人的机体上存在着为物种生存的利他机制吗?（第186页）

63. 南极帝企鹅会在冰天雪地里60天不吃不喝孵化后代吗?（第187页）

64. 满足情感需要常常会表现为利他吗?（第189页）

65. 在大灾中为什么会出现大爱?（第190页）

66. 社会的道德规范为什么会成为自尊的警示牌?（第192页）

67. "最美妈妈"吴菊萍行为的原因是什么?（第195页）

68. 科学家对科学的兴趣和迷恋原因何在?（第197页）

69. "投身革命"的激情是宋庆龄嫁给孙中山的主要原因吗?（第200页）

70. "生命诚可贵,爱情价更高,若为自由故,二者皆可抛"是许多革命者的真实情怀吗?（第203页）

71. 巴金《家》中的觉慧为什么背叛家庭而投身革命?（第205页）

72. 怎样理解一个大学教授的心里话"我不再为个人活着"?（第206页）

73. 什么是"激情犯罪"?（第208页）

74. 在抗美援朝战场上真有王成"向我开炮"那样的英雄吗?（第209页）

75. 人性中有利他的一面吗?（第214页）

76. 走出"血荒"能靠"爱心"吗?（第215页）

77. 为人处世的基本原则是什么?（第216页）

78. 先表扬后批评和先说自己错后说他人错为什么不会得罪人？（第217页）

79. 1980年全国开展的"潘晓讨论"是一场"思想启蒙运动"吗？（第229页）

80. 道德应该管的是行为的根本目的还是行为方式？（第229页）

81. "人不为己，天诛地灭"全都错了吗？（第231页）

82. "主观为自我，客观为别人"的观点是否正确？（第232页）

83. 高尚的人是不为自己的人吗？（第235页）

84. 思想教育为什么应建立在对个人利益的关心上？（第241页）

85. 幸福是机体需要满足时的感受吗？（第246页）

86. 无痛苦是一种幸福吗？（第247页）

87. 幸福有阶级、是非、美丑之分吗？（第248页）

88. 所有人幸福的基本需求和内容是相同的吗？（第249页）

89. 哪些人的幸福指数最高？（第253页）

90. 幸福的人生才是有价值的人生吗？（第257页）

91. 作家刘心武为什么要写《爱情的位置》一书？（第259页）

92. "以人为本"中的"人"应该是个人还是集体、阶级、国家？（第265页）

93. 中国人缺乏享受意识吗？（第267页）

94. 人生为什么应该有激情？（第267页）

95. 人的许多病是吃出来的吗？（第268页）

96. 梁山伯和祝英台为爱情牺牲生命是否值得？（第271页）

97. 为事业、为他人也会"走火入魔"吗？（第271页）

98. 人类在漫长的发展阶段对人欲进行不同程度的限制是必要的吗？（第281页）

99. 奴隶社会是人类自觉组织起来的壮举吗？（第283页）

100. 封建社会推行禁欲主义和宗教是必要的吗？（第286页）

101. 世界上第一个保障人的自由和权利的法律文件是什么？（第291页）

102. 中国现代历史教科书否定剥削制度、批判剥削阶级是正确的吗？（第294页）

103. "天赋人权"的观点错了吗？（第298页）

前 言

1980年1月20日,上海《解放日报》、《文汇报》刊登了一个中学生的思想汇报。这位中学生坚信"人是不为自己的",但看到现实中的人都在为自己,于是她苦闷、彷徨。为此,《文汇报》以"怎样帮助她解除苦闷?"为题组织讨论。许多读者劝她说,你坚信"人是不为自己的"的观点没有错,可你把现实看错了,如今社会上的人都是为公的,为私是个别现象,所以你不应苦闷而应对社会充满信心。

当时,我和这位中学生一样,也狂热地相信:人是不为自己的,为自己是可耻的,人活着就应该为他人生活得更美好。有一天,我突然问自己:是这个中学生坚信的"真理"错了呢,还是她把现实看错了呢?一下子,我开始怀疑我多年坚信不移的"真理"了。

同年5月,《中国青年》杂志围绕潘晓"主观为自我,客观为别人"的观点开展人生观大讨论。当时的中国人,经历了长期的"人只能为公不能为私"的左的思想教育,十年"文革"更是把这种思想推到了极端。1978年中国改革开放后,人们长期禁锢的思想如同石板下的小草开始复苏,并逐步产生推翻石板的力量。"潘晓讨论"激荡了全国广大青年的心,人们纷纷就人性的自私和利他直抒己见。

我的情感被点燃了。我深知人的问题的极端重要。然而,长期以来,中国在人的问题的认识上存在着严重的混乱和错误,"人是不为自己的"、"思想决定行为"等观点严重地束缚着人们。由此,我决心寻找人行为背后的动力。那段时间,我很兴奋,尽管我身为军人,但还是悄悄地参加了这场讨论(寄去了文章)。不过,那时的我还说不出多少道理,而只能从哲学上作简单的论证。

我开始大量地读书。当时,由于中国对人的研究的反对和对西方的敌视,这方面的书籍很少,而已有的也基本上是一个调子,因此我把目光投向国外。1981年,我几经周折找到了一本介绍外国管理理论的《行为科学——一个现代科学管理学派》(内部发行)。此书介绍了美国著名心理学家马斯洛的"人本主义需要论"。马斯洛认为人有多种基本需要,其中有生理需要、安全的需要、尊重的需要、归属与爱的需要。我豁然开朗:人的需要就是人行为的动因,研究行为动因应该从研究人的基本需要入手。从此,我开始了人的基本需要的研究。

不久,我先后买到了美国的《心理学纲要》、《现代心理学史》、《近代心理历史导引》,保加利亚的《情爱论》,中国的《费尔巴哈哲学著作选读》、《西方伦理思想史》等书籍。随着中国对外开放的不断深入,西方学术原著以及介绍西方学术思想的书,越来越多地出现在图书市场上。这样,在此后二十多年里,我大量地阅读了生物进化论、心理学、生物学、动物学、伦理学等方面的书籍。其中有文艺复兴时的人道主义、爱尔维修的自爱论、费尔巴哈的人本主义、达尔文的生物进化论、弗洛伊德的精神分析、马斯洛的需要论。

研究人的行为动因无法做科学实验,我只得用科学的思维方法及科学理论在客观实际中寻找答案。1980年之前,我曾花近十年的时间,像学古汉语那样学习过马克思的唯物主义和辩证法,有较好的哲学基础。而客观实际和科学理论主要有:大量的生物学家、心理学家、动物学家、医生在实际调查和科学实验基础上形成的理论;书刊、电视上呈现的生物界有关人类和动物的种种自然资料;本人的欲望、情绪、动机、肉体和心理的感受;他人的肉体和心理的感受方面的实例。我时常从报刊上作些摘抄和剪贴,以不断地收集资料。平日,我经常观看的电视节目是《动物世界》、《动物星球》、《神奇的地球》;订阅的杂志是《自然与人》、《生物学》、《心理学》、《野生动物》。

有了这些客观事实,我便大量地将其引入我的研究。其中,有来自书本的,如生物进化的例证、老鼠压杆、人体的物质构成、情绪引起的种种生理变化、下丘脑的特殊功能、动物的母爱、猴子的好奇心等;有来自报刊或电视的,如黄金比例最美脸、无痛觉女孩、赌瘾之谜、网瘾之谜、一个劳模的七情六欲、激情杀人的生理原因等等;有来自我自己及他人的实例:饥饿的痛苦、自尊心的敏感、爱的如痴如狂、性满足的快感、胜利的喜悦、恐惧时的心惊胆颤、手术后的感叹、癌症患者对死的恐惧和对人生的箴言、母爱的关怀备至、让座、为公、追求真理的秘密等。正是这些事实,使我看清了人类的本来面目和行为的根本原因。

我长期养成了在笔记本上进行研究的习惯,我把它叫做"研究性笔记"。笔记一般是先列出要研究的问题,然而从理论和实际上一步步地论证。想到哪,写到哪,让思想自由发挥。需要什么,或翻书,或查字典。写了一部分,有时进行归纳,有时进行分析比较,否定错的,肯定正确的。然后在此基础上做进一步的研究。或许用生物进化论研究人的欲望、情感和行为是个"怪路子",以至我一直找不到志同道合者商讨。我不得不一个人默默地进行更多的摸索和思考。三十多年里,我写了30多本、200多万字的研究笔记和读书笔记。

1983年下半年,我对人的行为动因有了一个初步的认识,写了一篇题为《人的一切行为都根源于自身需要》的文章,约5000字。此后,又进行了几次大的修改。先后于1986年写成《人的行为基础初探》一文,1995年写成《行为动因揭秘》(约10000字)。至此,我对人的行为动因有了基本的把握,认定人的基本需要是人机体上存在的需要,人不仅有生理需要而且有情感需要,人的一切行为都根源于自身需要。

1998年,我决心将《行为动因揭秘》扩展为一本书。2000年年初开始动笔,2005年年底成稿。难忘的是,正是2000年我走进了达尔文的生物进化论。我眼界大开:人身体上的一切都是进化而来的;生存和繁衍是一切生物的基本追求,是我们研究人的问题必须围绕的"轴心"。循着这个思路,我认识到,生物界存在着广泛的变异和激烈的生存斗争,在生存斗争中,自然界根据生物的生存能力进行选择,强者生存,弱者灭亡。我惊喜地发现,生物的一切发展进化本质上都是生存能力的发展进化,人机体上的一切性状都因生存而生,都是生存能力,都是有用的。由此,我明白,情感是人类用于生存和繁衍的另一重大生存能力。

每当我闭上眼睛,让思绪走进自然界,就会在万物之中看到生物发展变化的历程和规律,就会看清人类的本来面目。以前,我对人的理解停留在表面上。尽管我认定情感需要是天生的需要,但不懂得用自然选择去寻找情感的根源。我在给每一情感需要寻找依据时,总是从人的生活表现、生理反应、条件反射、动物行为比较等方面来证明。比如,1986年,我把"母爱"的原因之一归结为"对自己辛劳的同情和爱护"。1995年,我把母爱、情爱、安全、好胜、自尊作为由生理需要派生的稳定的类似本能的需要。我感到十分欣慰的是,由于认识了生物进化规律,我一下子摆脱了以往就事论事和囿于一孔之见的思维方式,而常常仿佛站在无限的高度俯视整个地球、整个生物界、整个人类发展变化的过程,感觉是那样的清楚和明了。

2009年5月,我将书稿定名为《行为的动因》,在同济大学出版社出版。我所研究的问题是一个全新的问题,需要不断地进行深入的思考。三年来,我在坚持基本观点的基础上,对《行为的动因》一书进行了大幅度的修改,力求完善,形成了读者所见的这本书。其中主要是突出了"繁殖"地位、"快乐、痛苦感觉"作用、群居对人性的影响和不图回报利他的根源,并明确承认"人性中有利他的一面"。

全书共10章。其主旨是要证明,快乐、痛苦的感觉是人内在的直接动力,机体需要是人的主宰和内在的根本动力,人的一切行为都根源于自身机体的需要。

围绕这一主题,各章的内容和目的是:

第一章,介绍中外思想家在人性和行为动因方面的认识,以开阔视野。

第二章,介绍达尔文进化学说,揭示自然界的一切都是进化的产物,为全书提供基本的理论依据。

第三—五章,从不同方面论述人的机体需要。其中,第三章讨论机体需要的客观性及其一般特征。第四章证明人的情感是作为生存能力进化而来的,情感本质上是机体上存在的情感需要。第五章具体讨论机体需要每一种类的内涵、特点和作用,以更好地把握人性,揭示每一行为的原因。

第六章,讨论机体需要的地位和作用,在此将证明,快乐、痛苦是人内在的直接动力,机体需要是人的主宰和内在的根本动力,情感需要是人内在的两大动力之一;机体需要是人的一切行为的根本动因。此章是本书的核心。

第七章,讨论几千年来人们普遍关注的不图回报利他的原因。这里将证明,利他是自然界的意图;情感需要是不图回报利他的根源;在人的本性上,人不仅有自私的一面,而且有利他的一面。

第八章,讨论道德对行为的作用,证明:人们制定道德的本意,不是管行为的根本目的,而是管行为方式的,且只管一部分行为的方式。

第九章,讨论机体需要与人幸福的关系,证明:机体的需要满足就是幸福,人追求幸福的基本内容是相同的,幸福的人生才是有价值的人生。

第十章,讨论人欲的限制和人性的实现。证明:在人类发展过程中,限制人欲(反人性)是必要的,"合乎人性"不是检验历史和现实的标准;不断地解放人欲,充分地满足机体需要即实现人性是人类奋斗的最终目标。

我的总体思路和观点是,在生物界,生物的生长和进化是围绕物种生存进行的,个体生存和物种繁衍是物种生存的基本保障;人类是群居动物,人类生存还取决于群体的稳定。这些保障只能植根于个体的机体。这样,经过自然选择,人类个体的机体上必然存在着用于自我生存、物种繁衍和维护群体稳定的种种能力。人的情感是作为心理方面的生存能力进化而来的,是生理能力的发展和补充。各种生存能力是以生理机制的形式存在的。在各种机制中,有一种决定性的机制,那就是由快乐、痛苦的感觉作为直接动力的机制,这种机制可称为机体需要。机体需要中不仅有生理需要,而且有情感需要。由于机体需要与快乐、痛苦的感觉紧密相连,机体需要就成了人的主宰,成了一切行为的根本动力。在此动力的作用下,人们不得不全力追求机体需要的满足,以获得快乐和解除痛苦,即获得幸福。为满足自身机体的需要,人类不得不组成社会和制定道德规范,这是人类生存的基本手段。由于一部分机体需要是为个体生存而生,人必然自爱;另一部分机体需要是为人种繁衍和群体生存而生,人性中必有利他的一面。然而,在人性的实现上,人的一切行为都是由自身的快乐和痛苦这一利己的力量驱动的。

十多年来,我一直用生物进化论研究人的情感、需要和行为,可一直不知我的研究属于什么学科。2010年8月,我购买了美国D·M·巴斯著的《进化心理学:心理的新科学》一书。当年12月的一天,阅读中我被此书的精彩所吸引,我突然明白,我的研究属于进化心理学。随即,我趁兴去了华东师范大学出版社,对此书的出版表示肯定和感激。人体上的一切机制都是生物进化的产物,人的种种心理机制的起源和作用只有生物进化论才能解释。进化心理学是心理学的基础,是一门革命性的新科学。这门才三十多年的美国新科学,如今来到了中国,是中国心理学界值得庆贺的一件大事,它必将引起一场革命。

2012年6月于上海

第一章
人性问题的历史争论

弗洛伊德申明，人主宰不了自己，人体内有一种人不能自主的非理性力量，即本能。而这种本能是存在于人的机体并发生作用的冲动和力，它是强大的、不可遏止的。

所谓人性问题,就是关于什么是人的主宰、人的行为是由自然欲望决定还是由理性决定、人是自私的还是利他的问题。几千年来,人性问题是全人类都在讨论和争论的问题,也是人世间第一大难题。在漫长的年代里,人们对人性和行为的研究并不多,专门研究人性和行为动因问题也只是达尔文以后的事。但是,尽管动因问题长期没能得到最终解决,可几千年来,很多思想家在哲学、伦理学、生理学和心理学的领域里对人的本性、行为本质、行为动因等问题已作出了丰富而深刻的论述。今天,理论界许多争论不休的问题,历史上早就有了明确的论述。今天,我们一些人自以为是"真理"的东西,几百年前就遭到了无情的批判和否定。

首先,应该把握这样一个规律,人类对自身和对人性的认识不仅受到人的认识能力的制约,而且还受到社会制度的需要的制约。这是因为,人类社会最重要的事是发展生产力,而生产力的发展取决于与之相适应的生产关系的稳定,它表现为社会的稳定。为了社会稳定这一大局,思想约束有时并不一定以真理为基础,它服从于目的。比如,封建社会把非真理的宗教、禁欲主义作为道德的理论基础,这是稳定社会所需要的,但对人自身的认识来说,则起到了阻碍的作用。正因为如此,一方面,人类社会在道德方面经历了奴隶社会纵欲、封建社会禁欲、文艺复兴之后逐步释欲的历程;另一方面,人们对人性和行为动因的认识则经历了奴隶社会比较肤浅、封建社会错多对少、文艺复兴之后错误逐步被真理代替的过程。

让我们看看历史吧。历史会给我们带来许多深刻有益的启示,历史能帮助我们扫除前进道路上的障碍。

一、"人是万物的尺度"

奴隶社会对人的管理主要靠暴力,而对人的思想没有什么管束,加之当时文化极不发达,所以那时人类对自身的认识不仅相当地少,而且十分自然客观,对于人追求财富和享乐,人们普遍认为这是正当的行为。

可到了奴隶社会末期,由于封建制度的孕育,思想家们竭力否定人的欲望。从根本上说,限制人的欲望是封建制度所需要的。当时的客观情况是,党争激烈,社会政治生活动荡不安,世风日下,追求享乐和财富的风气盛行,人们沉浸于酒色享乐。由此,很多思想家总结历史的经验教训,看到了放纵"私欲"的危害,开始强调精神生活和理性的重要,认为灵魂是人的主宰,继而主张强化道德,控制肉体的困扰,节欲、制欲、禁欲。比如,古希腊出现了一大批思想家,他们纷纷著书立说,对人的本性进行了较多和较深的论述。这些思想家主要有:毕达哥拉斯、赫拉克利特、普罗塔戈拉、苏格拉底、阿里斯提卜、德谟克利特、柏拉图、亚里士多德、伊壁鸠鲁、卢克莱修等。

毕达哥拉斯(约前580—前500)否定人们追求现实物质利益的必要性。他认为人是灵魂和肉体组成的一个和谐的整体,人的本性和道德都取决于灵魂。他说,"在人身上最有力的部分是灵魂"。[①] 他号召人们,节制自己的情欲,"清洗"和"解放"自己的灵魂,使灵魂摆脱肉体的困扰。他要求人们通过沉默、冥思苦想以达到忘我的境地,逐步登上道德的

[①] 北京大学哲学系、外国哲学史教研室编译:《古希腊罗马哲学》,商务印书馆1961年版,第36页

高峰。

赫拉克利特(约前540—前480)认为,以往人们过着一种无节制的、不道德的生活,引起无数的罪恶,所以人要过有道德的生活。他十分鄙视人的肉体的欲望,号召人们扑灭人的情欲要像扑灭火灾一样。

苏格拉底(约前469—前399)重视道德的建设,但他完全把人的感性欲望和物质利益从道德中排除出去,只讲理性在道德中的决定作用,把道德看成是天赋的。他主张人们只应当去关心自己的灵魂,不要追求财富和荣誉等身外之物。他要求"不论老少,都不要老想着你们的人身或财产,而首先并且主要的要注意到心灵的最大程度的改善"。

德谟克利特(约前460—前370)认为,对于人来说,灵魂是主导者,肉体不过像是盛灵魂的器皿。他承认人有肉体快乐,但精神快乐高于肉体快乐,人应当有节制地享乐,而主要是求得智慧和心灵的宁静淡泊。

柏拉图(约前427—前347)认为,节制就是欲望服从理性、理性控制欲望的状态。他还认为灵魂要飞升,首先要去除欲望,因为欲望造成了人的感官苦乐。柏拉图在《斐多篇》中说:"每种快乐和痛苦都是一个把灵魂钉在身体上的钉子",道德修养的过程,就是使灵魂摆脱肉体的过程,人一旦摆脱了肉体欲望,灵魂就进入了一个光明圣洁的不朽世界。

亚里士多德(约前384—前322)认为人的欲望和行为应当由道德来处理,而人的本性在于理性,道德取决于人的心灵。人的特殊功能在于"人的行为根据理性原则而具有的理性生活"。[①] 人的心灵分为理性部分和非理性部分。理性部分在人的心灵中占支配地位,它不仅能够控制人的欲望,而且使人的行为合乎道德,使人幸福。这也就是说,人的灵魂主宰人的肉体。

应当特别指出的是,在奴隶社会与封建社会交替时期,古希腊也有一些人持相反的观点。这些人看到了人的感性欲望的客观存在及其合理性,把人看作是感性的人。

---

① 周辅成编:《西方伦理学名著选辑》上卷,商务印书馆1964年版,第287页

普罗塔戈拉(约前481—前411)认为,人是有感性欲望和追求的人,而"人是万物的尺度",①应该把个人的欲望和利益作为道德的来源,作为道德行为的标准。阿里斯提卜(约前435—前355)是普罗塔戈拉、苏格拉底的学生。他把人寻求肉体感官快乐,看作是人的天性,也是人的天职。

伊壁鸠鲁(约前341—前270),把人的欲望分为两大类:自然的欲望和非自然的欲望。自然的欲望又分为必要的和非必要的两种:(1)自然而必要的欲望,是指为维持生命和保持健康所必需的一些物质快乐;(2)自然而非必要的欲望,如性爱和亲子之爱等。第二类是非自然又非必要的欲望,如,爱财、爱权和纵欲等。他认为,自然而非必要的欲望和非自然又非必要的欲望是坏的欲望。他并不提倡禁欲或取消人的一切欲望,只是把物质的快乐限制在一定限度和范围之内。他认为,要保持健康身体和心灵安宁,首先要维持生命,因此为维持生命所必需的物质需要应当满足。在这个意义上,他说:"一切善的开端和根源都在于肚子的快乐,连智慧和修养也必须归因于它。"②

伊壁鸠鲁还认为,只要肉体快乐无损于健康和灵魂的安宁,在这个限度内也是允许的,但这种肉体快乐是极其有限的。他是坚决反对放纵肉体快乐的,他说:"当我们说快乐是最终目的时,我们并不是指放荡者的快乐或肉体享受的快乐……而是指身体上无痛苦和灵魂上无纷扰。"③

封建制度建立之后,"私欲"直截了当地被看成是罪恶,是洪水猛兽。因此,统治阶级出于稳定社会的需要,竭力加强思想的统治,推行宗教和禁欲主义,使灵魂的主宰地位得到了进一步的确认。

中国。公元前221年由秦朝建立进入封建社会(也有说公元前1046年周朝建立起进入)。从此,中国不断加强道德建设(包括逐步将道德神化)和道德教化。对于人的欲望,开始阶段强调通过"教化"防欲、节欲、

---

① 《古希腊罗马哲学》,第138页
② 西里尔·贝利英译本《伊壁鸠鲁现存著作》,1926年牛津版,第135页
③ 《西方伦理学名著选辑》上卷,第104页

制欲,南北朝隋唐时期(420—907),外来的佛教和自产的道教兴盛起来,由此在一定程度上实行了禁欲主义。佛教称贪(欲望)、瞋(仇恨)、痴(对佛愚昧)是"三毒",是"恶"的根本;人贪求私欲是大逆不道,所以要"摄制六情,舍众欲,散诸恶念";(《阴持入经注》)要灭情见性,见性成佛。

宋朝,中国产生了以儒学为主,儒、佛、道三者合流的"理学",其中以程颢、程颐和朱熹形成的"程朱理学"为主。他们继续主张禁欲主义。朱熹说:"圣贤千言万语,只是教人明天理,灭人欲。"(《朱子语类》卷十二)从此这成了南宋以后封建社会的统治思想。

5世纪,欧洲进入封建时代。自此起,占统治地位的伦理思想是基督教,是宗教神学,其经典是《圣经》。宗教的基本原则是爱、勿抗恶、禁欲主义、信仰等。基督教认为,人的本性不是从人的肉体、意志和情欲中来的,上帝把圣灵分给了人,这才是人的本质。基督教宣扬,人的灵魂是肉体的主宰。人的肉体不仅于人无益,而且是罪恶的渊薮。基督教要人们弃绝一切欲望,抛弃一切现实的物质利益,"把肉体、连同肉体的邪情私欲,同钉在十字架上"。[①]

在封建时代的发达时期,神学伦理思想家推出了原罪说、赎罪说、拯救说。认为人天生有罪,这是因为人的意志和行为听从欲望的支配,追求感官享乐和物质利益,违背了上帝的旨意;不安于自己所处的社会地位,这就是犯罪。人有了罪就必须赎罪。但单凭自己的力量是无法赎罪的,必须"信靠基督",弃绝肉体的诱惑,有高尚的道德。这样就会得到基督的拯救,获得来世的幸福。

二、"人类心灵的主要动力或推动原则是快乐或痛苦"

随着社会发展的需要、科学的发展和人的认识能力的提高,14—16世纪,意大利等一些欧洲国家爆发了一场以人道主义为核心的文艺复兴

[①]《加拉太书》,第五章

运动。这是一场伟大的恢复人的本来面目、解放人性的思想解放运动。恩格斯说:"这是地球上从来没有经历过的最伟大的一次革命。"①

这场运动反封建、反宗教,特别集中地反对禁欲主义。以人性反对神性,以人道主义反对神道主义,以理性反对蒙昧主义,以个性解放反对封建等级制度。人道主义思想启蒙运动的总口号是:"我是人,凡是人的一切特性,我无不具有。"他们认为人是自然的产物,人性在于人的感性欲望,人天生追求感性欲望的满足。他们号召人们为追求现实的物质利益而奋斗。

文艺复兴时期是一个伟大的时代,是一个产生伟人的时代。在这场运动中,涌现了一大批伟大的人道主义者。其代表人物有意大利的卜伽丘,荷兰的爱拉斯谟,法国的拉柏雷、蒙台涅等。

薄伽丘坚决地反对禁欲主义,明确地肯定人的七情六欲就是人的本性,特别肯定男女肉体上的爱情是既自然又健康的感情。他说:"这般人是多么愚蠢——尤其是有些人还道自己的力量比人类的七情六欲还大。"②他认为,人的情欲是合乎自然规律的,它不受任何力量的约束和阻拦,任何人想人为地禁止人的欲望,这不仅是极其有害和荒谬的,而且会碰得头破血流。薄伽丘讲了很多可笑的故事,揭露和嘲笑修士修女的虚伪性,说他们口中讲禁欲,实际上却无法违背人的本性,同样受情欲的控制。

爱拉斯谟是荷兰著名的人道主义者。他认为人来自自然,人的自然欲望就是人的本性。因此,人的情欲高于理性,情欲遍布人的全身,支配人的一切思想感情和行动。他主张,顺应情欲而生活,大自然这位人类的慈母,既然赋予人以情欲,那么顺应情欲而生活就绝对不会不幸,而只会给人带来幸福。

法国杰出的人道主义者蒙台涅,对封建禁欲主义进行了无情的嘲讽

---

① 《马克思恩格斯全集》第20卷,人民出版社1972年版,第533页
② 《十日谈》,上海文艺出版社1959年版,第212页

和批判,他说世界上哪有把痛苦和悲哀作为人生目的的蠢人。他说,要求人们放弃现世的物质利益和感性快乐去求什么来世幸福,这是多么荒唐可笑,是完全违背理性和人的自然天性的。蒙台涅说,让那些所谓明智的人去追求纯粹的精神安宁吧,"至于我,有着一颗平凡的灵魂,就得求助于肉体上的舒适"。① 为肉体上的舒服,人必然要去追求健康、生命、爱情和享乐。他主张人是利己的,认为人生来不为己而为大众的说法,只不过是一些伪善者的一句假公济私的谎言。感官享乐是人生的目的,人的理性只不过是为个人享乐提供正确方法和手段。

十七八世纪欧洲资产阶级革命前后,人们对人性的认识有了进一步的发展,出现了"人是一个感性和理性的存在物"、"人是一部机器为肉体感受性所发动"和"怜悯之心也是人的本性"等观点。

英国。17世纪资产阶级革命前后,有思想家培根、霍布斯、洛克、孟德维尔、休谟、斯密、葛德文、边沁和穆勒等。他们人物众多,阵容强大。

培根认为人性的研究应当成为一门科学,他说:"我觉得对人的本性的概括综合研究,应当是一门自身独立的知识。"②至于如何研究,他提出从人的身、心两个方面进行。在身体方面,人是一个有自然需要的机体;在心灵方面,既要研究人的理解和理智的机能,又要研究人的意志和情欲。对如何处理好个人利益和社会利益的关系,培根提出了"全体福利说",认为全体福利高于个人福利。同时又认为,社会公益只是人类的抽象利益,个人的特殊利益才是具体的、根本的。③

霍布斯运用机械唯物主义的原理去分析人,把人比作是一部机器。他说人是自然的产物,而且是自然的精制品,人就像一部机器,心脏像弹簧,神经像游丝,骨骼像齿轮。人不仅生理活动遵循机械力学的原理,而且人的思想、感性、欲望也都由机械的原理决定。他认为,人的本性必然是追求感官的快乐,逃避感官痛苦的,人都是只追求于己有利的事物,因

人性百题
英国历史上发生过人的本性是利己还是利他的大争论吗?

---

① 郑振铎主编:《世界文库》,上海生活书店1936年版,第10册,第4579页
② (英)培根著:《崇学论及新大西岛》,牛津大学出版社1980年版,第102页
③ 章海山著:《西方伦理思想史》,辽宁人民出版社1982年版,第255页

而人的本性是极端利己的,人生就是一个无限追求个人欲望满足的历程。道德取决于人的感官苦乐。同时,他认为,人的利己本性本身、人的欲望本身并不是罪恶,它们都是合乎人类的天性的。

霍布斯公开的利己主义观点受到了剑桥大学柏拉图派的反对。其代表人物之一柯德华斯反对霍布斯关于道德起源于人的苦乐感的观点,他认为人的感觉(情感)是一种主观映象或幻象,不能给人提供真理,只有理性或理智的自性才能给人提供普遍的概念。① 而理性或"理智自性"分有神性,道德归根到底源于神。另一代表人物昆布兰反对霍布斯的利己主义学说,他的理论根据是"每个有理性的行为者对于人类全体所怀有的极大仁爱"②。他认为仁爱心是人的一切道德行为的源泉,人是利他的。另一方面,他强调社会共同的利益,强调个人幸福只有在共同幸福中才能实现。他说:"除了通向全体人的共同幸福的那条道路以外,再没有其他道路可以使个人能够遵循着它达到自己的幸福。"③

由此,在英国引起了一场人的本性是利己还是利他的大争论。资产阶级夺取政权后,这场争论仍在继续。洛克、孟德维尔等思想家继承发展了霍布斯的观点,同时也兼收了昆布兰以及后来的反对者的观点。沙甫慈伯利等人则反对洛克、孟德维尔的观点。

洛克认为,人是一个感性和理性的存在物,追求个人幸福或快乐是人的本性。他说:"人既是一种含灵之物,所以他便受了自己组织的支配,不得不受自己思想和判断的决定,来追求最好的事情。""一切含灵之物,本性都有追求幸福的趋向。"④他认为,人是有理性的生物,应该用理性来权衡利弊得失,理性能为人达到最大幸福提供正确的方法和手段。为了个人幸福,人不能只关心自己眼前的利益,而必须考虑他人幸福和社会幸福,因为社会总体的幸福包含了个人的幸福。

---

① 《西方伦理思想史》,第270页
② 《西方伦理学名著选辑》上卷,第694页
③ 《西方伦理学名著选辑》上卷,第699页
④ (英)洛克著,关文运译:《人类理解论》,商务印书馆1959年版,第234页、第236页

孟德维尔的观点明确而深刻。在社会上群起攻击霍布斯的利己主义观点时,孟德维尔挺身而出,捍卫和发展了霍布斯的利己主义学说。他认为人不仅在自然状态下是极端利己的,而且在社会状态下也是如此。人的各种意向和欲望都是出于人的自爱自利的本性,即使人们做了好事,但动机也是出自人的利己本性。即使一个人经过深思熟虑去做好事,动机也只是为了满足自己的荣誉感,为了受到别人的赞扬。所以孟德维尔认为人的一切行为,一切美德都出自人的自爱自利的利己本性,世界上没有任何力量可以说服或强迫人放弃这种本性。如果有人肯为公共利益贡献力量,或为他人做点好事,那么他一定要从对方那里获得一个等量的享受。

沙甫慈伯利主张道德起源于人的"情感",强调人的利他性。一方面,情感有的是可以善的,"它们适度而不越一定限制就无害于社会生活,也无碍于道德"。另一方面,个人利益和社会利益是一致的,个人私利只有通过社会公利才能满足。他说:"为公众利益和为各人私己利益,不仅一致而且不可分;并且道德的正义或美德,必定是每一个人的利益,而不道德就是每一个人的伤害和无利。"①

休谟和斯密既强调人是自私自利的,又指出人的本性中存在着一种同情或怜悯他人的情感。休谟把德和恶分为自然的和人为的两种。自然的德和恶,由心灵对快乐的趋向和对痛苦的厌恶所决定,因为"人类心灵的主要动力或推动原则是快乐或痛苦"。② 自然的德使人天生利己,人为的德使人利他。休谟还认为,"同情是人性中一个很强有力的原则",它使人关心他人的利益。在休谟那里,人的利己情感与同情他人的情感是并列的,但这两者都出于人的苦乐的感觉。这里有这样一层意思:人不仅有肉体方面的欲望,而且有精神方面的需求,这两者都是人所需要的,满足都快乐,不满足都痛苦。

---

① 《西方伦理学名著选辑》上卷,第 765 页
② 休谟著:《人性论》,商务印书馆 1980 年版,第 616 页

斯密的可贵之处在于他一心想证明，人除了有感官的需要，还有利他的一面，即有同情心。在当时科学还不够发达、无法科学地说明同情心根源的情况下，他用自己的理由对同情心的根源作出了解释。他认为，人们之间的情感是相通共鸣的，当我见到对方所处的地位，通过想象的作用，使我能设身处地地感受对方的感觉。他举例说，人们在看戏时，见到他们所钟爱的主人公危难时，就会伤心落泪。

边沁对人的本质的认识非常深刻。他认为，自然把人类置于两个至上的主人"苦"与"乐"的统治之下，人的一切所为、所言和所思都受"苦"与"乐"的支配。"一个人在口头上尽可以自命弃绝它们的统治，但事实上他却始终屈从于它们。"边沁一针见血地指出，禁欲主义原则从来不曾、也从来不可能为任何活着的人所奉行，只要地球上有十分之一的居民坚持信奉它，不过一天之内，地球就会变地狱了。①

法国。17世纪前期，法国思想家笛卡儿，用二元论去说明人的本性，认为人是由心灵和形体组成的。人的身体作为物质实体，同动物一样是一架自运的机器，完全服从机械运动的规律，但人有思想，这是区别于动物的地方。在笛卡儿看来，人就是因为有思想才存在。笛卡儿由此提出了一个著名的命题"我思想，所以我存在"，即人的本性在于人的思想或理性。笛卡儿所说的"心灵"，包括意志活动（思想）、知觉、感情。他认为，心灵的基本感情有六种：惊恐、爱、恨、欲望、快乐和痛苦等。为避免感情的"误用或滥用"，要用理性支配感情，去做"感情的主人"；为应对自然欲望与意志（理性）的冲突，要用意志控制自然欲望。

18世纪法国资产阶级革命时期的思想家们，对人性和人的行为本质的认识更丰富而深刻，其代表人物主要有：伏尔泰、卢梭、拉美特里、爱尔维修和霍尔巴赫。

伏尔泰认为人性中利己与利他是并列的。他认为，人的自爱心是人的本性，即使像贪欲等自私欲望也不完全是坏的。人的自爱心是人们联

---

① 《西方伦理思想史》，第317页

系的纽带,推动了社会的进步。除此,人对同类的爱和怜悯之心也是人生来具有的感情,也是人的本性。然而,由于当时人们无法解释这种利他,只好将这种利他归于自爱。他说:"正是对我们自己的爱,助长了对他人的爱。"①可见,在他那里自爱仍是基础,"并列"只是相对的。

卢梭说,人存在两个先于理性的原理,"一个原理使我们热烈地关切我们的幸福和我们自己的保存;另一个原理使我们看到任何有感觉的生物,主要是我们的同类遭受灭亡或痛苦的时候,会感到一种憎恶"。②这就是说人有自爱心和怜悯心。卢梭认为,自爱是人的第一天性。人来自自然界,从自然界汲取维持生命的营养,人的各种欲念不外乎饮食男女和躲避痛苦的饥饿。"为了保持我们的生存,我们必须要爱自己,我们爱自己要胜过爱其他一切的东西。"③自爱的欲念是原始的、内在的,是先于其他一切欲念的。"人类天生的唯一无二的欲念是自爱,也就是从广义说的自私。"④除了自爱心之外,人还有一种天生的怜悯心。他说,"怜悯心是一种自然的情感","是使我们设身处地与受苦者共鸣的一种情感"。⑤怜悯心使人不做损害他人的事,而做同情他人、帮助他人的事。卢梭与葛德文一样,都认为利己必然走向利他。人从爱自己出发,必然会爱那些有利于自己生存的人。为了爱自己,我要爱别人。

拉美特里的深刻之处在于,一是认为:"人体是一架会自己发动自己的机器:一架永动机的活生生的模型。体温推动它,食料支持它。"⑥既然人是一部机器,人的自然欲望就是由人体的生理机械运动决定的,饮食男女就是人的本性。其二,他认为,心灵上的快乐与肉体快乐没有质的区别,只是数量差别而已。人的一切精神活动都可以归结和还原为肉体的感觉,人的精神快乐包含在人的肉体快乐的普遍性之中。因此,不存

---

① 伏尔泰著:《哲学通信》,上海人民出版社1962年版,第126页
② 卢梭著:《论人类不平等的起源和基础》,商务印书馆1979年版,第67页
③ 卢梭著:《爱弥儿》上卷,商务印书馆1978年版,第289页
④ 《爱弥儿》上卷,第95页
⑤ 《论人类不平等的起源和基础》第102页、第101页
⑥ 拉美特里著:《人是机器》,三联书店1957年版,第20页

在脱离肉体快乐的心灵快乐。

爱尔维修的思想更为丰富,影响更大。他认为,人的本性是利己的。他说,"人是一部机器,为肉体感受性所发动"。① "人是能够感觉肉体的快乐和痛苦的,因此他寻求前者,逃避后者。就是这种经常的逃避和寻求,我称之为自爱。"②趋乐避苦这种自爱自保的本性人人共有,是永远不可改变的一种本性。人的所有欲望、感情和精神都来自自爱心。他认为,自爱本性在人身上表现为情欲,情欲表现为两种:(1)天然的情欲,人生来具有的肉体上的趋乐避苦,永远不会改变的。(2)人为的或社会的情欲,如追求权力、财富的欲望,虚荣、骄傲、友谊、正义和怜悯等等。

天然情欲和社会情欲关系如何呢? 在爱尔维修看来,人的一切社会情欲都可还原为天然的情欲,即可以还原为人的趋乐避苦的肉体感受性。他说:"感官的痛苦和快乐致使人们行动和思想,它们是推动精神世界的唯一砝码。""各种感情在我们身上乃是肉体感受性的直接结果。"③爱尔维修和拉美特里一样,把精神苦乐归结为肉体苦乐,把人的一切情欲都归结为肉体感受性,这是很深刻的。

霍尔巴赫与爱尔维修一样,主张自爱自保是人的本性。他说:"我们的热情、欲求、肉体和精神的能力运用,都应归功于我们的种种需要,正是我们的需要强迫我们去思维,去愿望,去行动,也正是为满足这些需要,或者是为了让这些需要在我们身上引起的种种痛苦的感觉得以结束,我们才按照自己的自然的感情和我们特有的能力,发挥出我们肉体的或精神的力量。"霍尔巴赫与爱尔维修不同的是,他强调理性的作用,指出人除了自爱自利之心之外,还存在一种倾向利他的良心或人道心。

德国。这一阶段,前期——康德和黑格尔等人从唯心主义出发,强调理性的决定作用;后期——费尔巴哈恢复了唯物主义,建立了人本主

---

① 北京大学哲学系外国史学史教研室编译:《十八世纪法国哲学》,商务印书馆 1963 年版,第 501 页
② 《十八世纪法国哲学》,第 503 页
③ 《十八世纪法国哲学》,第 475 页

义思想体系。

费尔巴哈(1804—1872)是欧洲哲学史上最后一个唯物主义的杰出代表。他的唯物主义哲学的独创之处在于,他把自然和人作为哲学研究的中心问题,所以他的唯物主义哲学被称为人本主义或自然主义。费尔巴哈说:"我的学说或观点可以用两个词来概括,这就是自然界和人。"①

费尔巴哈的人本主义认为,人是自然的产物,是有血有肉的感性存在者,不仅人的肉体而且人的一切欲望和精神都来自自然界。人首先要呼吸,没有空气就无法生存,空气是感觉和生命的第一需要。人还必须吃喝,人通过吃喝把食物变成血肉。"人完全和动植物一样,他是一个自然本质。""作为自然本质,人就不应当有一个特殊的、超乎地的、超乎人的规定,正像动物不应当有超乎动物的规定,植物不应当有超乎植物的规定一样。"②"人不是导源于天,而是导源于地,不是导源于神,而是导源于自然界。"③

费尔巴哈认为,人的自然本质决定人是利己的。利己是出于人维持生命的一种本能,它根植于人的新陈代谢之中,与人的生命共存亡。费尔巴哈说:"没有这种利己主义,人简直不能够生活,因为我要生活,我就必须不断地吸取有利于我的东西,而把有害于我的东西排除身体以外。这种利己主义可见还扎根在机体上面,即体内生活资料的新陈代谢上面。"④他还认为,人的利己本性决定人必然顾及他人的利益。

三、潜意识是"心理的关键性的组成部分"

人们继续探索。

19 世纪 50 年代,英国伟大的博物学家查理斯·达尔文(1809—

---

① 《费尔巴哈哲学著作选集》下卷,商务印书馆 1984 年版,第 523 页
② 《费尔巴哈哲学著作选集》上卷,第 312 页
③ 《费尔巴哈哲学著作选集》下卷,第 677 页
④ 《费尔巴哈哲学著作选集》下卷,第 551 页

1882),在五年"环球考察"和大量资料搜集的基础上,出版了《物种起源》一书,创立了震惊世界的生物进化论,证明物种是可变的,生物界的一切都是进化的产物。对于人的起源,达尔文说,人来源于动物,人与动物之间没有本质的不同;人们在动物中观察到的现象对人类同样是真实的,即支配人和动物的规律是相同的。对此,有人评价说:"这是一个革命性的概念,因为在此之前,人类的行为被认为极大地独立于物理和生物因素之外,如果人类行为是由某种生物结构的作用,那就意味着长期统治哲学、心理学的二元论是错误的。""由于达尔文强调人与动物的历史连续性,这使传统哲学中动物与人类行为遵循不同规律的观点被彻底根除,人们由此看到了人类行为与动物行为的相似之处。"[1]

从此,人们对人性和人行为原因的认识有了质的变化。

19世纪最后25年里,由于生物科学的发展,人类从哲学中分离出一种研究人的问题的新学科——心理学。开始,心理学把人的心理、意识作为研究对象,并不涉及人的行为。后来,一些心理学家开始把注意力集中于人的行为动因的研究。

达尔文的学说为人类行为的本能解释打开了大门。本能概念最初是用来解释动物行为的。既然动物有本能,人也应该有本能。19世纪末20世纪初,心理学家们受达尔文进化论的影响,试图从人的自然性方面寻求人的行为的动因,他们通过对动物本能行为的大量研究,建立了关于人的本能学说。认为,本能是人的主宰。

第一个阐述本能论观点是美国心理学家詹姆士(1842—1910)。他认为,人不仅具有意志行为,而且还拥有大量的本能行为。他把本能定义为,有机体与生俱来的不学而能的行为方式。他根据大量的人类行为区分出清洁、建设、好奇、恐惧、饥饿、嫉妒、谦逊、恋爱、幽默、忠诚、秘密、害羞、合群性、同情心等十多种本能。

---

[1] 张爱卿著:《动机论:迈向21世纪的动机心理学研究》,华中师范大学出版社1999年版,第9页、第10页

代表本能论最高成就的是奥地利的精神分析学家西格蒙德·弗洛伊德(1856—1939)。

弗洛伊德深受达尔文的影响,认为人与动物无异。他说:"人在向文明发展的过程中,他在这个动物王国里获得了主宰他伙伴的地位。然而他对这样的优越地位还不满足,便开始在自己的本质与其他动物的本质之间划一条鸿沟。他否认动物是有理智的,还封给自己一个永恒的灵魂,并且自称有一个神圣的祖先。这样,他就彻底斩断了自己与动物王国之间的脐带……我们都知道,半个世纪以前,查理·达尔文以及他的合作者和后人的研究结束了关于人类的这种假说。人既无异于动物,也不高于动物。"①

弗洛伊德是精神病科医生。他创立了"精神分析学"的治疗方法和理论,人称"精神分析学之父"。他在医院做见习生期间,一个有剧烈头痛、咳嗽、肌肉麻痹、对食物恶心等症状的精神病患者的病例引起他极大的兴趣,他意识到人的身体疾病与心灵疾病有着密切的联系,精神病的病因是人的精神因素。从此,他开始了一生致力于"人类内心的秘密"的研究。弗洛伊德从事精神病治疗50年,他在几千个病人的医疗实践中挖掘"隐藏在内心深处的障碍"和"隐藏起来和主动遗忘的那些念头",同时他还解析"梦的秘密",还把自己和儿童作为研究对象。

通过研究,弗洛伊德发现,人的心里有一种蕴藏着的强大的非理性力量,这个力量就是无意识的本能。他认为,"心灵"不仅包括意识,而且包括很多无意识的东西,意识只是冰山一角;无意识是指人的原始性欲、各种本能和出生后被道德压抑的欲望。他认为,人脑深处存在着一种不被人们认识的潜意识,即被压抑被控制的感情、欲望等。人的心理由潜意识、前意识和意识三部分组成,而潜意识"是我们心理的关键性的组成部分"。②

---

① (美)弗兰克·戈布尔著:《第三思潮:马斯洛心理学》,上海译文出版社1987年版,第2—3页
② (奥地利)格奥尔格·马库斯著,顾牧译:《弗洛伊德传》,人民文学出版社2011年版,第85页

后来,弗洛伊德很自然地由潜意识、非理性引申出了本能学说。他认为,本能的刺激和本能的量是潜意识及其快乐原则的最终源泉。真正控制心理和生命的是一种未知的和无法驾驭的力——本能。本能作为一种力或刺激,拥有一股不可遏止、永不枯竭的能量,本能才是人的心理和生命的真正奥秘。

什么是本能?弗洛伊德认为本能是代表一种所有产生于身体内部而且被传递到心理器官的力。他说:"本能是有机体生命中固有的一种恢复事物早先状态的冲动。"①在弗洛伊德那里,人类基本的、遗传的本能的冲动来自他的动物本源。这种"动物本能是强有力的、反社会的、非理性的"。弗洛伊德认为,本能是行为的推动或起动因素,是行为的内在动力,人的所有行为都来自人的动物本能。

长期以来,人是理性的存在物受理性支配的哲学信条,在哲学界和心理学界是根深蒂固的。弗洛伊德根据自己的医学实践和哲学思维,创立了以潜意识和本能理论为核心的精神分析学说,高举起了非理性主义的大旗。弗洛伊德自称,精神分析学是对人的认识的第三次大突破,是人类三大科学发现之一。哥白尼的日心说打破了人类中心的神话,达尔文的进化论打破了人是万物之灵的神话。弗洛伊德说,潜意识和本能理论打破了人(指人的意志)是自己主人的神话。弗洛伊德申明,人主宰不了自己,人体内有一种人不能自主的非理性力量,即本能。而这种本能是存在于人的机体并发生作用的冲动和力,它是强大的、不可遏止的。有人说:"从某种程度上说,他的工作就是对于过分强调意志力与理性的人的一种反动。"②

应该说,弗洛伊德的本能理论是极其深刻的,而且极具创造性。正因为如此,早在第一次世界大战之前,精神分析在欧洲知识界就已声名卓著,而在战后,它的影响达到了前所未有的规模,遍及欧洲各国和美

---

① (奥)弗洛伊德著,林尘等译:《弗洛伊德后期著作选》,上海译文出版社1986年版,第39页
② 《第三思潮:马斯洛心理学》,第2页

国。它不仅影响了心理治疗这一特定的领域,而且还影响了教育、法理学、宗教、幼儿教育、艺术、文学和社会哲学。

1908年,英国心理学家麦独孤(1871—1938)把心理学定义为"行为科学"。他主张人类和动物是由内在目的策动的,所以他又把他的心理学称为"策动心理学"。内在的动力是什么呢?麦独孤将行为的动力归之于本能。他说:"本能是人类所有一切活动的推动者……如果我们消除这些本能倾向及其有力的冲动,有机体就将不能执行任何活动了。"[1]

本能论是麦独孤策动心理学的核心。他说:"我们不能不承认一个动物的本能似乎是它的最本质和核心东西,它的一切身体器官和机能都仅为本能的奴仆。"[2]麦独孤认为,"一个本能是一种遗传的或先天的心物倾向"。[3] 本能不仅是天生的能力,而且是天生的推动力。"麦独孤强调,我们的一切思想和行为都是经由遗传得到的本能所引起的结果,这种本能是激发行为的根源。"[4]关于本能的种类,最初,麦独孤提出人的10种本能,后来又扩展到18种。如逃避、拒绝、好奇、好斗、获取、自信、生殖、合群、自卑、建设、厌恶、母爱、恳求、觅食、贪得、笑等。

20世纪20年代,本能理论受到人们的质疑,随之出现了驱力概念。驱力是指来源于生理或心理方面的需要的内部的唤醒状态,这种状态驱动有机体去追求需要的满足。

驱力概念最初是由美国心理学家吴伟士引入心理学的。他用驱力解释有机体行为的动力,反对用本能解释人和动物的行为原因。由于驱力概念不会犯本能论的循环解释行为等方面的错误,因此,在20世纪20年代到50年代驱力论十分盛行。

美国心理学家赫尔(1884—1952)是驱力论的集大成者。他认为驱

---

[1] 麦独孤著:《心理学大纲》,1923年英文版,第218页
[2] 《心理学大纲》,第112页
[3] 麦独孤著:《社会心理学引论》,1919年英文版,第29页
[4] (美)希尔加德等著,周先庚等译:《心理学导论》上册,北京大学出版社1987年版,第463页

力是需要状态的一种特性或特点,产生于心理不平衡,并发动行为使有机体回到平衡状态。他说,需要"被视为产生原初的动物驱力"。① 至于驱力的种类,他没有表述,只是把驱力分为原初驱力和二级驱力。所谓原初驱力是指先天具有激起行为性质的内驱力。所谓二级驱力是指通过条件作用过程获得引发行为作用的驱力。其实,他所说的二级驱力根源于原初驱力。

驱力源于需要。驱力论者承认需要是驱力的根源,驱力是需要引起心理的后果,人若没有需要也就没有驱力。在驱力理论中他们大量地谈到了人的需要。如赫尔说:"主要的原初需要包括各种各样的(饥饿)食物需要、水(渴)的需要、空气的需要、避免组织损害(疼痛)的需要、维持适当温度的需要、排粪的需要、排尿的需要、休息的需要(长时间的努力之后)、睡眠的需要(长时间清醒之后)以及活动的需要(长时间不活动之后)。"②

20世纪五六十年代,美国出现了人本主义心理学,其代表人物是马斯洛(1908—1970)。或许正是受驱力论的影响,马斯洛着力从人的需要的角度研究人性及人类行为动机,建立了人本主义"需要论"。20世纪60年代他修订出版了《动机与人格》一书,对人的基本需要作出了系统而深刻的论述。

马斯洛把人类千差万别的需要归结为五种基本需要,即生理需要、安全需要、爱的需要、尊重的需要、自我实现的需要。在马斯洛看来,所谓生理需要,主要是食物的需要,是身体对种种化学物质(如水、盐、糖、蛋白质、脂肪、钙、氧等)的需要。除了生理需要,人还有"心理需要",即安全、爱、尊重和自我实现的需要。所谓安全需要,主要是指对于稳定、依赖、免受恐吓、焦躁和混乱的折磨,以及对制度、秩序、法律、界限的需要。所谓爱的需要,主要是指对于"朋友、心爱的人、妻子和孩子"的爱,

---

① 《动机论:迈向二十一世纪动机心理学研究》,第42页
② 《动机论:迈向二十一世纪动机心理学研究》,第42页

以及"要成群结队、要入伙、要有所归属"、"要乡村的亲密"的情感。马斯洛认为,"爱的需要既包括给予别人的爱,也包括接受别人的爱"。所谓尊重需要,主要是指对于"稳定的、牢固不变的、通常较高的评价的需要或欲望,有一种对于自尊、自重和来自他人的尊重的需要或欲望"。① 所谓自我实现的需要,主要是指"一个人能够成为什么,他就必须称为什么","一位作曲家必须作曲,一位画家必须绘画,一位诗人必须写诗,否则他始终都无法安静"。

马斯洛说,之所以把种种心理需要作为基本的需要,因为这些需要是"生物性的需要,可以把它们比做像对盐、钙、维生素 D 的需要一样的需要"。② 他还把心理需要称为"高级需要"、"情感需要",把安全、归属、爱、尊重和自尊的需要称之为"基本的情感需要"。马斯洛竭力反对把高级需要看成是"派生需要"、是生理需要的"副产品"。他说:"据笔者所知,没有一个实践曾成功地证明这种理论对于爱、安全、归属、尊重、理解等的需要的解释是事实。"③

马斯洛最大的功绩,其一是把人的基本需要确定为是人类终极目的的欲望或需要,并把成百上千的需要归结为几个基本需要;其二,认为人有情感需要,有"善"的一面,这在一定程度上弥补了弗洛伊德的不足。以往人们普遍认为人只有"恶的动物性"。霍布斯认为,"人对人是豺狼"。弗洛伊德认为,仇恨深藏于人与人之间所有友爱关系的背后,对一个对象的恨比对它的爱要古老得多,因此没有比爱邻人如同爱自己这一要求与人的天性更背道而驰的了。对于人的动物性的恶或善,马斯洛进行了认真的研究。马斯洛不仅通过对精神健全的人的研究,发现人有爱、自尊和自我实现(部分人具有)等高级需要;而且通过对猿和猴的广泛研究,发觉它们通常是友爱合作的。他说,我们不能"只看见动物界的竞争,而对与竞争同样普遍的合作却视而不见"。"我们断言类似本能的

---

① 马斯洛著,许金声等译:《动机与人格》,华夏出版社 1987 年版,第 51 页
② 马斯洛等著,林方主编:《人的潜能和价值》,华夏出版社 1987 年版,第 73 页
③ 《动机与人格》,第 102 页

第一章 人性问题的历史争论

需要和理性是合作的而非敌对的。"①他还说:"尽管仍然必须对肯定人性中'善'的前提十分谨慎,但现在已经有可能坚决地反驳认为人性在根本上是堕落和邪恶的那种绝望的观点。"②马斯洛肯定人有"情感需要"和"善"的一面有重大意义,这为彻底解释人的行为开辟了新的研究方向。

马斯洛的心理学,特别是马斯洛对人的需要的论述载入了全世界心理学书籍,得到了全世界的承认。马斯洛心理学还被广泛地运用到教育、管理、医疗、防止犯罪等实践领域。他的人本主义心理学被称为心理学史上的"第三思潮"。《纽约时报》曾评论说:"'第三思潮'是人类了解自身过程中的又一块里程碑。"

马斯洛最大的不足是,他认为基本需要是"柔弱的"。尽管他的基本需要"是先天给定的","似本能"的,但"仍然是较容易受压抑或控制的",而"文化是比似本能的需要更强的力量"。因此,他竭力反对弗洛伊德"本能是强大的、牢固的,不可更改、不可控制、不可压抑"的观点。两人的观点为什么有这样大的区别,主要是因为弗洛伊德的"本能"是来自动物本源的,而马斯洛的基本需要是"似本能"的。

从本能论者到马斯洛,应该肯定,思想家们对人性和行为动因的研究具有划时代的意义。麦独孤主张人类和动物是由内在目的策动的,把本能作为最本质和核心的东西,作为行为的动力。弗洛伊德的本能理论极其深刻,他的本能是来自"动物本源"的本能,这近于机体需要。驱力论者明确提出人的需要的概念,并列举人的具体需要。马斯洛把人的需要归结为几种基本需要,并提出了人有"情感需要",强调人有"善"的一面。所有这些,都为彻底揭示人行为的动因发挥了重大的作用。

但问题还没有得到最终解决。弗洛伊德和马斯洛都没有看到,人体内强大的决定的动力是与快乐、痛苦的感觉紧密相连的机体需要;没有准确地指出人体内有哪些具体的需要;不知道情感需要是人的机体上存

---

① 《人的潜能和价值》,第186页
② 《动机与人格》,第3页

在的需要,是不图回报利他的根源。

自马斯洛之后,人们继续研究人性和行为的动因。1976年道金斯《自私的基因》一书说,生物个体是基因以自己的生存为目的组成的临时承载体,人类是机器人的化身,基因主宰着我们这部机器。应该肯定,道金斯的观点是弗洛伊德"非理性是人的主宰"的继续。但是,我不解的是,基因的作用是遗传,对临时承载体的生存没有什么作用,而物种的生存取决于个体生存和物种繁衍两个方面,繁衍并非就是一切。人的机体是由细胞组成的而不是由基因组成的,基因是细胞中用于遗传的因子。由细胞组成的机体是基因生存的基础,没有机体的存在,就没有基因的存在。还有,基因没有动力的作用,虽然快乐、痛苦的生理机制是基因复制而来的,但基因的一切变化都与快乐、痛苦无关。基因不是机体中的主角,它凭什么主宰"我们这部机器"。

20世纪70年代,美国一些心理学家重新开始对"大脑内部活动"进行探索。他们相信,正如人体包含着很多专门化复杂生理解剖机制一样,寓于大脑中的心理也包括很多专门化的复杂机制。于是,他们开始用生物进化论研究人的心理。半个世纪之前,心理学远离进化理论而被激进的行为主义所统治,随着许多重要的研究发现又使得激进的行为主义难以为继,从而迫使心理学重新回归进化理论的怀抱。

最近30年间出现了一门新兴学科——进化心理学。1999年,美国进化心理学家 D·M·巴斯出版了他所著的《进化心理学:心理的新科学》一书。进化心理学认为,人的一切心理机制都是生物进化的产物。因此,进化心理学致力于从进化的视角来理解人类大脑中的机制,即"进化来克服各种恶劣自然条件的身体机制和心理机制"。[①] 进化心理学研究的心理机制有:选择食物的机制,胚胎保护的机制,栖身之所和生活环境选择的机制,害怕的机制,男女择偶的机制,对异性美偏好的机制,"父

人性百题

美国近30年新生的"进化心理学"有什么重大意义?

---

① (美)D·M·巴斯著,熊哲宏、张勇、晏倩译:《进化心理学:心理的新科学》,华东师范大学出版社2007年版,第84页

母之爱"的机制,女性反强奸的机制,追求地位和声望的机制,害羞的机制,自尊的机制。他们认定:这些机制"都拥有明显的目的性特征——也就是说,它们都被设计来解决特定的生存和繁殖问题的"。①

应该说,进化心理学用进化论研究人的心理机制具有重大意义。其一,它给人的研究提供了正确的方向和方法;其二,它揭示人类大脑内部存在着许多决定行为的机制,从而为理解人的一部分行为提供了根本的依据。当然,目前美国的进化心理学还有许多不足,我以为其中最大的不足是:没有研究人内在的动力机制;没有更多地研究人的情感机制。

综上所述,自然科学和心理科学的发展,使我们在探索人性和行为动因的道路上不断前进。不管是本能论、驱力论、需要论,还是进化心理学,都在不同程度上揭示了问题的本质,而弗洛伊德的本能论、马斯洛的需要论、进化心理学的理论对于揭示人性和行为动因之谜有着划时代的意义。

---

① 《进化心理学:心理的新科学》,第11页

第二章
生物界的一切都是进化的产物

> 我现在正在读达尔文的著作,写得简直好极了。目的论过去有一个方面还没有被驳倒,而现在被驳倒了。此外,至今还没有过这样大规模的证明自然界的历史发展的尝试,而且还做得这样成功。
>
> ——恩格斯

生物来自何处？几千年来，在整个欧洲，生物由神创造、物种一经创造就永远不变的观点（即"神创论"和"物种不变论"）顽固地统治着人们的思想。从15世纪后半期开始，天文学、力学、数学、物理学、化学和生物学等自然科学的发展，到18世纪人们开始向"物种不变论"发起了挑战，出现了布丰、拉马克等人的生物进化思想。

布丰（1707—1788）法国博物学家。他认为，不同物种可能由共同祖先通过变异而形成的，生活环境的改变可以引起生物有机体的改变。当时，布丰的观点受到了瑞典著名博物学家林奈（1707—1778）的公开反对。但林奈晚年因观察到生物变异现象，对上帝创造物种也产生了怀疑，随后他在《自然系统》一书的最后一版中，将"种不会变"一项删除。

拉马克（1744—1829）是布丰的学生，他第一个提出了生物进化学说。他在《动物学的哲学》（1809年发表）等著作中，阐述了他的进化理论。他认为，物种在生物进化的作用下是可变的，生物内在存在一种驱动自身不断由低级向高级阶段进化的力量。拉马克的进化学说主要包括两个方面：(1)一切物种，包括人类在内，都是由别的物种传衍而来的，生物变异和遗传是个连续、缓慢的过程。他观察到，化石生物越是古老越低级、越简单，反之，则与现代生物越相似。(2)在演化机制上，他突出强调环境的作用；在进化的原因上，他提出两个法则，一是用进废退，即经常使用的器官则发达，不经常使用的，则退化；二是获得性遗传，即生物后天变化所获得的形状是可以遗传的。达尔文说:"拉马克的卓越贡献就在于,他第一个唤起人们注意到有机界跟无机界一样,万物皆变,这是自然法则,而不是神灵干预的结果。"①

至此,生物起源问题还没有真正解决,"神创论"和"物种不变论"还远没有被驳倒。

一、达尔文与环球考察

19世纪50年代,一个伟大人物横空出世,震撼了欧洲,震撼了全世界,他的著作被称为"迄今为止改变世界的16本书之一",他的理论被称为"19世纪自然科学的三大发现之一"。他是谁?他就是英国伟大博物学家查理斯·达尔文;他的著作是什么?是《物种起源》;他的理论是什么?是以自然选择为核心的生物进化论。

达尔文1809年2月12日出生于离伦敦200多公里的什鲁斯伯里古城。父亲是当地著名医学博士和医生,祖父是英国著名的博物学家和医学家。达尔文从小热爱自然,喜欢采集甲虫、青蛙、贝壳、矿物、植物和鸟卵,并喜欢养狗、骑马和旅行。1825年在爱丁堡大学学医,后于1827年转至剑桥大学基督学院主修神学。在剑桥大学最后一年,他选修了地质学,1831年毕业。

> 人性百题
>
> 达尔文环球考察是怎么一回事?

1831年英国海军部决定派"贝格尔"号舰进行环球科学考察,主要任务是对南美洲的海岸线和一些太平洋岛屿进行勘测。达尔文作为随行的博物学家接受邀请参加了这次考察。1831年12月27日"贝格尔"号起航。随之,该舰穿越大西洋,沿着南美洲东西两岸和附近的岛屿,横渡太平洋,顺着澳大利亚南侧进入印度洋;然后绕过非洲的好望角,回到大西洋,再经南美洲东岸,于1836年10月2日返回英国。历时5年,绕地球一周,史称"环球考察"。

---

① 达尔文著:《物种起源》,北京大学出版社2005年版,第3页

在"环球考察"期间,达尔文起初也是相信"神创论"和"物种不变"论的。后来,由于大量地与大自然亲密接触(观察、挖掘和访问),他饱览了大自然中的奇花异草、珍禽异兽、千种彩蝶、万类昆虫以及千奇百怪的地质结构、贝壳化石、海生动物的遗骸;饱览了生物界的千变万化、生物奇妙的生存繁衍方式、自然界的变化与生物的生生死死。渐渐地,他发现用"神创论"和"物种不变"理论已无法解释种种事实,善于思考的达尔文产生了怀疑。

在考察过程中,有三类事实给达尔文留下了深刻的印象,并经常盘旋在他的脑际。这三类事实是:第一,在南美洲一些古代动物骨骼化石中有一种贫齿目四足兽的化石,其结构很接近南美洲现在特有的动物——犰狳;还有一种古代动物,其身体有大象那么大,从牙齿上看,很像现代啮齿目动物,从眼睛、耳朵和鼻孔的部位看,很像现代水生的哺乳动物——儒艮和海牛。第二,南美洲的东海岸自北向南、西海岸自南向北的生物类型逐渐地更替。第三,加拉帕戈斯群岛虽然与南美洲大陆相隔八九百公里,气候也很不相同,可该群岛的物种都属于南美洲类型,只是其中大多数物种与南美洲的物种有一定的区别;还有,同一物种在该群岛的各个岛上都存在着一定的差异,比如,同是地雀属的鸟,在相距很近的不同岛上,鸟嘴的长短和粗细各不相同。

所有这些使达尔文感到十分惊奇,为什么现代动物与古代动物十分相似,但又不完全相同呢?为什么一些现代动物的特点会集中在古代某一动物的身上呢?加拉帕戈斯群岛上的物种是不是从南美洲迁移来的?是不是南美洲物种的变种?"上帝为什么要这样煞费苦心地在不同的岛屿上把鸟嘴创造成粗细长短各不相同的呢?"自然环境对生物类型是不是存在着影响?终于,达尔文逐渐相信物种是可变的。

环球考察对达尔文的意义是巨大的,其中最重要的,是他已敏锐地感到物种起源问题是一个重大的理论问题,他决心为弄清这个重大理论而奋斗。如他自己所说:"'贝格尔'舰的航行,在我一生中,是极为重要的一件事,它将决定我的整个事业。"尽管在考察期间,达尔文对物种的变化、变异仅有初步认识,但正是这个初步认识和他的决心,以及考察所获得的大量资料(17000多种标本和大量的考察日记)为达尔文进化论的创立奠定了基础。

环球考察归来后,达尔文开始了紧张而艰苦的研究工作。首先,他处理了大量的应急事宜:加工、分类和整理了环球考察所得收集品;加工、整理、核对了航海日记中的全部记录;发表了地质学和动物学方面的论文;做了地质学方面的报告;出版了《贝格尔舰航行中的动物学》、《考察日记》、《珊瑚礁的构造和分布》等著作;参加了地质学会和动物学会;应邀担任了地质学会秘书一职。

"琐事"忙了一阵之后,他便集中精力研究物种理论。他深知,生物学领域神创论和物种不变论是根深蒂固的,他的进化思想必然会遭到强烈地反对,就连很多博物学家也不会承认。他清醒地认识到,要使自己的理论被人们所接受,就必须拿出大量的令人信服的证据,为新思想打造牢固的基础。然而,仅有环球考察所获得的资料是远远不够的,所以他决心大量搜集包括动物和植物在家养和自然状态下变异在内的一切材料。

当时的英国,家养动物和栽培植物品种繁多。他决定面向现实,面向实践,搜集动植物在家养条件下所发生的变异事实。于是,他回国不久即从1837年上半年后期开始,便废寝忘食地进行了15个月的系统调查,通过交谈、通信、发调查表,从选育良种的育种家、园艺家那里,搜集各种家养动物和栽培植物的变异材料和培育方法。他还亲自参加实践,考查和研究小麦、玉米等农作物的选育过程,搞移植实验;分析比较各种家禽家畜品种之间的差异。

后来,他还想方设法研究家鸽:研究各种家鸽品种之间的差异和起源问题;参加养鸽俱乐部、饲养各种家鸽;甚至设法从美洲、波斯和印度购买鸽子标本,请人从中国的福州和厦门寄去鸽子标本和资料。除此,他还阅读了大量农业和园艺方面的书籍,用8年时间通过研究蔓脚类动物来学习分类学,练习解剖和绘图。与养禽专家通信,了解动物杂交情况,搜集由杂交而出生的动物。

通过调查和亲身实践,他看到物种在人工干预下是能够改变的,看到人工选择有着能够使同种动植物产生出特征明显不同的品种的巨大作用。这些新品种不是上帝创造的,而是人工选择的结果。这引起他的思考:人能够改变动植物,动植物为什么不能被自然界改变呢?在家养动物和栽培植物的过程中是人在起选择作用,那么"在自然条件下又是什么力量在起选择作用呢?"在自然界中有的生物大量繁殖,有的生物大量地死亡,这究竟受到什么法则支配呢?这是他长期百思不解的问题。

1838年10月,达尔文作为消遣偶然阅读了马尔萨斯《人口论》。马尔萨斯认为,人口按几何级数(2,4,8…)增加,食物按算术级数(1,2,3…)增加,于是必然出现食物缺乏、人口过剩的矛盾。这就是说,自然界中有大量的动植物,然而"育成这种生命种子所必要的场所和营养"却"限制在一定的界限里"。这使达尔文想到,考察期间所见的"大批飞鸟、野兽、牛和马都由于缺少食物和水而死亡",想到不久前他曾有过的"物种的灭亡是对条件不适应的结果"的认识,他一下子想到了"生存斗争"。他说:"由于长期不断地观察动物和植物的习性,我具备了很好的条件去体会到处进行着的生存斗争,所以我立刻觉得在这样环境条件下,有利的变异将被保存下来,不利变异将被消灭。它的结果大概就是新种的形成。"①这样,以生存斗争为核心的自然选择的思想就此萌生。

又经过多年的缜密思考,1842年6月,关于进化理论的35页概要终于成稿。在此概要中自然选择的进化理论已初步建立。达尔文原来是信神的,自然界中物种变化的大量事实,对他头脑中的自然神学观念产生了强烈的撞击,这导致他最终放弃了神学信仰。之后,他进一步搜集资料,并阅读了很多新出版的有关生物学的著作。1844年他将概要扩充成231页,至此自然选择理论基本完成。达尔文依旧觉得不成熟,没有到公开发表的时候。因而,他一边等待时机,一边继续研究。十多年后即

---

① 张秉伦、郑土生著:《达尔文》,中国青年出版社1982年版,第142页

人性百题

达尔文《物种起源》一书的伟大意义是什么？

1856年，在朋友们的催促下，他才开始写作物种理论《概要》的第三稿，1859年3月终于完成。

1859年11月24日，达尔文《物种起源》一书出版。这本划时代的著作，以大量的资料科学地论证了生物进化的事实，第一次把生物科学领域统一起来，并令人信服地阐明了生物进化的机制。原本立志献身上帝做一个虔诚的牧师，不曾想一次历时5年的环球航行，使他彻底推翻了上帝造物和物种不变论，成为从根本上改变人类思想观念的进化论的主要奠基人。

《物种起源》是源自生物学领域却影响了全人类思想的巨著，它揭示了自然界的一个巨大的秘密，给世人带来了如火山爆发一样的震撼。第一版第一次印了1250册，在发行当天便销售一空。第二次3000册，也很快销完。

出版后十多天，德国思想家、马克思主义创始人马克思（1818—1883）和恩格斯（1820—1895）之间便通了信。恩格斯对马克思说："我现在正在读达尔文的著作，写得简直好极了。目的论过去有一个方面还没有被驳倒，而现在被驳倒了。此外，至今还没有过这样大规模的证明自然界的历史发展的尝试，而且还做得这样成功。"[①]达尔文进化学说是人类对生物界认识的伟大成就，是19世纪自然科学的三大发现之一。英国植物学家华生说："达尔文是19世纪的、甚至一切世纪的博物学中最伟大的革命者。"

在获得巨大成功之后，达尔文并未就此停歇，而是在与疾病作顽强斗争的同时，不断实验，笔耕不已。先后出版了《动物和植物在家养下的变异》（1868）、《人类的由来及性的选择》（1871）、《人种的起源》（1871）、《人类和动物的表情》（1872）、《论食虫植物》（1875）等著作。达尔文一生著述颇丰，《达尔文进化论全集》共13卷，15册，约500万字。1882年4月19日，达尔文终于精力枯竭，与世长辞，享年73岁。

---

① 《马克思恩格斯全集》，第29卷，第503页

二、达尔文生物进化学说

达尔文的基本观点是:生物界普遍存在着变异,变异大多数可以遗传;同时生物界存在着激烈的生存斗争,斗争中自然界进行选择(即自然选择),有利变异趋于保存和积累,不利变异趋于消亡,即适者生存。这样,变异积累到一定程度,旧物种就逐步演变为新的物种。

达尔文进化学说的具体内容有:

1. 生物的变异和遗传

达尔文指出,生物界普遍存在着变异。所谓变异,就是同种生物世代之间或同代生物不同个体之间在形态特征、生理特征等方面所表现的差异。

在达尔文看来,生物的变异性是有机体的一种本能。自然界无时无刻都在变化着、运动着,如果生物非常"顽固",一点不能改变,那么就无法生存。达尔文列举大量事实证明了自然状态下变异的普遍性。同一种兽类,长年在寒冷地区生活的,皮肤厚,毛量多,密度大;一窝生的小猪个头有大有小,模样也有区别。同一父母的后代之间会有许多微小的差异。栖息在同一有限地区的同种个体也会观察到许多微小差异。达尔文指出,分布广、扩散大的物种极易发生变异;各地区较大属内的物种比较小属内的物种更容易发生变异。

达尔文特别强调,生物的变异不仅会发生在不重要的器官,而且会大量的发生在很重要的器官。他说:"个体间的差异一般发生在博物学家认为不重要的器官上,但我可以通过很多事实,证明同种个体间的差异,也常发生于那些无论从生理学,还是从分类学来看,都很重要的器官。""生物发生变异,甚至重要构造器官上的变异,其数量多得惊人。""可能没有人会料到,昆虫的大中央神经节周围的主要神经分枝在同一物种里也会发生变异。"[①]为了证明物种可变和生物的变异性,达尔文对

[①] 《物种起源》,第33—34页

上百种品种繁杂的家鸽（他亲自养了近百只）进行了专门的、具体的比较研究，认为这些品种都是由野生岩鸽传衍下来的。

达尔文还通过生物界中变种、中间过渡类型生物和可疑物种的大量存在证明：生物是变异的，物种是可变的。他说，假如物种都是由神独立创造出来的，这些就无法解释了。

变异的原因及法则：

（1）生活环境和生活条件对生物体的影响。达尔文认为，生活条件通过两种方式起作用：一是直接作用于生物体的整个机制或局部构造，如用不同的食料饲养动物，食料好且丰富，生长发育就好，反之，则差；"食物供应的多寡引起生物体大小的变异，食物的性质导致肤色的变异，气候的变化引起皮毛厚薄的变异等等"。① 在热带种植的包心甘蓝不能很好包心；密林中的树木向上生长直而高。二是间接地影响到生殖系统。生殖系统对外界条件的变化极为敏感，例如，许多栽培植物生长茂盛，但很少结籽，或根本不结籽；在某一特殊阶段，条件些许变化，如水分多一点或少一点，便足以导致结果或不结果。再有，驯养动物并不难，但要让它们在栏内交配、繁殖并非易事。许多野生动物，在家养的条件下常常不能生育或产生的后代变异比较大。

（2）器官的使用和不使用，经常使用的器官则发达，不经常使用的，则退化。这就是"用进废退"。例如，家鸭的翅骨与其整体骨骼的重量比要比野鸭的小；而家鸭的腿骨与其整体骨骼的重量比，却比野鸭的大。无疑，这种变化应归于家鸭飞少走多之故。母牛和母山羊的乳房，在经常挤奶的地区非常发达，在不挤奶的地区，乳房则小。达尔文还注意到许多家养动物的耳朵往往下垂，其原因可能是在家养的环境下，很少受惊吓，耳肌不常使用的缘故。

（3）杂交。达尔文认为，杂交可引起变异，"可形成现有品种"。他认为，"不同变种间的杂交或同一变种内不同品系个体间的杂交，可以使动

―――――――――
① 《物种起源》，第 15 页

植物的后代强壮并富于生殖力,这与养殖家们的普遍信念是一致的;反之,近亲交配必定减弱个体的体质和生殖力"。①

(4) 相关变异。达尔文认为生物体的各个器官彼此都是密切联系的。因此,如果生物体的一个器官发生变异,会引起其他一些器官发生相应的变异。如长腿的动物,颈也长;无毛的狗,其牙也不全;毛白眼蓝的猫,一般都耳聋。

关于遗传,达尔文认为,生物的变异大多数可以遗传。尽管达尔文当时对支配遗传的基本法则还不清楚,但他肯定,能遗传的变异无论是微小的还是在生理上有重要价值的,其频率和多样性都是无可计数的。他还说,"对遗传力之强大,饲养者们从不置疑"。

2. 生存斗争

面对生物界发展变化的大量事实,达尔文深究其原因。他想,各部分生物之间的相互适应,它们对生活环境的适应,以及单个生物与生物之间的巧妙的适应关系,何以能达到如此完美的程度?那些被称为初期物种的变种,是如何最终发展成为明确的物种的呢?而许许多多新的物种又是如何产生的呢?经过艰苦的研究,他得出这样的结论:"这一切都是生存斗争的结果。"

生物所面对的生存环境"包括气候、天气、食物短缺、毒素、疾病、寄生虫、捕食者和同一物种内的激烈竞争"。对此,达尔文称之为"恶劣的自然条件"。在这种条件下,达尔文举例证明"一切生物都卷入到激烈的竞争之中"。鸟儿大量地取食昆虫和植物的种子,其他食肉鸟或兽大量地毁灭鸟儿的卵和雏鸟;食物缺乏的时候,为了生存两只狗在争夺食物;生长在沙漠边缘离开水分便不能生存的植物,为生存而争夺水分;一株年产 1000 粒种子的植物在和已经遍地生长的同类和异类植物相斗争;植物的幼苗大量地遭受敌害的毁灭;一块草地上,开始自然长出 20 种杂草,结果有 9 种因受其他繁茂的植物的排挤而灭绝;在某种生物非常繁茂的

----

① 《物种起源》,第 63 页

地方,某些时期这种生物也会因被敌害,或因争夺同一地盘与食物而遭受重大减灭。

那么,生物界为什么存在着生存斗争呢?

达尔文从马尔萨斯人口论中得到启发,找到了生物进化的机制和驱力。他看到,高繁殖率与食物以及生存空间有限性的矛盾是生物界生存斗争的主要原因。他指出,一切生物都有高速率增加个体数量的倾向,这必然会导致生存斗争;由于生产出来的个体要多于能够存活下来的个体的数目,那么自然界中将不可避免地要发生生存斗争。他说,如果每一种生物都高速率地自然繁殖而不死亡的话,即便是一对生物的后代,用不了多长时间也会挤满地球。

在他看来,生存斗争有三个方面的内容:一是同一物种内个体与个体间的斗争;二是不同物种生物之间的斗争;三是生物与其所在的自然条件的斗争。这些,我们都可以从上面所列举的众多事例中得到证明。

尽管生物个体具有几何级数增加的巨大潜力,但在自然界中生物个体的数量仍相对稳定。是什么在抑制生物个体数量的增加呢?达尔文认为就是生存斗争。对此,他具体地提了以下几个要点:一是食物的多少对物种的个体数量起控制作用;二是物种的个体数量取决于被其他动物捕食的情况,他举例说,毫无疑问,在任何大块田园里的鹧鸪、松鸡和野兔的数量,主要取决于被敌害消灭的程度;三是气候在决定物种个体平均数方面起着重要的作用。他说,那些周期性的极为寒冷和干旱的季节,似乎最能有效地控制生物个体数量的增加。"在北极地区、雪山之巅或荒漠之中,生存斗争的对象几乎完全是自然环境了。"[1]达尔文说:"在我看来,只有对生存斗争有深刻的认识,一个人才能对整个自然界的各种现象,包括生物的分布、稀少、繁多、绝灭及变异等事实,不致感到迷惘或误解。"[2]

---

[1] 《物种起源》,第48页
[2] 《物种起源》,第45页

3. 自然选择

在人类手中产生巨大作用的选择(人工选择)原理,能适用于自然界吗? 有斗争就有胜负,那么在生存斗争中的谁胜谁负有无规律可寻?

达尔文作了肯定的回答。

对于第一个问题,他说"我们将会看到,在自然状态下,选择原理能够极其有效地发生作用"。对于第二个问题,他说,"适者生存"。一方面,"具有任何优势的个体,无论其优势多么微小,都将比其他个体有更多的生存和繁殖的机会,另一方面,我们也确信,任何轻微的有害变异,都必然招致绝灭。我把这种有利于生物个体的差异或变异的保存,以及有害变异的毁灭,称为'自然选择'或'适者生存'"。① 他还说:"在世界范围内,自然选择每时每刻都在对变异进行检查,去掉差的,保存、积累好的。不论何时何地,只要一有机会,它就默默地不知不觉地工作,去改进各种生物与有机的和无机的生活条件的关系。"② 结果是,有利变异趋于保存和积累,不利变异趋于消亡,一大批个体死亡而不留下后代,少数个体得以生存并传衍后代。

生物在自然选择的作用下如何进化呢? 达尔文以狼为例予以说明:假设一个地区由于某种变化,狼所捕捉的动物中,跑得最快的鹿的数量增加、其他动物数量减少,在这种情况下,当然只有跑得最敏捷、体型最灵巧的狼才能获得充分生存机会,才被选择和保存。又如,由于花蜜能吸引昆虫传粉、导致杂交,而杂交能产生强壮的幼苗,因而那些花腺体最大的植物,分泌的花蜜就最多,受到昆虫的光顾就最多,获得杂交的机会就最多。长此以往,它们就会占有优势并形成一个地方变种。

达尔文把"每一微小有利的变异能得以保存的原理称为自然选择,以示与人工选择的不同"。他说,自然选择"是永无止境的,其作用效果之大远远超出人力所及"。③ 人工选择"仅就生物的外部和可见的形状加

---

① 《物种起源》,第 55 页
② 《物种起源》,第 57 页
③ 《物种起源》,第 45 页

以选择,而'自然'(请允许我把'自然保存'或'适者生存'拟人化)并不关心外表,除非是对生物有用的外表。'自然'可以作用到每一内部器官、每一体质的细微差异及整个生命机制"。① 正是因为有自然选择,不管自然环境发生怎样的变化,整个生物界也会不断进化,不断发展,始终处于繁茂的状态。

在达尔文那里,"自然选择作用过程多是非常缓慢的"、"渐进的",一个物种的形成甚至要经过若干万年无数次变异、遗传和选择的自然进化的过程。

4. 性选择

动物进化不仅有个体生存问题,而且有物种繁殖问题,或者说动物界不仅有为个体生存而进行的斗争,而且有为物种繁殖而进行的斗争。物种繁殖有其不同于个体生存的特殊性,达尔文于1837年就开始搜集人类的由来和物种繁殖方面的材料,《物种起源》出版8年后,1867年开始写作《人类的由来及性选择》一书,1871年问世。值得注意的是,达尔文用全书的四分之三的篇幅,对他发现的"性选择"进行了详尽地描述。

动物界普遍存在着性别两性态,即同一物种中雄性与雌性在特征上存在着差异。其一是雄者的生殖器官与雌者不同,这是第一性征;其二是雄者有着与生殖行为并没有直接关系的不同于雌者的特征,即"第二性征"。比如,雄性动物普遍比雌性高大凶猛,雄者的较大体型、强壮、好斗性;公鹿硕大的角;"为了易于寻找或接近雌者,雄者具有某些感觉器官或运动器官,这是雌者没有的,或比雌者的这些器官更为高度发达。"同其他动物相比,鸟类的第二性征更是多种多样,且更为显著。如,雄孔雀巨大的尾羽;雄鸟绚丽的色彩和各种装饰,鸣唱的能力以及诸如此类的其他性状;雄鸟从它们躯体的各个部分生出各种各样优美的肉冠、垂肉、隆起物、角、鼓起的囊、顶结、裸羽轴、羽衣以及修长的羽毛,用以装饰自己;它们的喙、头部周围的裸皮以及羽毛常常具有华丽的色彩。

---

① 《物种起源》,第56页

雌雄动物之间为什么会有第二性征方面的区别？这是因为，择偶一般都是雌者主动，而雄者只有通过与雄者的竞争、吸引雌者、防止雌者逃脱等手段才能获得雌者，这就导致了雄者的第二性征不断发展进化，以致出现了明显的雌雄区别。达尔文说："可以肯定，在几乎所有的动物中，存在着雄者之间为了占有雌者的斗争。"①"显然，这些性状是性选择而不是自然选择的结果。"②

所谓性选择，就是配偶的选择，本质上是"为了成功繁殖的选择"（达尔文）。选择什么才能成功繁殖呢？达尔文说："性选择是以某些个体专在繁殖方面比同一性别和同一物种的其他个体占有优势为前提的。"③"某些个体所具有的优越于同一物种其他同性个体的优势，这种优势只与生殖有关。"④可见，性选择是在同一物种内部进行的，选择的是同性个体身体上的优势性状，谁有更利于繁殖的性状就选择谁。这个性状就是达尔文所说的"第二性征"。

第二性征的作用在于性选择。比如，有的用于寻找或接近雌者，有的是防止雌者逃脱的抱握器官，有的是用于同其竞争对手进行战斗并把它们赶走的进攻武器或防御手段，有的用于刺激、吸引或媚惑雌者。在雌者方面，它们最容易受那些装饰较美的、或鸣唱最动听的、或表演最出色的雄者所挑逗，喜欢与之配对，同时喜欢挑选那些精力充沛而活跃的雄者。⑤

自然选择的法则是"适者生存"，性选择的法则是"最善于繁殖和养育其后代的那些个体，在其他条件相等的情况下，将会留下最大量的后代，以继承它们的优越性；而不善于繁殖和养育其后代的那些个体就会留下少量的后代，以继承其弱小的能力"。"甚至绝后。"⑥这就是说，雄

人性百题
达尔文的"性选择"是指什么？

---

① 叶笃庄编：《达尔文读本》，中央编译出版社 2007 年版，第 312 页
② 《达尔文读本》，第 311 页
③ 《达尔文读本》，第 309 页
④ （美）恩斯特·迈尔著，田洺译：《进化是什么》，上海科学技术出版社 2009 年版，第 137 页
⑤ 《达尔文读本》，第 313 页
⑥ 《达尔文读本》，第 309 页、第 314 页

性为了获得雌性配偶而发生斗争,这种斗争的结果,不是让失败的一方死掉,而是让失败的一方不留或少留下后代。

问题是,雄性的这些特征往往对个体的生存极为不利。雄性孔雀的长尾不仅给飞行带来困难,而且不利于逃避天敌,"特别是在雨季,一条湿漉漉的尾巴就成了一条实实在在的拖把";某些公鹿的巨大的角发达到令人吃惊的地步。对此,达尔文起初并不能理解。1860年他在给美国一位生物学家的信中说"那些微不足道的结构细节常常令我感到很不舒服。比如那些雄性孔雀尾巴上的羽毛,无论我什么时候看见都感到不胜其烦"。[①] 后来,达尔文对此进行了认真的研究,他抱定"很难想象这样一个过程没有任何的目的性"。[②] 他坚信"一定具有最高的重要性"。[③] 这个重要性是什么呢?是繁殖。"根据这一事实我们认识到,由于在战斗或求偶时战胜了其对手因而留下了大量后代所带给那些雄者的利益,到头来要比由于对生活条件更能完善适应所带来的利益为大。"[④]

尽管性选择有时与自然选择并不一致,但"性选择在很大程度上还受到自然选择的支配"。[⑤] "如果这些性状由于过分消耗动物的生命力,或者由于把它们暴露在任何巨大危险之下是高度有害的话,那么自然选择还会决定优胜的雄者不致获得这等性状。"[⑥]

最后,在关于自然选择的强大作用上,不妨重复达尔文的有关论述。

其广度,"一切生物都卷入到激烈的竞争之中";

其深度,"同种个体间的差异,也常发生于那些无论从生理学,还是从分类学来看,都很重要的器官"。"'自然'可以作用到每一内部器官、每一体质的细微差异及整个生命机制"。

其频率,"自然选择每时每刻都在对变异进行检查,去掉差的,保存、积

[①] (美)杰里·科因著,叶盛译:《为什么要相信达尔文》,科学出版社2009年版,第180页
[②] 《为什么要相信达尔文》,第178页
[③] 《达尔文读本》,第330页
[④] 《达尔文读本》,第315页
[⑤] 《达尔文读本》,第316页
[⑥] 《达尔文读本》,第315页

累好的。不论何时何地,只要一有机会,它就默默地不知不觉地工作"。

由此,我惊叹:生物界的一切原来都是生物进化的产物;生物个体的一切性状原来都因个体生存和物种繁衍所生所灭。

三、达尔文以后进化论的发展

达尔文进化论形成时期,生物学尚处于较低的水平,所以达尔文对于变异总是强调影响变异的外在因素,而对变异的内部因素缺乏认识;对于遗传,虽然他曾指出生物的遗传就是将"微芽"集中在生殖细胞内传给后代,但他未提供这种"微芽"存在的证据。

20世纪初,奥地利的修道士孟德尔(1822—1884)创立了现代遗传学,有力地支持和完善了达尔文进化论。孟德尔出生在奥地利一个贫苦农民家庭。自幼爱好园艺,喜欢自然科学。1851年,被派到维也纳大学学习物理学、数学和自然科学。1853年,到布隆圣汤玛斯修道院当修道士。其间,他利用业余时间进行了长达8年(1856—1864)的豌豆杂交试验,结果发现了生物体内在的遗传规律,即分离规律和自由组合规律,并提出生物的遗传性状是通过遗传物质——"遗传因子"进行传递的。令人遗憾的是,他的伟大理论在长达35年的时间里,没有引起生物界同行们的注意。直到1900年,在孟德尔故去16年之后,才被欧洲三位不同国籍的植物学家分别予以证实,才受到科学界的重视和公认,并概括为"孟德尔定律"。

后来,遗传学得到进一步发展。先是证实孟德尔所说的"遗传因子"在细胞核内的"染色体"(遗传物质)上;后来遗传因子被"基因"一词代替,并揭示:每一条染色体上带有多个基因,脱氧核糖核酸(DNA)是"染色体"上最重要的遗传物质。遗传学之后,细胞学、生物化学和分子生物学相继建立,同时遗传学又有了摩尔根创立的染色体学说。所有这些促使人们对进化论进行了广泛深入的研究,其中包括对达尔文当时未能阐明的变异原因、生物性状遗传等问题的研究,从而产生了许多学派,如新拉马克主义、新达尔文主义、综合进化论、中性学说和间断平衡论等。

这些学派主要贡献或有重要意义的理论有：

拉马克的"获得性遗传"被否定，因为属于"表型变异"的"后天获得性"是不能遗传的；用遗传学研究变异的内在机制，变异本质上是基因的变异，它既有自然发生的变异，又有物理、化学等因素诱发的基因突变；摩尔根的《基因论》使生物变异探秘成为可能，他认为杂交之所以能引起变异，其内在原因在于杂交引起了基因重组；对于生物进化的单位，大多数人认为生物进化的单位不是个体而是种群，而种群是指在一定地区可以进行交配的若干个体的一群，这些个体享有共同的基因库，并认为物种是一个生殖隔离（两个种因地区相隔、生殖季节不同交配不了或交配后没有受精作用）的种群。

在达尔文时代，人们对遗传的本质几乎一无所知，所以进化论的主要缺陷在于缺乏遗传学基础，但这并不影响自然选择理论的创立。对于达尔文的自然选择和进化渐进性的理论，绝大多数学派是充分肯定的，他们的研究只是在给达尔文学说提供进一步的证据，是对达尔文学说的继承和发展。事实证明，生物变异、生物遗传、生存斗争和自然选择是生物界的客观存在的规律，是任何人也否定不了的。1979年，美国科学家Alexander说："尽管很多人试图寻找自然选择理论的缺陷，但是到现在为止，它已经在科学界存活了将近一个半世纪。这一事实足以证明，自然选择理论确实是一个伟大的科学理论。"① 2009年，美国生物学家杰里·科因说："尽管生物学家发现了越来越多达尔文永远无法想象的现象（比如说，以DNA序列为基础分析演化上的亲缘关系），《物种起源》所呈现的主体理论仍旧屹立不倒。"②

最后，我要说，我们应坚信并牢记达尔文始终坚持的一句话，"用自然的力量来解释自然界的一切现象"。③

---

① 《进化心理学：心理的新科学》，第40页
② 《为什么要相信达尔文》，引言第3页
③ 《达尔文读本》，引言第4页

第三章
人的机体上存在着需要

> 物种生存是目的,一切生物个体的机体上都被自然界设计了用于自我生存、物种繁衍的动力机制,这个机制就是机体需要。

一、人是动物

研究人的问题,特别是研究人内在的动力问题,一个基本的前提就是给人定位,即确定人类在自然界中的位置,确定人类是不是生物界中有血有肉的动物。

人类的起源,在科学不发达的古代一直是被神化的,即认为人类不是动物,人是神造的,而且一旦被创造出来就永远不变。在中国,传说一个叫女娲的神,她看到大地上只有山川草木、鸟兽虫鱼,感到很孤寂,便用黄土捏了一些人。从此,大地上就有了人类。欧洲影响最大的是神创论。据《圣经》所说,上帝仿造自己的样子,用泥土造出了第一个男人,取名亚当。然后,从亚当身上抽出一根肋骨,造了一个女人夏娃,亚当与夏娃结为夫妻,生育后代。在西方,神创论和物种不变的观点长期统治着人的思想。《圣经》是神圣不可侵犯的,谁怀疑它,反对它,会被看成"异端"而受到惩罚,甚至被判死刑。

自18世纪起西方科学技术迅速发展,到了19世纪三四十年代,自然科学中的胚胎学、细胞学、比较解剖学、地质学和古生物学都有了重大成就。正是在这个时候,达尔文创立和论证了生物进化论,科学地解决了人类起源问题,提出了人类是由古猿进化而来的著名论断,彻底否定了神创论和物种不变论。随着科学的日渐发达,人们已认识到,人和其他动植物一样,都是生物进化的产物,人是生物,是动物。"过去的十几年里","遗传的证据有力地表明我们并不是猴和猿的远亲,我们根本就是猿类家族中黑猩猩的兄弟姐妹"。①

然而,人认识的转变是个艰难的过程。目前,在世界范围内,对人是动物这个问题,有的人是彻底地否定,有的人是似信非信,更多的人则认为人是特殊的不同于其他动物的动物。

在中国,长期以来人是被神化的。理论界强调人的社会性和能动性,而排斥、否定人的自然性。在他们看来,人已被人的社会性和理性所改造,在社会的作用下,人"越来越脱却他的属于自然的性质,而具有人性","人的自然性被社会性扬弃了",人"已超出了动物的范围",社会性是人的根本属性。20世纪90年代,初中课本《动物学》中明确指出:"人和动物有本质的区别,人已经超出了动物界,成为自然界的改造者。"同一时期,另有书说:"人不是神、上帝,也不是植物和动物,人就是人。人源于自然又高于自然。人的本质,不是自然本质,而是社会本质。人不仅是自然界长期发展的产物,而且更是社会发展的产物。""人是社会动物,而不是自然动物。"2008年,由科学出版社出版的《所罗门王的魔戒——动物利他行为与人类利他主义》一书认为,"人是从自然界分化出来的产物",它不是一般的动物,而"是广义上的""社会化了的动物",是"以主体的身份同自然界相对立"的动物。可见,在人的属性问题上,中国思想理论界至今还存在着严重的错误和混乱,充斥着唯心主义。

自然科学证明,自然界存在着各种各样的物体,按其性质来说,可分为两大类:一类是生物,一类是非生物。生物是指有生命的物体,非生物是指无生命的物体;人是有生命的,显然属于生物。

生物分为三大类,即植物、动物和微生物,人属于动物。动物有原

---

① (英)Robin Dunbar、Louise Barrett、John Lycett著,万美婷译:《进化心理学:从猿到人的心灵演化之路》,中国轻工业出版社2011年版,第1页

生、腔肠、环节、软体、节肢、脊索等动物门,人属于脊索动物。脊索动物有鱼、两栖、爬行、鸟、哺乳等纲,人属于哺乳动物。哺乳动物有食虫、翼手、灵长、啮齿、食肉、长鼻、偶蹄等目,人属于灵长目动物。灵长类动物有卷尾猴、猴、长臂猿、猩猩、人等科,人属于人科动物。

如果说人既不是植物,又不是动物,那么人要么是微生物,要么是非生物。看来,那些高傲的人们既不会承认人是形体微小、构造简单的微生物,也不会承认人是没有生命的非生物的。这样,还有两种可能,一、人不在自然界之中;二、人是生物,但是不同于植物、动物、微生物的生物,"人就是人"。

然而,这两种观点都违背了唯物主义的基本原理,也置起码的常识于不顾。世界是物质的,世界统一于物质。自然界是包括地球在内的整个宇宙。宇宙间的万事万物都在自然之中,人不在自然界之中又在哪里呢?既然承认人是生物,就应尊重生物学的分类。动物是以有机物为食物,有神经,有感觉,能运动的生物。根据人的特点,全世界的生物学家都把人归类为动物。更为重要的是,自然科学还证明:人起源于动物,古猿是人类的祖先。

对种种否定人类是动物的看法,我疑问万千。人不是动物了吗?如果人是动物,是自然界的一部分,其自然属性是可以改变的吗?人是自然界的一部分,是不是应指人的全部,即包括人脑及人脑的机能?世界统一于物质,万物是否统一于自然?人的全身除了自然物,本质上还有其他东西吗?所有动物物种的内部联系都是自然界的联系形式,人与人的各种联系包括人的社会联系,本质上是不是也同样是自然界的联系形式?劳动能力是不是自然力?劳动能改变人的根本属性吗?

我思考再三,有了以下看法。

1. 人是自然界的一部分,是指人的全部,包括人的有机体的各个部分和各种功能,包括人脑及人脑的机能,包括人的情感、欲望、感觉、理智、能力等都是自然的。有人把观念的东西作为人的一部分是错误的。因为观念不是天生的,而是思维的产物,是客观世界的反映。从根本上说,人除了自然物,一无所有。

2. "人是动物"是说人是完全的动物,而不是一半动物一半是神,也不是一半自然动物一半社会动物或一半理性动物,人与其他动物相比,只是由于机体结构和性状上的差别而在能力上有理性、能劳动罢了。有人认为,人的有机体是自然的,而人的意识能力、理性能力、创造能力不是自然的。这种观点是错误的。有电视纪实展现:聪明的猴子为了吃到外壳坚硬的果实里的肉,一次次搬起石头砸坚果;为了吃到树洞里的蚂蚁,把嫩草塞进洞里,诱食蚂蚁。人有思维和智慧,高等动物也有,只是程度不同罢了。如果人因为比其他动物智慧高,能力强,就认为其自然性被扬弃了,已超出了动物界,那么猴子是否因为比其他很多动物聪明,也可以说猴的自然性大多已被扬弃了,已经快超出动物界了呢?

进化会不会使人超出动物界呢?绝对不会。进化是生物界内部的事情。无论生物如何进化,至多只是一个物种变为另一个物种,生物的本性不会变。

3. 人的劳动能力也是一种自然力。劳动在人的进化过程中起了非常重要的作用。由此,在传统的观点看来,人是劳动的产物,是自己的产物,是文化和历史的产物,人脱却了自然的性质。这种观点是错误的。宇宙间万事万物的能力都是自然力,所以人的语言、思维、智力、意识、智慧、理性能力必然是自然力。人的劳动能力是人体多种能力的综合能力,也是一种自然力。人之所以能劳动,是因为人类在体质形态上具备了制造工具、进行劳动的条件,如人能直立行走、手脚分工、大脑发达等。再说,人之所以要劳动,不是出于人的主观能动性,而是自身强烈的求生欲望的驱使。生存是一切动物的基本目的,只要具备劳动的条件,任何动物为了生存都会进行劳动。其他动物之所以不劳动,不是它们懒惰,而是因为它们不具备劳动的机体条件。人的劳动是一种谋生活动,一切动物都在不停地进行谋生活动。动物聪明才智下的一切谋生活动都会反作用于机体,都会使机体变化,都会改造自身,这是生物进化的必然结果,是自然界的普遍现象。劳动能力是自然力的一种,因而,从根本上说还是自然创造人。这里的自然包括:自然环境与人自身的自然力。

4. 每一种动物的内部联系都是自然的联系形式。任何一种动物的个体都不是独立存在的,而都存在于一定的关系之中。谁都不应怀疑,这种关系是自然的。如蚂蚁的组织结构、狮子间的社会联系等。同样,对人类来说,不仅其机体是自然界的一部分,而人与人之间的联系(不管这种联系是多么的复杂)即人类社会,本质上也是自然界的联系形式,是人类在自然界中的存在方式。人类"社会"本质上也是自然的。最聪明动物的一切,包括它们的组织结构、社会联系都是自然的,那么为什么唯独人的一切不是自然的呢?

5. 不要过分看重人类的强大。人们总以为,人类的本领是最大的,与其他动物相比,要强千百倍。或许正是这种认识,人们便得出了"人类的本性与其他动物的本性有本质的区别"的结论。这里存在着严重的错误。看一种动物生存能力的强弱,不是看其某一方面的能力,而是看其综合的能力。它是生存优势(能力)和生存劣势(难度)的综合,表现出来的是对生存环境是否适应。看起来恐龙是最强大的,蚂蚁是最弱小的,可"最强大"的恐龙早就被灭绝,而"最弱小的"蚂蚁还是那样地兴盛。达尔文说"适者生存",适就是适应,能适应就是有能力。各种动物的适应程度是有差异的,濒临灭绝的动物适应程度最差,新生物种适应程度最好,最适者就是生存能力最强者。这个最强者可能是人类、大象、老虎,也可能是老鼠、章鱼、蚊虫。人类是有最强的思维能力,然而在其他许多方面远不及动物,即有很多的"劣势"。比如,鸟会飞,人不会;鱼能在水里生活,人不行;许多动物有惊人的奔跑速度,人不能;海豚有三个胃,鲸鱼可以几个月进一次食,而人类要一日三餐,需要大量的食物储备;人的皮肤没有毛发覆盖,给御寒带来很多困难,加之并不凶猛,所以要穿衣、盖被、造房而避冻避险。再说繁衍,不说人类一次一般只能生一个孩子,更"劣势"的是人类的孩子二十岁左右才能独立生存,这种"劣势"是其他任何动物都没有的。细想,如果说人类无比强大,那么人类在生存过程中,为什么有200多万年的时间生活都难以维持?为什么至今还有很大

> 人性百题
>
> 为什么"强大"的恐龙会灭绝而"弱小的"蚂蚁还那样兴盛?

一部分人仍处于贫困之中,为什么在这期间许多动物物种的"日子"比人类好过。

有些人把"人的社会性"神化了,他们疏忽了这样的一些道理:对浩瀚的宇宙来说,其间存在的万事万物都是它的一份子。有人说,人类"勇敢地超越了自然"。如此说来,人已不在地球之上、宇宙之中了。

最后,我说,在自然之中,果树是自然的,果实也是自然的;鸟是自然的,鸟巢也是自然的;猴是自然的,猴的智慧也是自然的;猿与猿之间的各种联系是自然的。那么,人的聪明才智,人与人之间的各种联系本质上也是自然的;猴子砸坚果的能力是自然的,人制造工具的能力和劳动的能力也是自然的;尽管人类的一些能力远大于其他任何一种动物的能力,但还是自然的。应该相信,尽管人的理性、文明、道德有巨大的创造力,但人和其他动物在物质性、生物性、动物性上是完全相同的,而这是人的本质属性。人类如同一棵树,自然是人类的根,其一切都是在自然之根上长出来的。人和其他动物的主要区别在于,其他动物靠本能(兽性)谋生,人靠本能和理性谋生。切记,人与其他动物不仅有区别,而且有更多的相同,理性与兽性只是谋生手段上的区别,而在谋求生存这个根本问题上是完全相同的。这里的根本问题是,人和其他动物一样,其机体上都存在着维持自我生存的机制。

在人的属性问题上,有些人为什么陷入唯心主义?原因之一是羞于承认人是动物。在他们看来,人类如此尊贵、高尚、智慧,怎么会是动物呢?

这种情况,历史上曾经有过。达尔文进化论的出现和传播在世界上引起极大的震动。进步的科学家和开明人士给予热烈支持和拥护;但在虔诚的教徒和保守者看来,把人类看做是动物进化的结果这简直是亵渎上帝,损害"人类尊严"。

1860年6月,英国科学促进协会在牛津大学召开3天会议。会上,进化论的反对者向达尔文学说发难。6月30日(会议最后一天),一场著名的惊心动魄的大辩论开始了,听众近千人。牛津大主教威尔伯福斯抢先发言,用宗教的神创论评说达尔文理论,最后,他向著名生物学家赫胥黎发出挑衅:"我想问一问坐在我对面的企图把我撕碎的赫胥黎先生,你相信猴子是人类的祖先,那么请问你,究竟是你的祖父还是你的祖母,同无尾猴发生了亲属关系?"①

赫胥黎首先用平静、坚定和通俗易懂的语言,概括地阐述了达尔文进化论的科学基础和基本内容。最后,赫胥黎回敬了大主教的挑衅:"关于人类起源于猴子的问题,当然不能像主教大人那样粗浅地理解,这只是说,人类是由类似猴子那样的动物进化而来的。但是,主教大人并不是用平静的研究科学的态度向我提出问题的,因此,我只能这样回答:在主教大人看来,无尾猴只不过是一种智力低下、龇牙咧嘴、吱吱叫的可怜动物。我过去说过,现在再说一次,一个人没有任何理由因为他的祖先是无尾猴而感到羞耻。"②这次论战以进化论的大获全胜而结束。这就是著名的"牛津论战"。

1925年,美国发生过一桩"猿猴诉讼"案。当时,美国田纳西州议会通过一条法律,禁止该州的公立学校讲授关于人是由低级生命进化而来的理论。该州一个名叫达顿的小城里,一位年轻的中学教师告诉学生,人类和猩猩是亲戚,人类是古代的猿进化而来的。由此他被告到法院。开庭那天,有些绅士在袖子上缠着布条,上面写道:"我们不是猴子,也不能让人把我们变成猴子。"审判时,法官不许被告请科学家出庭作证。结果,这位青年教师被判有罪,并罚款100美元。

在今天的中国,说人是猴子变的不会引起诉讼,但是,竭力否定人的自然性质,这实际上还是没有从根本上承认人是动物。时至21世纪的今天,我们还羞于从根本上承认人是动物,这不是很可悲吗?

最后,不妨引用一位动物学和一位生物学科普作家的话:

20世纪60年代后期,英国著名动物学家戴斯蒙德·莫里斯,针对一些动物学家否定人的动物性的情况,出版了《裸猿》一书。他指出,地球

> 人性百题
>
> 在《裸猿》一书中人类是什么?

---

① 《达尔文》,第221页
② 《达尔文》,第223页

上现存猴类和猿类共有193种,唯有人类是没有"遍体毛发覆盖"的猿类,即"裸猿"。他说,面对"后来发生的大规模的文化爆炸,今天的裸猿对此自豪不已——正是这个富于戏剧性的进步,使他在短短的50万年中,从只能点燃一堆篝火发展到能够建造宇宙飞船。这个故事确实激动人心,但如果裸猿一味地乐此不疲,忘记了在这表象之下他们仍是灵长目的一员的事实,那就危险了"。①"我的理由是,人尽管学识广博,但仍旧保留了裸猿的本色。"②

21世纪初期,生物学科普作家王冬说:"这次,启蒙者是两个英国人:戴斯蒙德·莫里斯(Desmond Morris)和理查·道金斯(Richard Dawkins)。前者告诉我:戴上动物行为学的眼镜去观察人类,你看到的只是些没有毛的猿猴;而后者则告诉我:把人类扔进几十亿年的进化史,我们不过是'被进化'的基因载体。""400多年前,哥白尼、布鲁诺和伽利略将地球驱离了宇宙中心;150年前,达尔文将人类驱离了那座假想的金字塔的顶峰;几十年前,爱德华·威尔逊(Edward Wilson)和莫里斯、道金斯又在尝试将无上伟大的'人性'赶回'兽性'的行列。"③

二、生命的存续需要物质和繁衍

生命是以个体的形式存在的。自然界造物(这里的拟人化,如同达尔文对"自然选择"的拟人化)第一原则是要使所造个体能够自我维持生存。可个体的生命总是短暂的,植物一般为几个月到千年,动物一般为几个月到几十年,超过百年的很少。所以要延续生命就必须繁殖,谁来繁殖?只能是个体。可见,自然界造物的第二个原则是要使个体具有繁殖后代、延续物种的功能。

---

① (英)戴斯蒙德·莫里斯著,余宁等译:《裸猿》,学林出版社1988年版,第8页
② 《裸猿》,导言第1页
③ 《人与自然》,2010年第1期,第73页

个体生存和物种繁衍是物种生存的基本保证,正因为如此,一切生物的机体结构都是按这两方面设计的,一切生物的机体都有这两方面的功能,即既有用于自我生存的功能,又有用于繁殖的功能。有个体就有物种,自然界造一个独立类型的个体就是造一物种。相信生物个体和物种一旦出现,就会接受自然的选择,一切不能维持自我生存、繁衍后代的个体和物种是不可能被选择的。

这样,一切生物个体不仅担负着维护自我生存的任务,而且担负着物种繁衍的任务。自我生存的维护取决于营养的供给和机体得到保护。所以,一切生物个体的机体上都存在着吸收营养、保护机体和繁衍的生理机制,或者说都存在着营养需要、护体需要和繁衍需要的生理机制。

1. 人体是由物质组成的有序结构

生物是在非生命物质的基础上产生的,因而它必然是由物质构成的,正因为如此,生物和非生命物质有着很多相同的化学元素,构成生物体的化学元素正是普遍存在于无机界的 C、H、O、N、P、Ca 等元素。生物体中的物质与非生命物质的区别在于:在生物体中这些元素构成了生物特有的基础生物大分子,包括蛋白质、核酸、脂、糖、维生素等。

科学证明,组成人体的营养物质有蛋白质、脂肪、碳水化合物、矿物质、维生素和水 6 大类 40 余种,40 余种中包括 9 种氨基酸、2 种脂肪酸、7 种矿物质、8 种微量元素、14 种维生素;组成人体的基本化学元素有碳、氢、氧、氮、钾、钠、钙、镁、硫、磷、氯、碘、锌、硒、铜、钼、铬、钴、铁等。

生物体中组成生命的各种化学成分不是随机堆集在一起的,而是严整有序的。生物大分子不是生命,只有当它们组成一定的结构,形成有序的系统时,才出现生命。生物个体就是一个由细胞、组织、器官、系统组成的多层次的有序结构。

所谓有序结构,是说体内的物质种类是一定的,各种物质的量及排列构成也是一定的。比如,一定的盐,一定的铁,一定的糖,一定的胆固醇;又如人体中的皮肤、肌肉、骨骼、经络、五官、内脏等的体积、位置、功能、所能承受的压力都是一定的。组成生命的一定物质、一定量和一定秩序,就是组成生命的规定,而规定就意味着需要的存在。

2. 能量补充和秩序维护

从生命的本质来看,生命是由细胞组成的,细胞是由蛋白质、核酸、脂质、糖类、维生素等生物大分子(由化学元素构成)组成的有序系统。每一细胞都要经历新生、生长、增殖、分化、成熟、衰老和死亡的过程。要维持细胞的生长(体积增大、重量增加)和增殖大量新细胞以代替死亡的细胞,就需要不断地补充物质和能量(从物质中分解出能量)。没有物质补充,细胞就无法进行正常的生命活动,就会死亡。可见,物质是生命存续的需要,生物要维持生存就需要不断地给有机体供应物质。

科学证明,生物机体的构成是一定的,违反这个"一定",比如营养摄入不足或过多,就会导致疾病。如缺铁会引起贫血,缺钙会引起骨折、骨质疏松,缺碘会引起甲状腺肿大,新生儿缺碘还会导致克汀病。又如,脂肪摄入过多会导致肥胖,胆固醇摄入过多会导致心血管疾病。人体的每个细胞都含有胆固醇,因而它是人体不可缺少的一种营养物质,但它的量是一定的,正常值为:2.8—5.85 mml/L,低于这个值会影响细胞的生长、分裂、更新,高于这个值就是人们常说的"高血脂病",此病容易导致冠心病,还可能导致脑溢血。机体对物质一定种类一定量的需要,就是机体的物质需要。

我们知道,人的机体在存活和发展过程中时时刻刻消耗着能量,机体的秩序在错综复杂的物质世界中时常会遭到内外因素的侵害。所以,维护人体中那些自然给定的东西,维护体内平衡就是维护人的生命。如果消耗的能量不能及时补充,侵害不能避免,受害的机体不能得到恢复和医治,机体各种性能的要求不能得到满足,那么必然导致两种结果:痛苦和死亡。比如,过分地压迫皮肤会疼痛,过分地旋转会晕眩,骨骼受到损害会脱臼或断裂,劳累就会感到酸痛。正因为如此,在日常生活中,人们总是力求避免被刺、被砸、被淹、中毒、生病、坠楼、被野兽和自然灾害所伤害等一切危险;总是愿骑车而不愿走路,愿坐着而不愿站着,愿坐沙发而不愿坐板凳,愿干轻活而不愿干重活。这就是机体对维护自身秩序的需要,即保护机体的需要。

生物体都有着从外界摄取物质能量的功能。所有生物体都处于与周围环境不断进行物质交换和能量流动之中,具体来说,就是生物体不断从外界摄取物质能量,将它们转化为生命本身的物质和生命所要的能量,而把分解出来的废物排出体外。还有,人体内的营养物质有三大功能:作为人体的能量来源,供给人体所需的能量;作为建筑材料,构成或修补身体组织;作为调节物质,维持正常的生理和生化功能。

从组成人体的组织、器官、系统来看,人体的许多器官和系统就是专为满足机体的物质需要而设计的,如呼吸系统用于吸收氧气,呼出二氧化碳;消化系统,口腔用于咀嚼食物,食道用于运输食物,胃用于暂时储存和消化食物,小肠用于消化食物和吸收营养物质。可见,人体对物质的需要是与生俱来的,人体之所以设计口腔、食道、胃、小肠等器官,正是为了消化和吸收机体所需要的物质的。

从上可知,机体存在着营养的需要和保护机体的需要。

3. 繁殖和遗传是生物的基本特征

一切生物个体的机体上都存在着繁殖的生理机制,即使是最原始的单细胞生物也是如此。从生物体更为基础的物质构成来看,每一个细胞中都有核糖核酸这种物质,核糖核酸就是人们常说的 DNA,而 DNA 是遗传物质,它的唯一功能就是遗传。正因为如此,在生物体的构造上,一切生物个体都有生殖系统,都存在着用于生殖的组织、器官、系统。哺乳动物的生殖系统由生殖腺、输送管道、附属腺体和外生殖器四部分组成。组成生命的营养物质有功能性。一些物质有着维持个体生命的功能,另一些物质则有着繁殖的功能。或许 38 亿年前某种生命个体没有生殖能力,那么这种个体必然很快被自然选择所淘汰。神奇的是,对高等动物来说,组成生殖系统的物质被激起时会产生性欲,而一切经外界刺激能产生欲望的生理机制就是需要,可见,这里的需要就是对异性的需要。

4. 快乐与疼痛感觉的存在

就人们而言,谁都知道肉体上存在着快乐的感觉和疼痛的感觉。快乐的感觉有：吃甜、香、鲜食物的快感,性交媾的快感。

疼痛的感觉遍布全身的每一个地方,具体可分析三类：

一是内在需要没有满足或过分满足引起的疼痛感,如饥饿,口渴,睡眠不足,浑身没劲、头脑昏沉；吃多了腹胀,尿急,便急等等。

二是受到了外界的过分刺激或伤害引起的疼痛感,如热得难受,冷得难受,冻得难受,呛得难受,喘不过气来难受,烫痛,麻木痛,痒痛,压痛,晕眩痛,外伤(刀划、针刺、跌打损伤等)痛,走多了腿脚痛,干活多了疲劳,眼睛里进了灰尘眼痛；吃了什么东西苦得难受、辣得难受、酸得难受；哪里受到过分刺激或伤害哪里痛。

三是生病而引起的疼痛感(病痛),如胃痛,头昏,头痛,牙痛,生疖痛,胆结石痛,癌病痛,哪里生病哪里痛。

快乐和疼痛感觉的存在充分表明机体上需要的存在。比如,饥饿表明肚子里需要食物；性欲的冲动和性快感表明需要交媾,而交媾必然繁殖；受伤疼痛表明人需要维护机体的正常秩序；暖和是人原先感到寒冷随着温度提高而感到舒适时的感觉,它需要的是正常的温度；疲劳表明人的筋骨活动超过限度,需要休息。

可见,人的机体上存在着需要,这个需要可称为机体需要。为了个体生存和物种繁衍,自然界在生物个体的机体上设计了一定的物质结构和性能,即物质的一定种类、量、结构、秩序和功能。所谓机体需要,就是机体本身存在的维持自身物质结构和性能的要求。

机体需要在机体上是以一定的生理机制存在的。为了维持生存和繁衍,人的机体上有很多生理机制,且既有简单的又有复杂的。复杂的生理机制,是由一定肉体组织、神经系统、感觉系统和大脑组成的、指向一定目的的生理结构。比如,营养需要的生理机制,当身体缺乏营养,肉体组织产生营养缺乏的信息,神经系统将此信息传入脑,产生饥饿的感觉,大脑发出进食的指令。简单的生理机制,是由功能特殊的物质和神经系统组成的指向一定目的的生理结构,如视觉机制、听觉机制；又如,人劳动或走路多了,手脚上有时会长出"老茧",这里就有生理机制。其原理是,皮肤在摩擦中变硬变厚,摩擦越多皮肤就会变得越硬越厚,这样皮肤就得到了保护。2011年报道,日本发明了一种有"嗅觉"功能的机器人。我相信,人的嗅觉有生理机制,日本机器人的"嗅觉"也必然是由一系列相互联系的功能模块组成的机制。

"机体需要"不同于欲望,机体需要是始终存在的生理机制,欲望是机体需要被激起时产生的心理的反应,欲望是时有时无的。"机体需要"也不同于本能,尽管本能是先天的能力,但它是在机体需要之上形成的派生的能力。没有需要就没有本能。比如,小孩一生下来就会吃奶,这个本能源于食物的需要;小孩怕生(见到生人就害怕),这个本能源于护体的需要,如果人的机体不怕任何伤害,就无危险可言,就不会怕生;人怕蛇,是远古时代蛇始终给人的生存带来危险而形成的本能。

可见,人的机体上存在着营养(食物)、性和护体(健康、温度)的需要。

我们还发现,人类和一些高等动物的脑内还生成了经外界刺激能产生情感的生理机制,本质上它是情感需要。对此,将在下一章作详细介绍和论述。

三、人的需要归根到底是机体的需要

1. 马斯洛的需要观

第一个系统研究人的"基本需要"的是美国心理学家马斯洛,20世纪50年代他建立了人本主义"需要论"。

首先,他强调"动机的研究在某种程度上必须是人类的终极目的、欲望或需要的研究"。[①] 也就是说,他所研究的需要是根本的、终极的需要,是人的"基本需要"。

其次,他所研究的需要是人人都有的需要。他说:"我称之为基本需

---

① 《动机与人格》,第26页

要的东西,可能对于所有人都是共有的。"①他认为,基本需要与表面的欲望或行为相比更加为人类所共有。"全人类的基本或最终欲望并不完全像他们有意识的日常欲望那样各不相同。"②

第三,他认为人的基本需要是先天给定的、有遗传基础的。马斯洛说:"我们的主要假说是:人的欲望或基本需要至少在某种可以察觉的程度是先天给定了的。"③

第四,人不仅有基本的生理需要,而且有高级需要,即"心理需要"、"情感需要"。他说:"现已充分证实,作为内在结构的要求,人不仅有生理需要,而且也确实具有心理需要。……它们可称之为基本的需要,生物性的需要,可以把它们比做像对盐、钙、维生素 D 的需要一样的需要。"④马斯洛竭力反对把高级需要看成是"派生需要",是生理需要的"副产品"。他说:"据笔者所知,没有一个实践曾成功地证明这种理论对于爱、安全、归属、尊重、理解等的需要的解释是事实。"⑤

第五,他把人类千差万别的需要归结为五种基本需要,即生理需要、安全需要、爱的需要、尊重的需要、自我实现的需要。在基本需要中,马斯洛还把安全需要、归属需要、爱的需要和自尊需要归纳为"基本的情感需要"。除此,马斯洛还提及了人的认识的需要(好奇)和审美的需要。

马斯洛认为,需要是有层次的。"按优势或力量的强弱排成等级。"⑥最基本的是生理需要,此后依次是安全需要、爱的需要、自尊的需要和自我实现的需要。这就是著名的马斯洛"需要层次论"。

马斯洛的需要论有创造性,为人的需要的研究奠定了基础。但是,应该看到,马斯洛所说的基本需要,尽管是"先天给定的"、"有遗传基础的"、"生物性的",但仅是"类似本能的"需要。他以为是"终极的"了,也

---

① 《人的潜能和价值》,第 72 页
② 《动机与人格》,第 26—27 页
③ 《动机与人格》,第 92 页
④ 《人的潜能和价值》,第 73 页
⑤ 《动机与人格》,第 102 页
⑥ 《人的潜能和价值》,第 69 页

多次谈到"机体需要",可这并不是真正最终的机体需要。真正终极的需要,应该是身体本身的需要。

2. 中国对人的需要的研究

20 世纪 80 年代马斯洛"需要论"传入中国,从此中国开始了对人的需要的研究。然而,这种研究基本上是在中国传统思想的框架内进行的,在很多方面是与马斯洛相背离的。关于人的需要的内涵,理论界有过很多的论述,可很难从中获得一个令人信服的结论。翻开许多著作、辞典、报刊,有关人的需要的解释,大多缺乏严肃认真的科学态度,缺乏深入的思考,且抄袭之风严重。人的需要问题已被弄得混乱不堪。

他们认为,人的需要来源于社会存在,是非自然性的。"人的需要的产生、发展都离不开一定的社会联系和社会条件。"他们承认需要的产生是有客观依据的,但这个客观依据不是人的机体,而是社会的客观现实,需要是客观现实的主观反映。"失去亲人的孩子会产生爱的需要,社会秩序不好会产生安全的需要","没有公路的地方,不会有购买自行车的需要"。有什么样的客观现实就有什么样的需要,人的需要都是即时产生的,是多变的,各人所处的情况不同会有不同的需要,而没有什么统一的、根本的需要可言。

他们也承认,人是自然的产物,不会没有自然性的需要,但"它在人的全部需要的总体中比重很小"。也就是说人绝大部分的需要来源于社会存在,很小一部分来源于人的自然,而就是这很小的一部分的自然性的需要,"也逐步失却了自然的性质"。人类的漫长的实践已深刻地改变了人自身,即便是人体机能性的需要也受到社会的冶炼,熔进了新的内容,自然性的需要以被扬弃的形式包含在社会性需要中,从而具有了新质。

在他们那里,人原本似乎什么需要也没有,只是由于客观现实的促使、刺激和诱发,人才有了需要。人除了丰富多彩的心理、意识、美德、理想、智慧之外,一切皆无。人体仅存一个躯壳,一切自然的、生理的东西已被社会性和人的主观能动性扬弃了,人虽有血肉之躯,但没有自然的七情六欲。因此,他们得出这样的结论,"人的需要的本质特征,不是自然属性,而是社会性"。

总之,在他们那里,人的需要是主观的而不是客观的,是社会性的而不是自然性的,是不断发展变化的而不是固定不变的,是千差万别的而不是彼此相同的。正因为如此,他们所说的人的需要,只是那些混乱的或无中生有的需要。有一本1989年版的《大学生心理学》,把当代大学生的基本需要归纳为以下18种:维持生存的需要、物质享受的需要、性的需要、秩序的需要、躲避伤害的需要、躲避耻辱的需要、友情的需要、求援的需要、成就的需要、归属的需要、自尊自立的需要、权力的需要、求知的需要、求美的需要、发展体力的需要、助人的需要、建树的需要、奉献的需要。

3. 人的需要应该是人的根本性的需要

分析任何事物都应该从根本上看问题,研究人的需要应该着眼于人的根本需要。正如马斯洛所说,"动机的研究在某种程度上必须是人类的终极目的、欲望或需要的研究"。[①] 从现象上看,人的需要确实是多种多样的,我们立马能说上几十种。然而这些需要是彼此独立、没有联系的吗? 不是。它们都是有联系的。这些需要往往都从属于另一些比较基本的需要,而这些比较基本的需要又从属于几个更基本的需要。如大学生"求知的需要",大学生为什么要求知? 这从属于大学生对前途的追求。知识是手段,有知识才更有前途,而有前途本质上就是有名利、有地位,有名利、有地位就有幸福。再如"躲避伤害的需要",很明显这是从属的需要。"躲避"本身就意味着背后存在着需要,即自我生存和健康的需要,正因为如此,受到伤害就会痛苦和死亡,人们才需要躲避伤害。

从广义来说,人的需要无尽无穷,多种多样。问题在于,这些需要必然都归属于人的根本需要。要弄清这一问题,我们不妨作这样的分析:那些众多的需要是不是都从属于另一些需要,而这些需要是不是又从属

---

① 《动机与人格》,第26页

于一些更基本的需要;从另一个角度说,人的机体需要既然是最基本需要,是不是必然会派生出种种需要,这种种需要是不是必然又会派生出种种更为具体的需要。事实上,在我们作了分析之后,必然都得出肯定的结论,而且还发现这两者是多么地吻合:人世间那些无穷无尽的需要,正是人的机体需要所派生的那些众多的需要。因此,我们说,人的任何一个需要最终都必然根源于人的基本需要的一种或几种。

马斯洛说:"如果我们仔细审察日常生活中的普通欲望,就会发现至少有一个重要的特点,即它们通常是达到目的的手段而非目的本身。我们需要钱,目的是买一辆汽车,接下去,因为邻居有汽车而我们又不愿意感到低人一等,所以我们也需要一辆,这样我们就可以维护自尊心并且得到别人的爱和尊重。当分析一个有意识的欲望时,我们往往发现可以究其根源,即追溯该人的其他更基本的目的。"[1]他还说:"我们要抓住原始、固有的、在一定程度上由遗传决定的需要、冲动、渴望的研究。"[2]

从另一个方面来说,吃、穿、住、娱乐、读书、结婚、购物等等都是目的,但如果对它们都问一个"人为什么要(吃)",我们就会发现它们又归属于另一个目的,又是这个目的的手段。如果如此这般地问下去,最终它们就一定归结于人的根本需要。

所以,从概念上讲,人的需要只能是人的根本的需要,而不是派生的需要。对根本性的需要而言,它不属于另一个需要,对它无法再问为什么。

4. 人的根本需要就是人的机体需要

人的机体上确实存在着需要吗?是的。

所谓人的需要,从根本上看是人什么地方的需要呢?地方只能有两处,一个是在头脑的意识里,另一个是在机体上。那么,人的需要归根到底是人脑子里想的需要呢,还是人机体上的需要呢?在有些人看来,人

---

[1] 《动机与人格》,第 25 页
[2] 《人的潜能和价值》,第 82 页

的需要是客观存在的反映,人原本没有需要,只是在客观条件下才在认识上产生了需要。我以为,人的需要应该是人机体上存在的、与生俱来的需要,机体上的需要才是人的根本需要。

对生物而言,任何一种生物的需要只能是这种生物机体本身的需要。比如,我们说树的需要,就是指树体本身对肥料、水分、空气、阳光等的需要;我们说牛的需要,就是指牛的机体对草料、水和氧气等的需要。同样,人是生物,人的需要也只能是机体本身的需要。

机体需要具有以下特点:

(1)客观性。我们知道,机体的物质需要是客观存在的,它不仅反映为一定的物质种类的需要,而且还反映为一定的物质量的需要。当体内物质缺乏时,就会由感觉和行动表示出来。"实验表明,当老鼠感觉到体内盐分不足时,它们会马上表现出对盐的喜好。而且,当它们体内的能量和液体即将耗尽时,它们则会增加糖和水分的摄入量。这些进化形成的特殊机制,似乎是被设计来解决有关食物选择的适应性问题的,而且让老鼠的进食行为与其身体需要保持协调。"[①]对人类来说,机体需要物质是客观的存在,不管你是否意识到,比如植物人没有吃饭的欲望,但家人知道,他的身体需要营养。

(2)个体性。整个人类不是连体儿,每个人的机体都是独立存在的。各人有各自的五脏六腑、有各自的神经系统。因而人的需要只能是个体的需要,而不是阶级的需要、国家的需要、人民的需要。饿,是某个人饿,并不是所有的人同时都饿。在同一时间里,必然是有人酒足饭饱,有的人饥肠辘辘。

人有没有社会整体性的需要?有。如阶级需要,集体需要,国家需要,但这些需要都是建立在个体的机体需要之上的,是派生的需要。个人如果没有需要,那么任何整体性的需要都是没有意义的。

(3)不变性。人的机体需要决定于人类机体内物质的成分、结构、组

[①]《进化心理学:心理的新科学》,第86页

织和性能。生物学证明,每一物种的机体结构和性能都有一定的规定性。改变了这一规定性,要么死亡,要么变成了新的物种。物种改变是千万年的事。再说,如果人这个物种变了,人也就不存在了。因此,只要人类这个物种存在,人类个体机体内物质的成分、结构、组织和性能就不会有什么根本的变化,因而人的机体需要也就不会增多或减小。

(4) 相同性。人虽有高矮胖瘦,有男女老少,有富有穷,有英雄有罪犯,有古今中外之人,但每个人的机体的物质成分、组织结构和机能本质上都是相同的,因而由它们决定的需要也必然是相同的。

5. 人的机体需要的表现形式是多样的

有根必有叶,有叶必有根。人是有思维能力的。因而机体的需要必然会派生出若干层次的需要。如果说机体需要是一级需要,那么就会有二级需要,有二级需要就会有三级需要,如此类推。树根会长出层层枝叶,基本需要会派生出种种需要,这是常理。

具体来说人的需要有两大类,一是手段性的需要,二是物质形式的需要。

满足机体需要是根本的目标,要实现这个目标就会有种种手段。在一定意义上,手段又是目的,是低一层次的目的。然而,有目的又会有手段,而目的就是需要,如此等等。对于不同层次上的目的或手段,在一定意义上,我们都可以称之为人的需要。比如,一个人为了满足食物的需要,他追求物质利益(物质的需要);为了获得物质利益,他分析自身的长处和社会形势,觉得当歌星能挣大钱,于是立志当一名歌星(当歌星的需要);为实现这一理想,他决心考进音乐学院(进音乐殿堂的需要);进了音乐学院,他一面勤学苦练,一面抓住一切机会出名(出名的需要),因为他懂得名气越大,挣钱越容易;某年某月,他所在的城市举行声乐比赛,那些日子他的目标就是在比赛中拿大奖(获奖的需要)。可见,这些需要对机体需要来说都是手段性的需要。

机体需要还会派生出多种多样物质形式的需要。能够满足机体需要的物质形式是多种多样的,在一定意义上,我们又可以把这众多的物质形式作为人的需要。比如,面包的需要,牛奶的需要,沙发的需要,助动车的需要,婚戒的需要,化妆品的需要等等。对整个社会来说,人民群众所需要的物质形式确实是随着社会发展而发展的。不同时期,人们有着不同的需求。就嫁妆而言,20世纪50年代,需要的是棉被和新衣;60年代,需要的是手表、自行车;进入21世纪,需要的则是彩电、空调、手机、电脑、婚房。可见,这些需要都是机体所需要的物质的不同形式,而不是人的根本性的需要。

古代皇帝没有"坐飞机的需要"而现代人有,似乎人的需要发生了变化。其实,这里变化的是满足需要的物质形式,而人的根本需要没有变。古代人坐马车的欲望和现代人坐飞机的欲望有着同样的原动力和根本目的。

有人说,原始人只有"延续生命"的需要,而现代人追求"高度的精神文明和物质文明"。照此分析,小高条件好,既有物质享受的需要,又有精神享受的需要;小王家里穷,就只有吃饱肚子的需要;小田一无所有,就什么需要也没有。事实是,以前工人农民只有温饱的需要,那是因为当时没有满足机体需要的条件,如果条件好了,谁不想吃美味佳肴、住高楼大厦和享受自由平等的权利呢?

应该区分两种需要,一种是机体本身的需要;另一种是机体需要在现实条件下所能实现的需要。机体需要决定于机体组织,只要机体存在它就不会变化;现实的需要决定于人们所处的社会物质条件,它的确是随客观条件变化而变化的。一个人在任何时候都既有表现出来的现实的需要,又有隐藏在背后的机体需要。我们不能只看到人的现实的需要,而看不到背后存在着的机体需要。

6. 两种需要观的根本分歧

两种观点,针锋相对。我不禁要问,分歧在哪里?

我发现,分歧在于对需要的来源的不同看法。传统观念认为,人的需要来源于"客观实在",是"客观实在"的主观反映。这样,一切需要都是原生的,都直接源于社会物质生活条件。我认为,人的需要来源于人的机体,机体需要是人的根本需要,其他一切需要都是由机体需要派生的。

来源问题是研究人的需要所要解决的关键问题。传统观念何以作出这样的结论呢?原来,长期以来国内外心理学认定人的心理就是意识,传统观念认为心理与意识是同义的,许多心理学书籍和辞典中也都说得很明白,"心理有时作为意识的同义词用"。中国的需要观把哲学引进心理学,认为人的需要属于心理,从而由"心理是客观现实的反映"得出了"任何需要都是社会存在的反映"的结论。这样,在他们看来,需要属于心理,心理等于意识。这样,需要就名正言顺地成了"社会存在的反映",成了意识。心理(意识)是主观的,因而需要也是主观的。可见,这些正是传统观念在人的需要问题上的错误认识的根源所在。

"心理等于意识"已被很多人否定。弗洛伊德认为,人的心理结构是由无意识和意识两个部分组成的;意识活动只是人的精神活动的一小部分,无意识活动是其主要部分;无意识处于心理活动的底层,包括本能、欲望、冲动等东西。在我看来,心理的底层还应有一个更为重要的东西——情感。

前面说过,人的机体需要是机体维持生存而客观存在的需要,是机体上的一种生理机制,它表现为机体对维持机体中自然给定的物质的量、结构、秩序和性能的要求,这不是"客观实在"所能反映的。按"反映"说,一个年轻貌美的影后,凡看过她影片的人,不仅成年男性会对她产生爱恋之情,而且女性和小学生也会对她产生爱恋之情。然而我们断定,这是绝不可能的。因为他(她)们内在没有这方面的动力。就性需要来说,女性只会爱男性;对小学生来说,性发育还不成熟,还没有性的需要。这提示我们,离开人的机体需要不可能产生任何需要。

最后,让我们揭开生物界的秘密。在生物界,生物的生长和发展是围绕物种生存而进行的,物种的生存取决于个体的生存和繁衍。而这只能由个体来担当,这样自然界就必然在个体的机体上设计(在自然选择中形成)能够维持自己生存和物种繁衍的机制。机体需要是机制的一种。无疑,这些机制都是为自我生存和物种繁衍服务的。由此,可以得出这样的结论:其一,机体需要是自然界预先植根于机体的,一切后天的需要都是先天需要派生的;其二,机体需要是为自我生存和物种繁衍服务的,一切与此无关和对此不利的需要不是真正的需要。

第四章
人的机体上存在着情感需要

达尔文"告诉我们,这些有机体结构的组成部分都拥有明显的目的性特征——也就是说,它们都是被'设计'来解决特定的生存和繁殖问题的"。

——《进化心理学:心理的新科学》

一、一切生物都有生存能力

1. 生存是生物的目标和进化的轴心

生物在自然界中要干什么？要生存；追求什么？追求生存。生物的根本在于生命的存在，生存是一切生物的根本追求，生物无时无刻不在为生存而斗争。可见，生物的一切进化必然是围绕着生存而进行的。

生物的个体和物种相互依存，没有个体的生存就没有物种，而任何生物个体的生命都是短暂的，物种要生存必须繁殖后代，繁殖出来的个体并不是原来个体，可一代又一代的个体属于同一个物种。个体不断地死亡，物种长存。物种生存取决于个体生存和物种繁衍。可见，生物的生长和进化的根本目标是物种生存，具体目标是个体生存和物种繁衍。

达尔文说："有利变异"得以保存。"有利变异"是指什么？是指具有这一有利变异的生物；"有利"就是利于生存，就是"获得充分的生存机会"，"得到更好的生存和繁殖机会"。对此，达尔文说得十分明确。他说，每一生物"都不得不为生存而斗争"。[①] "在食物缺乏的时候，为了生

> 人性百题
>
> 物种生存是生物生长和进化的根本目标吗？

---

① 《物种起源》，第 2 页

存两只狗在争夺食物,可以说它们真的是在为生存而斗争。"①"我们都承认,自然界的每个物种都在为生存而斗争,为食物而斗争。"②

同时,又为繁殖而斗争。一个物种要生存下去,取决于"个体生存的保持,以及它们能否成功地遗留后代"。③ 无疑,个体的生存是极其重要的,没有个体的生存就没有生物,但繁殖是生物生存和发展不可缺少的另一个决定因素。对此,我们以往的看法有片面性,对生物界的种种现象多着眼于生存,而忽视繁殖对于生物发展的决定作用。我们看到,许多动物的身体上长着对自己的生存极为不利的特征或器官,对此,如果仅从生存的角度那是无法解释的,因为它违背生存法则。比如,雄孔雀尾羽是异常美丽的,然而长长尾巴给生存带来很多的不利:行动困难,不利于飞行和逃避天敌;闪亮的颜色会吸引捕食者;每年换羽要分流大量的能量;"特别是在雨季,一条湿漉漉的尾巴就成了一条实实在在的拖把"。有一种雄性蛙"每天夜里都要用它鼓胀的声囊演绎一首长长的小夜曲","然而这种歌声也招来了蝙蝠和吸血蝇"。雄性的红领寡妇鸟"拖着极长的尾巴——基本是其身长两倍。带着这条上下翻飞的长尾巴,雄性寡妇鸟在空中的飞行简直就是一种挣扎。任何人看到这幅场景都不禁要问:这条长尾巴到底有什么用处?"④

达尔文性选择理论大声提示我们:"记住,选择的传递不在于存活与否,而在于繁殖与否。有一条漂亮的尾巴或一副动人的歌喉并不能帮助你生存下去,但却可能增加你拥有后代的机会。这就是那些华丽的特征与行为产生的原因。""达尔文是第一个认识到这一点的人,他将这类导致性别二性态的选择命名为性选择。"⑤

这就是说,动物所具有的"特征与行为"的目的(或作用)不仅是为个

人性百题

雄孔雀为什么会长出不利于飞行和逃避天敌的尾羽?

---

① 《物种起源》,第46页
② 《达尔文》,第166页
③ 《达尔文读本》,第109页
④ 《为什么要相信达尔文》,第181页
⑤ 《为什么要相信达尔文》,第184页

体的存活,而且还为物种的繁殖,这两者都是动物追求的目标,动物们是在为自我生存和物种繁衍即为物种生存而奋斗。

2. 生存并非易事

生物要生存,如果自然界无限广大、应有尽有、平静、和谐,那么一切生物都能生存下去,而事实并非这样。

19世纪50年代,达尔文进化学说揭示:生物界存在着生存斗争和自然选择规律。

在达尔文看来,生物的生存环境是恶劣的,供生物生存的食物和空间是有限的,同一物种内这一个体同那一个体之间,或者异种的个体之间,或者同物理的生活条件之间,为了生存进行着激烈的斗争。这个斗争主要包括生物与气候、天气、食物短缺、毒素、疾病、寄生虫、捕食者之间的竞争和同一物种内个体之间的竞争。斗争的原因是,高繁殖率与食物、生存空间有限性的矛盾;斗争的结果是,适者生存,不适者灭亡。

生物的生存充满风险,生物界的生存斗争到处可见。动物吃植物,大动物吃小动物;植物与植物争夺生存所需要的养分、水分、阳光、空间;动物与动物争夺食物、地盘、巢穴、交配权;一切动物都在为觅食而奔忙,但仍常常可见大量的动物死于饥饿;等等。"为了生存下来,有机体不仅要决定吃什么,还要避免自己被捕食。"[1]"我们看见自然界的外貌焕发着喜悦的光辉,我们常常看见过剩的食物;我们却看不见或者忘记了安闲地在我们周围唱歌的鸟,多数是以昆虫或种子为生的,因而它们经常在毁灭生命;或者我们竟忘记了这些唱歌的鸟,或它们的蛋,或它们的小鸡,有多少被食肉鸟和食肉兽所毁灭。"[2]达尔文还说,"可以肯定的是,在几乎所有的动物中,存在着雄者之间为了占有雌者的斗争"。[3]

3. 生存能力的存在

每一生物要生存要下去,必有生存能力。对动物来说,每一动物个

> 人性百题
> 一切生物个体都有生存能力吗?

---

[1] 《进化心理学:心理的新科学》,第83页
[2] 《达尔文读本》,第108页
[3] 《达尔文读本》,第312页

体的生存不可能靠其他生物或神来供养,而只能靠自己。靠自己,自身就得有维持自己生存和物种繁衍的全部能力。这些能力无论是用于个体生存的还是用于物种繁衍的都是为了物种生存的,所以可以统称为"生存能力"。无疑,这个能力包括个体生存能力和繁衍能力。整个生物和每一物种都是以个体的形式存在的,这样,个体生存和物种繁衍的任务只能由个体来承担,所以物种生存的全部能力必然都体现在个体的身上。

达尔文常说"适者生存","适"即适应,而适应就是某种生物能够适应所处的环境,能适应就得以生存。适应就是生存能力,适应程度的差异就是生存能力强弱的差异。达尔文还说"最强者生存,最弱者死亡"。[1]显然,这里的强弱就是生存能力的强弱。

我们到处可以看到,自然界中的一切生物都有生存能力。生物机体上存在的一切组织、构造、器官、机制,都是生存能力。如,植物的光合作用、树的根深叶茂、植物的毒素、果子未成熟的苦涩、长颈鹿的长颈、老虎的凶猛、骆驼的胃反刍、狗的嗅觉、候鸟的导航定向能力、蜘蛛的网、大象的鼻子、兔子奔跑的速度、猫的夜间视力、鸟的翅膀、蝙蝠的声纳系统、牛的角、黄鼠狼的臭屁、眼镜蛇的毒液、响尾蛇的响尾(吓敌)、乌贼鱼的"烟幕弹"、斑马的斑纹、北极熊纯白的毛、萤火虫尾部的光亮(求偶)、猪的多胞胎、蜗牛各具雌雄两性、袋鼠的婴儿袋、哺乳动物的乳腺,等等。

不妨,让我们尽情地领略一下动物们神奇的生存能力吧。

鲸鱼(地球上最大的动物)可以几个月进一次食;鸟类有很轻的骨架,以便于飞行;为了觅食或繁衍有些动物会进行季节性的大迁徙;鱼类产卵以百万计;螳螂有镰刀状的前足;有一种蜘蛛有3排8只眼睛;蟾蜍一次能生3万只卵;一种叫雕鸮的鸟的头可转动180度以改变视角;有一种老鼠遭遇特别危险时会立即倒地装死;有一种蜥蜴遇到危险时能迅速改变颜色;一种叫电鳗的鱼能发出近200伏的电;松鼠冬天黄褐色的毛会

---

[1]《物种起源》,导读第11页

变成灰色；北美野兔出生第一天就会吃草；两栖动物的体温随环境的变化而变化（变温动物）；螃蟹一遇危险就以横行方式逃跑；河马在泥里打滚以除掉身上的寄生虫；许多动物有惊人的猎杀本领；许多动物有惊人的奔跑速度；许多爬行动物能吞食比自己体型大得多的猎物，如有种蟒蛇可以将整头鹿吞进腹中；很多动物在交配季节会有争夺交配权之战；鱼之所以适合在水中运动，是因为它的身体符合流体力学的原理；海象的咽喉下有个像气球一样充满空气的囊，这使它有很大的浮力，可在海面上休息睡觉；蝙蝠飞行辨别方向不是靠眼睛，而是靠声波和回声的感知系统；雌熊全心全意地抚育幼崽，在长达两年的时间里几乎寸步不离；印度蟒产卵后会用身体将卵圈起来，不离不弃地守护着直到孵化为止。

让人更为惊叹的是：有一种鱼，叫鲑鱼（大马哈鱼），每当感觉到繁殖期即将来临的时候，就会离开海洋游到河口产卵，因为那里有它们此时所需要的食物和环境。这是一趟充满艰辛的旅程，它们要穿越瀑布、急流和重重障碍。当它们到了繁殖的地方，其体重已是原来的三分之二。由于机能严重衰竭，有些鲑鱼在产卵后就会死去，或者成为鱼类、鸟类和哺乳动物的猎物。据动物学家研究，大概只有5％的鲑鱼能够在产卵后回到海洋。

由于自然界的造就，各种生物都有着特殊的本领。黄蜂用尾刺把卵注入蝴蝶幼虫体内，利用蝴蝶幼虫体内丰富的营养养活自己的后代；有一种体型较大、容易被牛驱赶的昆虫，把卵产在另一种体型较小、能附在牛身上的昆虫的尾部，使自己的卵融入牛的皮肤，利用牛皮肤里的营养养育后代。

个体生存和物种繁衍是物种生存的两个决定条件，个体生存取决于有足够的营养和机体得到保护；物种的繁衍原本与个体的生存无关，但为了物种的生存，神奇的自然界把生育能力植根在个体的机体之中，使物种的繁衍成为个体的需要。所以，觅食、护身、繁衍是一切生物最基本的生存能力，繁衍包括择偶、交媾、生殖和幼子抚养。一切物种所有的生存能力的发展进化都必然围绕着觅食、护身、繁衍而展开。

> 人性百题
> 觅食、护身、繁衍是生物个体最基本的生存能力吗？

二、人的原始情感是作为生存能力进化而来的

1. 进化本质上是生存能力的进化

生物是如何进化的？在生物界,由于生活环境、生活条件和杂交等原因普遍存在着变异。变异主要是形态结构、生理功能、行为习性等方面的差异,变异就是产生新的性状。生物具有遗传性,生物的变异大多数可以遗传。

变异所产生的新性状有的利于生存,有的不利于生存。各种变异是保存还是淘汰,由自然作出选择。选择的根据是"适者生存",即凡具有有利于变异而适应环境的物种得以保存,凡具有不利变异不适应环境的物种被淘汰。达尔文说:"由于生存斗争的存在,不论多么微小的,或由什么原因引起的变异,只要对一个物种的个体有利,这一变异就能使这些个体,在与其他生物斗争和与自然环境斗争的复杂关系中保存下去。"①这也就是说,在自然选择之下,具有不利于生存性状的物种被淘汰,而具有利于生存、能遗传的性状能得到不断积累,结果产生具有这种性状的新的物种。可见,这里进化着的是生存能力。

自然界是很神奇的。当自然环境发生了变化,生物在进化规律的作用下,常常会生成许多有利于生存的变异。一个地带变得十分寒冷,经过长期的进化,这里兽类的毛皮就会增厚;若干万年前,狼捕捉的是行动较慢的动物,但当这些动物数量不断减少时,经过若干万年的进化,行动敏捷、善于奔跑、能捕捉行动较快动物的狼就出现了;蛾子一般是浅色的,它与树干上的颜色相似,不易被鸟啄食。达尔文曾发现,欧洲某些工业化地区,由于烟灰污染,树皮呈黑褐色,由于进化的作用,这里浅色的蛾子因生存也变成了黑色。又如,始祖马原来体高仅30多厘米,前肢有4趾,后来地球表面以辽阔草原代替了灌木丛林,便有了能在草原上奔跑

---

① 《物种起源》,第45页

的身高 1.5 米、单趾的现代马。

在整个生物界,生物正是这样经过不断的变异、遗传和选择而发展的。比如,长颈鹿开始颈都不长,后来颈的长短有了差异,而颈长的可以吃到高处的植物,这有利于生存,因而就得到了保存(生存下去)。这样,经过长期的选择和变异积累,终于有了长颈的鹿,而颈短的鹿就逐步被淘汰。长颈就是生存能力。

我们知道,生物界存在着激烈的生存斗争,斗争中"最强者生存,最弱者死亡"。生存能力强弱是生物生存或死亡的决定因素。一个物种得以保存是因为生存能力强,一个物种被淘汰是因为生存能力弱。在生存斗争中,"死亡的来临通常是迅速的,而强壮、健康、幸运的生物不但能生存下去,而且必能繁殖下去"。① "一般来说,最强壮的雄性,是自然界中最适应的个体,它们留下的后代也最多。"②

进化是每日每时都在进行的。这样,就不断会有:生存能力强的得以生存,生存能力弱的灭亡;再进化,再产生生存能力强的物种,一部分不适应已变化的生存条件的物种或同一物种中没有有利变异的个体被淘汰;再进化,又出现生存能力强的物种,生存能力弱的物种又被淘汰;再进化,再如此。自然选择是筛子,生存能力弱的物种不断被"筛掉",生存能力强的物种就得以存在和发展。

由此,我们可以得出这样的结论:生物的一切发展进化本质上都是生存能力的发展进化;进化的结果,对整个生物界来说,生物的生存能力不断增强,并趋于完善。这正如进化论的先驱拉马克所认为,生物天生就有趋于完善的要求。达尔文说,在自然选择的作用下,生物有不断完善的趋势,一些器官通过性选择"而完善起来"。③

让我们再看一看自然选择的神奇吧。

昆虫的飞行能力比人类的飞机强得多。以苍蝇为例。一旦起飞,可

---

① 《物种起源》,第 52 页
② 《物种起源》,第 59 页
③ 《达尔文读本》,第 310 页

在0.15秒内加速至每小时10公里的速度。苍蝇飞行时的转向角速度可达每秒6个旋转,即2160度。苍蝇还能垂直上下飞行,甚至倒退飞行,即使因撞到障碍物而突然失速,也可以在几毫秒内恢复飞行。还有,苍蝇不管在什么地方,都能轻巧地达成零速度着地。(2010年6月25日《新民晚报》)

动物的脸(包括眼睛、耳朵、鼻子等)体现进化需求。对猎食者与被猎食者来说,哪怕缩短0.1秒反应时间也是极其宝贵的。猎食者可以抢先捕到猎物,而被猎食者可以提前逃跑。身体前面有一张合适的脸有利于更快地接受信息。正因为如此,在进化过程中,肉食动物为了正确确定猎物的距离,其眼睛需要并排长在脸的前方,肉草动物的眼睛通常长在脸的两侧,两眼的距离宽,以便于观察更广阔的区域。耳朵竖起且大,并可转动,以便收集各方面传来的声音(主要是来自肉食动物的危险)。(2010年6月4日《新民晚报》)

欧洲宽耳蝠能够"变频"。飞蛾是蝙蝠的食物。蝙蝠使用超声波定位捕食飞蛾。英国布里斯托尔大学研究人员发现,在蝙蝠与飞蛾间的长期互动进化中,一些飞蛾能感知到蝙蝠发出的超声波,从而躲避蝙蝠的捕食,在这种情况下,欧洲出现一种宽耳蝠,它在捕食飞蛾时能大幅降低所发出的超声波振幅,与其他蝙蝠发出的超声波振幅相比,其"安静"程度可提高上百倍。研究人员在飞蛾耳中装入微小的探测器,结果证实,其他种类的蝙蝠离飞蛾约30米时就会被飞蛾发觉,而具有"隐形"本领的欧洲宽耳蝠逼近到3.5米时还没有被飞蛾察觉。(2010年10月《新民晚报》)

2003年有报刊报道:美国科学家发现,当一种植物经常遭受敌害侵袭、生存受到威胁的时候,这种植物就会在进化过程中生成一种抵御敌害的能力,以适应环境的变化。昆虫学家杰克·库斯发现:一株柳树的部分枝叶被咬后,剩下的树叶会起化学变化,增加了难以消化的物质,甚至周围的柳树也会从这种化学物质的空间扩散中获得信息引起同样的反应,使害虫望而生畏,从而保护自己。

事实证明,自然选择"可以作用到每一内部器官、每一体质的细微差异及整个生命机制"。① 器官会愈益专业化和功能分化,从而使生物不断完善。达尔文在《物种起源》中,对动物眼睛的形成作了专门的分析,认为"极其复杂而完备的眼睛"也是通过自然选择而形成的。美国现代进化生物学家杰里·科因说:"自然界中至少有一件事情是确定无疑的:为了生存,每一种动植物似乎都经过了精致的,甚至近乎完美的设计。"②

至此,我们应坚信,一些高等动物具有的情感一定是进化的产物,或者说自然选择一定能在一些高等动物的机体上进化出情感。

2. 情感的产生

天文学和地球物理学的证据表明,地球是在大约 46 亿年前产生的。原始地球只是由岩石圈、水圈和大气圈构成的,因为太热,而且有太强的辐射,不适合生命生存。据天文学家估计,在大约 38 亿年前,地球上才由非生命物质逐步演化发展,产生了原始的有生命的物质,即生物。就动物而言,起初仅有单细胞动物及低等无脊椎动物。5 亿年前有了脊椎动物,2 亿多年前有了哺乳类动物,4 千万年前灵长类动物兴起,250 万年前出现了人类。

从生物机体的结构和物质组成来说,若干亿年来,整个生物界由原核到真核、简单到复杂、低级向高级发展的过程,是机体的形态、结构和生理功能越来越复杂、越来越高级的过程。

实际上,这是生物的生存能力不断增强的过程。在机体的功能上,起初,生存能力的发展表现为局部的、工具性的、功能的发展,如,树的根深叶茂、草种的落地生根、玫瑰的棘、长颈鹿的颈、牛的角、鸡的胃,又如,动物的保护色和拟态,等等。后来,动物的生存能力向具有决定全局的及动力性的功能方面发展,它表现为神经系统发展。最初是简单的神经

---

① 《物种起源》,第 56 页
② 《为什么要相信达尔文》,第 1 页

细胞,以后彼此联系起来,形成各种不同的神经系统。随着演化阶梯上升,神经系统逐步向前端集中,形成了头部;随着神经系统进一步发展,形成了脑。脊椎动物从最初的两栖类一直发展到人,脑的相对大小增加了100倍。

脑的进一步发展使脑中产生了情感的生理机制,即产生了情感。这种天生的情感,我称之为"原始情感"。之所以没有称"基本情感",是因为"基本情感"已被混入诸如"爱国情"等派生的情感。

<small>人性百题
动物有情感吗?</small>

越来越多的动物学家证实,人类之外的许多动物,尤其是那些有复杂头脑的群属的动物有着丰富的情感。20世纪60年代后期,国外越来越多的生物学家来到野外,对动物的行为进行长期的研究。他们中许许多多的人抛弃"情感为人类独有"的传统观点,坚定地认为,动物有情感。2008年10月,中国的科学出版社出版了《动物的情感世界》一书,作者是美国动物学家马克·贝科夫。他在本书的"中译本序"和"前言"中说:"我们认为动物有情感,而最终科学的发展也证明了这一点,正如我们所知所感的。""情感是祖先赋予我们的礼物。动物和我们一样都有情感。我们决不能忘记这一点。"他的研究搭档、著名动物学家珍·古道尔(英国女勋爵)在本书的"序"中说:"动物,尤其是那些群属的、有复杂头脑的动物,有着丰富的情感世界。"马克·贝科夫还说:"动物情感研究是一个生机勃勃而且飞速发展的领域。无论是科学家还是普通人都对它表现出浓厚的兴趣。2005年3月,来自50个国家的600多人聚于伦敦,参加了由世界农场动物慈善联合协会发起的一个里程碑式的会议,旨在更多地了解动物的情感、动物的意识及动物的情感生活。"[①]

从脑的发达程度来讲,许多动物的脑与人脑是相近的,因而好奇、爱美、尊重、好胜、安全、反抗、情爱、母爱、同情等心理能力,在有些高等动

[①] (英)马克·贝科夫著,宋伟、郭燕、高勤译:《动物的情感世界》,科学出版社2008年版,第5页

物那里也应该有一定程度的存在,只是由于动物无法表白而被高傲的人类贬低、鄙视罢了。

国外一些动物学家,在类人猿等一些高等动物中也观察到了类似人类的爱情、母爱、仇恨、同情、好胖等高级情感的存在。据英国《每日邮报》2010年3月10日报道,在美国阿拉斯加州南部海岸地区,有只水獭妈妈要让水獭宝宝和她一起游过河,可困倦的宝宝不愿意。于是,水獭妈妈就采用仰泳的姿势,把宝宝放在肚子上,将宝宝驮过了河。这一情景被摄影师史蒂文·卡兹洛斯基拍下,并将照片传到网上。照片上,水獭宝宝身上的毛都没沾着水,眼睛紧闭,睡得真香;水獭妈妈翘着头,身体周围水流的波纹清晰可见,实在感人。

既然动物有情感,人就更应有情感。动物情感是自然选择的产物,植根于机体,人的情感是在动物情感的基础上发展起来的,当然也植根于自身的机体。

关于情感的存在,我国春秋战国时期的杨朱、孟子、荀子等人就已看到人"固有"的道德心理方面的欲望。杨朱认为,耳欲五声,目欲五色;孟子认为,人有恻隐之心、羞恶之心、是非之心;荀子明确指出,人有生理和心理两个方面的欲望,他说,"凡人有所一同:饥而欲,寒而欲暖,劳而欲息,好利而恶害,是人之所生而有也",(《荣辱》)"若夫目好色,耳好声,口好味,心好利,骨体肤理好愉佚,是皆生于人之性情者也"。(《性恶》)

现在看来,他们所说的道德欲望实际上就是人的大脑里存在的情感需要,目好色、耳好声就是人的美的需要;恻隐之心、羞恶之心、是非之心就是人的同情需要、尊重需要、正义需要。应该说,在两千多年前科学还很不发达的年代,这些古人的这些认识是非常了不起的;同时又使我们坚信一点,两千多年前的古人之所以能看到人天生有许多情感,是因为人的机体上确确实实存在着情感需要。存在决定意识,这些情感在人的身上已存在若干万年,被认识是必然的。

三、情感是生存能力

1. 机体上的一切都是有用的

我们应当认定这样一个事实：生物机体上存在的东西一般都是有用的，都是一种生存能力，一切无用的东西必然会被淘汰。达尔文说，在世界范围内，自然选择每时每刻都在对变异进行检查，去掉差的，保存、积累好的。而所谓"有用"、"无用"、"好的"、"差的"，都是对是否有利于生存和繁衍而言的。对此，可以用达尔文的观点和生物界的大量事实予以证明。

生物机体上的各种特征都服从一种目的，都是有用的。达尔文自然选择理论"告诉我们，这些有机体结构的组成部分都拥有明显的目的性特征——也就是说，它们都是被'设计'来解决特定的生存和繁殖问题的"。① 比如，豪猪的刺使它免受捕食者的伤害，海龟的壳为它壳下的软组织提供保护，许多鸟类的鸟喙则被用来凿开坚果，动物尾巴的作用是驱赶叮咬吸血的小动物（如牛猛子和蝙蝠）。一些植物有毒素，许多植物未成熟的果子是苦的或酸的，这是一种自我保护的能力，"有助于减少植物被吃掉的可能性"。成熟植物的果实鲜艳色彩，为的是吸引动物来吃，从而传播种子，动物知道色彩鲜艳的果实有着丰富的营养。

达尔文说，生物机体上"所产生的构造上的每一细节，都是为了生物本身的利益"。"和身体构造的情形一样，每一物种的本能对该物种本身是有利的。"②"自然选择只能通过给各种生物谋取自身利益的方式而发生作用，因此我们看到，即便我们认为不重要的性状和构造，自然选择的结果，对生物来说也有很大作用。当我们看到食叶的昆虫呈绿色，食树皮的昆虫呈灰斑色；在冬季，高山上的松鸡呈白色，而红松鸡的颜色呈石

---

① 《进化心理学：心理的新科学》，第 11 页
② 《物种起源》，第 112 页、第 142 页

南花色时,我们一定相信,这些颜色是为了保护这些鸟和昆虫,使其免遭危害。"①"植物学家认为果实的茸毛和果实的颜色是极不重要的,但优秀的园艺学家唐宁(Downing)说,在美国无毛的果实比有毛的果实容易受象鼻虫(Curculio)的危害,紫色的李子比黄色李子容易染上某种疾病,黄色果肉的桃子比其他颜色果肉的桃子更易受一种疾病的侵害。"②"蒲公英美丽的带茸毛的种子和水生甲虫扁平的带缨毛的足,初看起来只与空气和水有关系,但实际上带茸毛种子的好处,是在陆地已长满其他植物的情况下,可以更广远地传播开去,落到植物稀少的土地上繁衍,水生甲虫足的构造非常适合潜水,使它能和其他水生昆虫竞争,使它能猎取生物并逃避其他动物的捕食。"③"响尾蛇用它的响器,眼镜蛇膨胀颈部,蝮蛇在发出很响而粗糙的嘶声时把身体胀大,都是为了恐吓那些甚至对于最毒的蛇也会发起攻击的鸟和兽。蛇的这些行为和母鸡看到狗在逼近她的小鸡时便把羽毛竖起、两翼张开的原理是一样的。"④"成熟的草莓或樱桃,既悦目又适口,卫矛的华丽颜色的果实和枸骨叶冬青树的猩红色浆果都很美丽,这是任何人都不可否认的,但是这种美,只供招引鸟兽吞食其果实,以便使成熟的种子得以散布。"⑤

谈到尾巴扁平、身体后部宽阔及两胁皮膜开张、会飞等构造不同的松鼠,达尔文说:"我们不能怀疑,每一种构造对于每一种松鼠在其栖息的地区都有用处,它可以使松鼠逃避食肉鸟或食肉兽,可以使它们较快地采集食物,或者,如我们有理由可以相信的,可以使它们减少偶然跌落的危险。"⑥

植物种子里贮藏着丰富的养料,达尔文说,"主要用途是为了有利于幼苗的生长,以便和四周繁茂生长的其他植物相斗争"。⑦

---

① 《物种起源》,第 57 页
② 《物种起源》,第 57 页
③ 《物种起源》,第 52 页
④ 《物种起源》,第 114 页
⑤ 《物种起源》,第 113 页
⑥ 《达尔文读本》,第 147 页
⑦ 《达尔文读本》,第 120 页

达尔文断言,"每一生物的构造,现在或过去,对它的所有者总有某种直接或间接的用途"。① 生物机体上的构造,不仅用于个体的存活,而且用于物种的繁衍。雄孔雀长长的尾羽,看起来毫无意义。而达尔文说:"比如说天堂鸟和孔雀,它们的雄鸟在雌鸟面前竖起、展开,并振动绚丽的羽毛是一个痛苦的过程。很难想象这样一个过程会没有任何的目的性。"②

看一看我们人类的机体吧。

人类体毛退化,身体裸露,浑身光洁,这作用何在?"从进化上说,人类这身裸露的皮肤必然有它的特殊价值,不然在自然选择面前是难以通过的。……有人认为,人类祖先脱毛与摆脱能传染疾病的寄生虫,如跳蚤、虱子等等有关,当时的许多其他动物确实都死于寄生虫。也有的认为脱毛是有利于降低热量、适应地面狩猎或长途迁移的需要。"人的"皮下脂肪,显然利于御寒。""人类的脂肪层终年都有,厚度超过任何其他陆生动物。"③汗腺是一种适应器,它有助于调节体温;味觉——指导我们成功地摄入有营养的物质。

呕吐和反胃是一种保护性的反应,它们被设计来防止我们摄入有害的食物,并且吐出那些越过了味觉和嗅觉防御所能承受的东西。这种反应使人们远离脏的东西,从而避免疾病。

人性百题

孕妇的妊娠反应的作用是什么?

孕妇的妊娠反应:恶心、呕吐、厌食,"Profet(美国科学家)已经找到了强大的证据表明妊娠病是一种适应器,它能够阻止孕妇摄入或吸收致畸剂(teatogens)——即不利于胎儿发育的有害毒素"。孕妇"呕吐反应阻止了毒素进入孕妇的血液,从而保证胎儿赖以生长的胎盘不受侵害"。科学研究还证明,"头三个月没有妊娠病的孕妇,其自发性流产比有妊娠病的孕妇要高三倍之多(Profet, 1992)"。④

---

① 《物种起源》,第113页
② 《为什么要相信达尔文》,第179页
③ 李难著:《进化生物学基础》,高等教育出版社2005年版,第111页
④ 《进化心理学:心理的新科学》,第91页

耳、眼、口、鼻、舌五官及体内消化、血液、呼吸等系统对于生存的作用是众所周知的,除此之外,其他所有的东西对生存也都是有用的。如眼睫毛、鼻腔毛在于阻挡异物的侵袭;指甲在于保护经常活动做事的手脚;打喷嚏在于打出异物或凉气;身体受冻时而发抖,在于产生热量保护机体;人在呼吸道感染(感冒)时,抵抗力低,鼻涕、痰特别多,或许这正是用于阻挡细菌的侵入,等等。

另一个方面,为生存,每一个物种的生存能力必然会不断地发展,即不断会产生新的生存能力;再说,一个物种的机体上不会无缘无故地、普遍地产生某种新的性状。由此,我们应当坚信:人机体上的东西必然是有用的,情感一定是有用的。

2. 各种情感的起源和作用

据此理论,我们充满信心,把问题深究下去。

应该肯定,在人和一些高等动物的高度发达的大脑中必然产生情感,而情感必然是有用的,是生存能力。这就是说,人脑不仅生出感觉、知觉和思维,而且还生成了情感。

人脑中会生成哪些情感呢?

既然人种的生存是人类的目标,人类情感是作为生存能力进化而来的,那么必然会生成一些有利于个体生存和人种繁衍的情感。比如,为了更好地繁衍产生情爱、母爱和爱美之心;为了保护自己,产生恐惧感和仇恨心;为了觅食,产生好奇心和寂寞感。

动物中存在着不同的生活方式,如有的群居,有的不群居。人类是群居动物,这对情感的产生有没有影响?或者说人类会不会产生有利于群居的情感?

为了更好地回答这一问题,让我们首先对群居动物进行一些了解。

所谓群居动物是指以群体为生存方式,各部分成员以集体为单位,整日在一起觅食、作息、行动、迁移、彼此相互关照、相互协助的动物。

在动物界,群居动物是大量的。具体有:多种昆虫,如蜜蜂、蚂蚁、蝗虫等；多种犬科动物，如狼、豺、鬣狗；多种海洋动物，如热带鱼、黄鱼、金枪鱼、梭鱼；几乎所有的海洋哺乳动物都是群居动物，如虎鲸、蓝鲸、座头鲸、海豚、海狮、海象等（抹香鲸除外）；陆地哺乳动物有的群居，有的独来独往。群居的有狼、狮子等。食草动物一般都是群居的，如角马、羚羊、藏野驴、野马、斑马、犀牛、大象、非洲水牛、羚牛等等。所有灵长目动物都群居，如金丝猴、黑猩猩、狒狒、长臂猿等，包括人；啮齿目动物中也有很多是群居的，如老鼠和兔子；多种鸟类群居，如火烈鸟、海鸥、企鹅、鹈鹕、麻雀以及像天鹅、大雁这样的候鸟们。世界上最大的动物群是东非羚羊，通常一个群有数万头。蝙蝠是哺乳动物中数量位居第二的大家族。

人性百题

人的机体上会不会产生有利于群居的情感？

这些动物为什么要群居？这仅仅是人们常说的"习性"、"喜欢"吗？不！一定是它们为生存而迫不得已，不群居这些物种就无法生存。比如，群居可以防止被其他动物侵害，可以保护幼仔。

由此，自然选择必然在一些高等群居动物的机体上设置"喜欢"群居的心理机制，如孤独感，或许恐惧感也参与其中。同时，既然群居如此重要，群体内部的矛盾和冲突以及行动因素又会影响群体的稳定，这样，自然选择又会在这些动物的机体上设置用于维护群体的稳定的心理机制。如自尊心、同情心、正义感，以维护物种整体的生存秩序。

我突然发现，自然界给人自尊心和同情心的一个重要目的，那就是避免人类内部的矛盾和冲突，以维护人类内部的秩序。

照理，动物的生存能力是围绕个体生存和物种繁衍而产生的，一切能够产生情感的物种所产生的情感是一样的。现在我们看到，群居动物和非群居动物所具有的情感是不一样的。同样是围绕生存，非群居动物的生存主要取决于个体生存和物种繁衍；而群居动物则取决于个体生存、物种繁衍和群体的维护。群居动物中的个体不得不既关心自己的生存又关心物种整体的生存，所以它们就有了用于物种繁衍和维护群体稳定的种种情感。

在高等群居动物中，还会产生特有的好胜心。

这样,据一般所知人有好奇心、爱美之心、好胜心、恐惧感、自尊心、情爱、母爱、仇恨心、同情心、正义感、孤独感、寂寞感等情感。

根据"生物机体上存在的东西一般都是有用的"观点,让我们看一看,高等动物特别是人类在长期的进化过程中种种情感是如何形成的?它们对生存和繁衍有什么作用?

在回答这些问题之前,有必要强调指出,在生物进化的过程中,自然界不仅把一些直接有利于个体生存的因素植入其机体中,使其成为机体的机能,而且还把生殖、母爱、情爱、同情心、正义感等并不直接利于个体生存但有利于物种生存的因素也融入其机体,也使其成为个体的机能。

(1)好奇心。食物是生存的第一需要,一切动物都为觅食忙碌,而要获得足够的食物是十分艰难的。因此,在进化过程中,生物获取食物的本领会不断扩展和增强。于是,为了寻觅更多的食物,自然选择就给高等动物造就了好奇的生理机制。这种机制使人一看到或听到异样东西,就兴奋,就积极去探寻、去品尝,以获得食物。它们对一切未知的可能的食物发生兴趣,这样可以扩大觅食范围。假如说,动物不好奇,固守着原有的食物,见到可能有新食物的地方或能够作为食物的新东西,无动于衷,不激起任何兴趣,那它就会因食物缺乏而饿死。《裸猿》作者莫里斯说:"它们从来不能肯定,下一顿饭从哪里来。它们必须了解每一个角落,尝试每一种可能性,睁大眼睛去寻觅幸运的机会。它们必须探究,不停地探究。它们必须探查,不停地反复检验。它们必须要具有一种持续高度的好奇心。"[①]高等动物都有好奇心,类似人类的好奇心很容易在高等动物身上观察到,猴子的日常行为有相当一部分是由好奇心发动的。它把东西撕碎、把指头捅进窟窿,在各种情境中进行探索,而在这些情境中不大可能有饥饿、害怕、性欲和安抚等情况存在。

循着物种生存这一轴心,我以为,好奇也是物种繁殖所需要的,这主

> 人性百题
> 好奇心是为更多地觅食而形成的吗?

---

① 《裸猿》,第82页

要是驱使动物选择新的不同一般的更有生殖能力的异性。

（2）美感。"传统观念认为美是由观察者的双眼来评判的,但双眼及其背后的心理机制却是人类经历了数百万年进化而来的。"①动物要生存,必须有足够的食物。食物存在于生物界。生物界的生物是众多的,然而能够食用的东西并不是显而易见的,这就需要动物有高超的选择食物的本领。这样,在漫长的生物进化过程中,自然选择就给高等动物造就了爱美的生理机制。它们一见到色彩鲜艳的植物,听到能发出悦耳声音的动物,就兴奋,从而积极地探寻,以扩大觅食范围,获得更多的食物。营养丰富的果子是成熟的果子,而成熟的果实是美丽的,如苹果是红色的,橘子是橙色的,梨是黄色的,桃是粉红色的,葡萄是紫色的,而它们的形状都是饱满的、对称的。人类喜欢大草原和森林,因为那里是人类祖先长年生活的地方,广阔的大草原和茂密的森林意味着丰富的食物。草原上色彩鲜艳,花儿意味着草地和果实,草地是绿的,果实是红的、黄的、紫的;森林里鸟兽成群,悦耳的叫声意味着山珍美味。

从性来说,美就是异性美。人们的审美能力不是学来的,一些人大字不识,但找老婆都知道要漂亮。"美的标准并不是任意的,而是反映生育能力与繁殖价值的可信线索。"②"大量证据证明,男性评判女性吸引力的标准是依据那些能体现女性生殖能力的线索,这是进化而来的。"③这就是说,动物不仅觅食需要爱美能力,而且物种繁殖也需要这种能力。动物中,谁生育能力最强,生出的孩子最健康呢？是美的异性,而美的明显特征就是年轻。比如,年轻女性身体丰满,面部皮肤细嫩、气色红润;年轻男性强壮、威猛,充满活力。这样在长期的生物进化中,就在人脑中形成了见到美丽或俊朗的异性就兴奋(性兴奋)的机制,它反应为见到年轻貌美或英俊强壮的异性,比见到一般异性有更强的性快感。这就是人们特别喜欢美女或猛男的根本原因。可见,爱美能力也是一种用于物种

---

① 《进化心理学:心理的新科学》,第165页
② 《进化心理学:心理的新科学》,第178页
③ 《进化心理学:心理的新科学》,第184页

繁殖的能力。

还有,动物的叫声往往用于求爱,悦耳的叫声是动物求偶所需要的。达尔文看到,动物爱美常常是因为性,即为讨好异性,"雄鸟一个个精心地以最殷勤的态度显示它们艳丽的羽毛"。① 动物学研究证实,有些动物求偶期间会发出种种悦耳的叫声,这是动物求偶的语言和自我展示。达尔文说:"许多雄鸟在求偶期中的悦鸣声无疑是雌鸟所喜欢的。"② 雌鸟总能选择"声调最动听、羽毛最美丽的雄鸟","许多鸟类的雄性间最激烈的斗争,是用歌唱去吸引雌鸟"。③

(3) 自尊心。人是群居动物,而群体中必然存在着种种矛盾和斗争,存在着欺负、欺骗、偷窃、争抢、损人利己等方面的行为,这直接影响群体的秩序。为群体的和谐稳定,自然选择就在人脑生成了自尊心。自尊心的心理反应是,做了错事坏事感到羞耻,做了好事受到称赞感到荣誉。可见,自尊心的作用就是约束个人的行为,使其不做伤害他人和群体的事,多做利于他人和群体的事。

> 人性百题
>
> 自尊心是为维护群体稳定和自我生存而形成的吗?

同时,自尊心也是群体中个体的生存和繁衍所需要的。群居给个体的生存带来了新的问题。在群体中,个体食物、异性、安全的获得,在很大程度上取决于它在群体中的地位(威信),常常是威信越高获得越多。在群居动物中,地位决定个体获得食物的多寡和择偶有无优先权,地位越高好处越大。地位取决于自己在同类中的威信。另一方面,同一物种内部互相欺凌是普遍现象,而欺凌程度常常取决于自己在同类中的威信。有威信者会受到信任和爱戴;没威信者被轻视、受欺凌,给生存带来威胁。如在猴群中,被大家看不起的猴,会被逐出猴群。所以,在高等群居动物中,为了生存,每一个体必须顾及自己在同类心目中的位置,力求受到尊重、信任、赞扬,而力戒被同类看不起。

不仅如此,个体的威信还涉及求偶,谁有能力、有威信谁就容易得

---

① 《物种起源》,第 59 页
② (保)瓦西列夫著,赵永穆、范国恩、陈行慧译:《情爱论》,三联书店 1984 年版,第 23 页
③ 《物种起源》,第 59 页

到异性的青睐。所以,要找到好的伴侣,也要提高自己在他人心目中的地位和形象。羞耻感、内疚感、害羞感可归结为自尊心,即自己提高和维护自己的威信以获得尊重的情感。自尊心表现为认识自己的错误或不足,从而提高自己的素质及威信;还表现为不做错事,不卑躬屈节,以维护自己的威信。这是一种自我完善和保护自己地位的能力。

对于自尊,《进化心理学:心理的新科学》一书作了深刻的论述。"自尊是一种追踪地位的机制。""人类是以群体的形式进化而来的,为了生存和繁衍,我们必须依赖他人的帮助。""既然社会接纳程度对于我们祖先的生存和繁衍如此重要,那么自然选择肯定已经在人类身上塑造了相应的机制,让我们可以评估自己被他人接纳的程度。社会计量理论认为,这种机制就是自尊。对自尊的渴望能够激发我们去获取他人的喜爱和支持,让我们去改善现有的社会关系,以及寻找新的社会关系。""从功能的角度来讲,支配等级(dominance hierarchy)是指一个群体内部的一部分人比其他人拥有更多的机会去获得那些非常关键的资源——即有助于个体的生存和繁衍的资源。个体的等级越高,他所获得的关键资源也就越多,反之亦然。""自尊追踪了声望、地位和名誉。根据这种扩展,自尊就变成了一种负责追踪他人对我们的尊重和敬意之情的心理机制。"[1]我以为,非群居动物没有自尊心,这是因为它们既没有群体要维护,也没有地位问题。

> **人性百题**
> 好胜心是为维护个人在群体中的地位而形成的吗?

(4)好胜心。这是人追求地位的另一种心理机制。在同一物种(尤其在群体)内部遵循强则存,弱则亡,胜则存,败则亡,"软弱被人欺"的规律;不仅如此,动物间的交配,也常常是强者有权。动物研究表明,动物间的争斗,常常是为了争夺交配权。这样,在长期进化过程中,自然界给具有高级神经系统的动物一种自强的生理机制,即争强好胜,不示弱,不服输的好胜心。应看到,动物个体的自强自保对于物种的生存是十分重要的。

---

[1] 《进化心理学:心理的新科学》,第411页

(5) 恐惧感。在你死我活的生存斗争中,动物随时会遇到伤及机体、危及生命的危险。这需要动物个体每当遇到危险时,立即引起高度警觉,迅速御敌或躲避。这样自然选择就在动物的机体(在神经系统)上形成了一种安全防御的机制,即一遇危险,就立即产生一种恐惧感,从而迅速地御敌或逃跑。这种恐惧感的产生是至关重要的。如果遇到危险,不紧张,不恐惧,其结果必然是受到伤害和死亡。很多动物存在着恐惧心理。我多次亲眼所见,牛在感知被杀之前,竟双目流泪。恐惧感是一种安全防御能力,是动物保护机体能力的发展。通过疼痛感觉的保护是生理性的保护,通过恐惧心理的保护是心理性的保护。

> 人性百题
> 恐惧感是为防御敌人躲避危险而形成的吗?

D·M·巴斯说:"害怕这种情绪对人类的适应性价值是显而易见的,它让我们及时处理所面临的危险,以便存活下来。这种观点已经得到广泛的认可,并反映在最近的一本书当中。这本书名叫《害怕:保护我们免受伤害的生存信号》,曾在《纽约时报》畅销书排行榜上雄踞数周之久(De Becker, 1997)。这本书主要告诫大家应该聆听害怕的直觉特征,因为它是我们避开危险的最重要的向导。心理学家 Isaac Marks(1987)清楚地道出了害怕的进化功能:害怕是一种非常重要的进化遗产,它使有机体避开危险,具有明显的生存价值。害怕是察觉到现有的或即将发生的危险时所产生的一种情绪体验,一般属于正常的反应。如果一个人感觉不到任何危险,那他不可能在自然条件下存活较长的时间。"①

(6) 仇恨心。在动物界,为避免遭受其他个体的欺负、侵害,有些物种(人、狼、大象和猴子等)的个体在进化过程中,机体上产生了一种对外来欺负、侵害进行反击的神经机制,即一遇欺负、侵害,就立即产生一种仇恨心。在仇恨心的驱使下,或当即进行报复,或记下仇恨伺机报复。目的是惩戒仇敌使其不敢再犯或直接消灭仇敌。人的复仇心理是很强烈的,复仇者常常不顾一切地追逐、厮打,即使受伤、流血也不停息。应该肯定,这种反击、复仇的劲头一定为某种动力所驱使,是安全的需要

> 人性百题
> 仇恨心是为反抗侵害保护自我而形成的吗?

---

① 《进化心理学:心理的新科学》,第 106—107 页

吗？不是，安全需要只是驱其躲避，而不是驱其不顾一切地去反击。我以为，这个动力就是仇恨感，仇恨感是反击、复仇的根本动力。

> **人性百题**
> 爱情是为更好地繁殖而形成的吗？

(7) 情爱。动物的繁衍取决于两性交配的频率，而这又取决于两性间的引力。肉体的快感就是一种引力，但仅有生理方面的引力是不够的，还需要情感方面的引力。这样，神奇的自然界就给高等动物造就了相互依恋、不愿分离的情感（爱情）。这种情感使两性强烈地企求永远在一起，难舍难分，而结果是经常的交配，物种的繁衍。假如，相爱的两性间没有这种如痴如狂的爱，那么就会很少在一起，很少交配，因而这个物种的存在就成了问题。

> **人性百题**
> 母爱是为幼儿健康生长延续物种而形成的吗？

(8) 母爱。动物个体的生存首先在于幼仔的生存。而一部分动物的幼仔在出生初期一段时间是无法独立生存的，人类更是如此。人类婴儿在出生时完全无法自立，与其他动物相比，人类的婴儿过早地来到世界上，"原因只是他们的大脑和身体都尚未发育完全。对于大多数灵长类来说，出生标志着一个重要事件，那就是大脑已经达到了发展成熟的水平，灵长类婴儿一出生甚至能够自己走动。然而，人类却是一个反例，因为人类婴儿只用了9个月就出生于世，他们的大脑还未发育到我们所期望的水平；人类和其他灵长类（或者大多数的哺乳动物）不同，人类大脑最明显的发育过程是在出生之后的"。① 所以，人类婴儿出生后的很长一段时间里必须依赖父母的抚养。神奇的是，自然界就在一些高等动物的母亲的机体上设计了爱护自己子女的情感，即母爱。美国心理学家做过这样的试验，将刚分娩的母鼠的血浆注射进一只未配偶的雌鼠，它将在一天之内就开始母性行为。美国心理学家认为，这种"母性行为的模式看来是先天安排在老鼠的脑子里的"。② 这就是说，自然界造就了母爱，幼小的动物个体只有得到父母的关爱，才能生存，进而物种才能繁衍。在动物界，母爱或称"母性行为"、"护幼反应"是普遍存在的。母鼠会越

---

① 《进化心理学：从猿到人的心灵演化之路》，第51—52页
② （美）希尔加德等著，周先庚等译：《心理学导论》上册，北京大学出版社1987年版，第499页

过障碍忍受痛苦靠近幼鼠;燕子会把自己捉到的虫食喂进嗷嗷待哺的孩子的口中;你想抱走出生不久的小狗,母狗会发狂似地穷追不舍。

母爱的情感产生于母亲怀孕期。女性都有母爱的生理机制,怀孕时此机制被激起形成心理层面的情感。

(9) 同情心。在动物界,个体遭受天灾人祸,一时陷入困境、受苦受难的情况是经常发生的,此时如果得不到救助,就可能死亡,这势必影响物种整体的生存。特别是对群居动物而言,个体生存的困苦(如受伤、饥饿无力)会拖累群体,危及群体的生存。为此,在生物进化过程中,一些高级动物的机体上生成了帮助同类中受苦受难者的心理机制,即一遇到这样的受苦受难者就产生怜悯之情,从而在这种情感的驱使下帮助他们渡过难关,从而维护物种和群体的生存。同情心也是对自己行为的约束,从而维护群体稳定。同情使人不忍心欺负、伤害他人,不忍看到同类的惨状。同一物种(或群体)内部的斗争和互助并不矛盾,都有利于物种的生存。斗争选择强者,从而提高物种的生存能力;互助,有利于维护物种(或群体)的整体能力。

> **人性百题**
> 同情心是为帮助同一群体的受难者维护群体生存而形成的吗?

(10) 正义感。在群居动物中相互欺负的现象十分普遍,如果任其所为,就会造成同类的自相残杀,危害物种群体的生存。这样,自然选择就在一些大脑高度发达的动物的机体上设计了一种维护正义、打击不平的正义感,即一旦遇到同类被欺负,就会产生一种打抱不平的情感冲动。自然界在人的机体上设计好胜心和仇恨心,是让个体自强和反抗,设计正义感是让个体打击邪恶,维护群体的生存秩序。

> **人性百题**
> 正义感是为打抱不平维护群体秩序而形成的吗?

(11) 孤独感。为了生存一些动物物种不得不群居,这样可以抵御其他动物的侵害。在自然界中,我们常常看到,群居动物一旦落了单,就往往被其他动物吃掉。据考察者报道,鹿、羊、狒狒、野牛,甚至大象等动物落了单,就成了虎、豹、狼、狮子的美食。因此,在长期的进化过程中,就在一些群居动物的机体上生成了归群的心理机制,即一旦落了单就会产生痛苦的孤独感,从而驱使个体尽快归入群体,以避免受到伤害。对人类来说,孤独感一般产生于个人远离人群长时间独处的时候,比如,置身

> **人性百题**
> 孤独感是为归入群体避免危险而形成的吗?

生疏地(如异国他乡)的时候,在荒无人烟的地方生活工作(如边防哨所)的时候。

(12)寂寞感。动物的生存靠自己的行动,行动的目的就是维持自己的生存和物种繁衍。可在恶劣的生存环境下,要实现这一目的是极其困难的,所以要求个体必须不停地觅食、繁衍、竞争,闲下来不去奋斗就会饥饿、绝后、死亡。这样,自然界就在人类的机体上进化出了闲下来就感到寂寞、空虚、无聊、烦闷的心理机制,即寂寞感,要避免这种寂寞感就必须不停地做事,以不停地获得食物和繁衍。

我发现,人在一定情境下如果动了情或产生了某种可感觉到的心理反应(如快乐、痛苦的感觉、冲动、欲望、情绪等),就必然有某种情感的存在。比如,遇到危险感到害怕是因为恐惧感的存在;被人批评感到羞愧是因为自尊心的存在。照此观点,我以为,除了以上所说的情感,人的大脑里或许还有其他情感。

人应该有"感恩心",就是人们平常所说的"感激之情"。从实际情况来看,一个人受到了他人的帮助,便会产生感激之情,在这种感情的驱使下就会产生报恩的欲望和行为,受到的帮助越大这种感情就越强烈。人世间的报恩是普遍存在的,子女对父母的感激之情最强烈。"感恩心"有利于鼓励人与人之间的互帮互助,有利于黏合和增加人际间的情感,从而提升物种的整体力量。

综上所述,人的种种情感确实是生存能力,它们有的用于觅食,有的用于求偶,有的用于护身,有的用于哺育幼子,有的用于维护物种整体的利益。

四、情感本质上是情感需要

原本,快乐感和疼痛感是人的一些生理机制受到刺激而产生的感觉,奇怪的是,人的情感受到一定的刺激也会产生快乐、痛苦的感觉,所不同的是,前者是肉体的感觉,后者是心理的感觉。比如,见了新奇的东西感到兴奋;被人揭短感到羞愧;遭遇危险心惊胆战;比赛获胜满怀喜悦;受人欺负时感到愤怒;恋爱时感到甜蜜,失恋时感到痛苦;儿行千里母担忧。原来,自然界将快乐、痛苦的感觉不仅设计进了生理需要的机制,而且设计进了情感机制,使情感与快乐、痛苦的感觉紧密联系在一起,使情感成为机体上的另一类需要,即情感需要。

> **人性百题**
> 人的机体上不仅有生理需要而且有情感需要吗?

快乐和痛苦感觉的存在证明需要的存在。哪里有快乐、痛苦的感觉,哪里就有机体需要。见到了新奇的东西感到兴奋,一定有好奇的需要;受到了批评感到羞愧,一定有尊重的需要;儿行千里母亲有担忧的痛苦,一定有母爱的需要。从另一方面来说,见到美的事物就感到兴奋,这表明人们喜欢(需要)美的事物;遭遇危险就感到害怕(一种痛苦),这表明人们喜欢危险的反面——安全,即喜欢安全,而喜欢安全就是需要安全。细想,得到什么就快乐,遇到什么就痛苦,这里必有需要。

再说,情感被激发产生欲望,而有欲望就有需要。比如,新奇的事物刺激人的好奇心,使人有了兴趣,从而产生想了解、探索事情原委的欲望;风景如画的杭州西湖刺激人的爱美之心,人们顿感快乐,从而产生饱览西湖美景的欲望;黑夜坟地的沙沙声刺激人的恐惧感,使人毛骨悚然,十分恐惧,从而产生立刻逃跑的欲望;失败刺激人的好胜心,他憋着一股犟劲,从而产生向着成功的目标奋斗的欲望;仇恨心被激起产生复仇的欲望;他人的批评、指责刺激人的自尊心,他深感羞愧,从而产生改正错误、获得尊重的欲望;恋人的缠绵刺激人的爱情,他陶醉在甜蜜之中,从而产生长厮守的欲望;子女的出生及子女的饥寒冷暖刺激母亲的爱子之心,她担忧、挂念、焦虑,从而产生精心呵护子女的欲望;又如,邻人的不幸遭遇刺激人的同情心,他深感不安,从而产生帮助邻人的欲望;正义感被激起产生打抱不平的欲望;孤独感被激起产生归入群体的欲望。有欲望就有机体需要,欲望是建立在机体需要的基础上的。

一个情感就是一个需要。这样,人因为有好奇心、爱美之心、自尊心、好胜心、恐惧感、仇恨心、情爱、母爱、同情心、正义感、孤独感、寂寞感等情感,也就有了以下情感需要:好奇的需要、爱美的需要、尊重的需要、好胜的需要、安全的需要(恐惧感)、复仇的需要、情爱的需要、母爱的需要、同情的需要、维护正义的需要(正义感)、归群的需要(孤独感)、劳动的需要(寂寞感)。

可见,在人的机体上不仅存在着生理需要,而且存在着情感需要。

第一个认为人有"情感需要"的是美国心理学家马斯洛。他认为,人有安全需要、爱的需要、尊重的需要、自我实现等情感需要。马斯洛说,婴儿一出生也许就以一种初期方式显示有安全需要;几个月后,婴儿便表现出与人亲近的迹象以及有选择的喜爱感;再晚些,婴儿还表现出对独立、自主、成就、尊重以及表扬的要求。马斯洛把安全需要、归属需要、爱的需要、尊重和自尊需要称为"基本的情感需要"。① 可惜,马斯洛远离进化论,所以他对情感的起源、本质和作用缺乏根本的认识。

情感需要的发现有着极为重要的意义。人们通常以为人只有生理方面的需要,而不知道人的机体存在着情感,更不知道情感也是人机体上的需要。情感需要的发现,揭示了人内在的全部能量(动力),即人不仅有生理方面的动力,而且有情感方面的动力。这为全面地把握人性、洞察人的心理、科学地对待人的工作和生活提供了坚实的依据。

五、情感的生理根源

情感既然是自然界植根于人的机体的,那么一定可以在人的机体上找到情感需要的生理根源。科学证明,人的情感被激起时,体内物质会发生种种变化。美国有位科学家揭示:人的害怕刺激肾上腺素的产生,肾上腺素"作用于肝脏,使之释放出葡萄糖,为肌肉提供必要的能量以便于有机体发动攻击或逃走"。② 1994年4月4日《新民晚报》有文说,英国

---

① 《动机与人格》,第76页
② 《进化心理学:心理的新科学》,第107页

科学家格里菲思博士的最新研究揭示了赌瘾之谜：赌博时体内某种特定的化学物质变化起了关键作用，这种化学物质叫内啡肽。它可以使人获得一种超乎寻常的快感，正是这种快感驱使赌徒一次又一次地拿起赌具。他的实验还显示，赌博时人的心跳明显加快，而心跳加快时内啡肽产量骤升，快感也达到高潮。结合我的观点，可解释为赌博时人的好胜心、自尊心和好奇心被激起，从而刺激下丘脑的"快乐中枢"，使体内内啡肽物质增加，产生快感，以致成瘾。这些都充分证明人的情感与机体有着直接的联系。

对于情感与脑的关系，150多年前，达尔文就已看到了动物美感是神经系统构造方面的原因。在研究一些动物能从美（某种色彩、声音或形状）中得到特殊的快感时，他承认，对于美感"最初怎样在人类及低等动物的心理发展"的问题，是一个很难解答的问题，但他坚信"在每个物种的神经系统的构造方面，必定还有某种基本的原因"。[①] 弗洛伊德的老师、著名生理学家布吕克也曾认为：人所具有的心理能力是一种物质能力，它产生于神经细胞。

20世纪中叶的科学证明，情感是脑的机能，"边缘脑是情感发生的主要区域"。边缘脑就是脑的"边缘系统"，"这一系统在1952年曾被保罗·麦克莱恩称为情感脑"。[②]

在我看来，精神疾病本质上是情感过度失衡所致，由情感造成的精神疾病也是生理疾病。精神病学研究认为，"心理异常与躯体疾病一样，都有生物学方面的病因"。英国精神病学家H. Maudsley认为，"各种精神疾病都有生物学的病因"，他"还把这些精神疾病与各种躯体疾病，如中毒、感染等联系起来。德国精神病学家Wernicke和Kleist甚至认为，各种精神症状都可以定位于大脑的某一特定部位"。[③] 这里，"精神疾病"主要是情感方面的疾病。

---

① 《物种起源》，第113页
② 《动物的情感世界》，第8页
③ 傅安球主编：《心理咨询师培训教程》，华东师范大学出版社2006年版，第2页

人性百题
情感受挫会导致身体疾病吗？

科学证明，"精神因素"（实际上是情感因素）也会导致身体方面的疾病。大量研究成果表明，情感需要受挫，不仅可能产生种种精神疾病，而且还可能导致高血压、心脏病、消化性溃疡、糖尿病等生理疾病。我国古代中医就有"忧伤肺"、"怒伤肝"、"恐伤肾"、"气伤心"之说。

100多年前，弗洛伊德和布罗伊尔医生研究过一个病例。刚就诊时，此人头痛剧烈、咳嗽不止，有幻觉、有严重的视感和听觉障碍，颈部肌肉和右肩麻痹，精神恍惚，并出现语言障碍。他们相信，此人身体器官方面不会有什么问题，病因在精神方面。在治疗中发现，此人发病的主要原因是：彻夜守在病危的父亲身旁，精神和身体承受了巨大的压力，她的恐惧感受到了强烈的刺激。后来，病人在讲述（病人自称"谈疗"）自己照顾父亲期间心情的过程中，病症消失了。

这里有两个极有意义的问题，一是谈话为什么能治愈精神疾病？二是情感受挫为什么会出现身体方面的疾病？

前面说过，机体需要是以生理机制的形式存在的。相信，每一个情感需要在大脑中也一定存在着一个对应的生理机制（情感需要的生理机制可称心理机制）。2010年12月18日，广西卫视"新闻夜总会"报道：英国媒体说，美国有位女子超级胆大。蜘蛛、蛇、鬼、巫婆和恐怖片，对她来说一点怕的感觉都没有，即使命在旦夕也不会恐惧。医学专家在对她进行体检后发现，她无所畏惧的胆量，竟然是她大脑发育残缺造成的。她胆大，不是她勇敢，而是她先天产生不了怕的感觉。或者说，她之所以产生不了怕的感觉，就是因为大脑残缺造成了恐惧机制缺失或失灵。

人性百题
美国有位女子没有恐惧感是她大脑发育残缺造成的吗？

机体需要的生理机制，是由一定肉体组织、神经系统、感觉系统和大脑组成的指向一定目的的、相互联系的生理结构。生理机制都有一定运行程序。这如同电脑中的"软件程序"一样，点击鼠标就会启动（受到刺激就被激发），启动后必然按一定程序运行，最后必然出现人所要的目的。对人的心理机制而言，受到刺激就被激发，激发了就会运行，运行了就必然要出现一定的结果。比如，恐惧感的心理机制，一旦危险情境刺激了这种机制，就必然产生恐惧感，有了这种恐惧感就必然会逃跑（以躲避危险），逃跑了恐惧感就会消除。危险情境就是"鼠标"，躲避危险就是机制的目的。

一个人十分恐惧时无法躲避危险将会怎么样？从程序来说，那是机制被激起的目的没有达到，即程序没有走完；从实际来说，无法躲避危险，恐惧感不会消除，人就长时间地处于恐惧之中。我想，这必然导致负面情绪积压，从而给人的心理造成伤害，严重时会使人产生心理问题或精神疾病。负面情绪的积压既可能是因为一次重大的打击，也可能是因为多次打击的积累。负面情绪包括恐惧、忧愁、焦虑、愤怒、悲伤等，这些情绪过分强烈或经常的积累都可能导致疾病的产生。

可见，生理机制的程序没有走完，就导致负面情绪积压，从而导致机制受损，这应该是产生精神疾病的根本原因。"谈疗"之所以能治愈精神疾病，是因为"谈疗"可以通过"说出来"、"哭出来"的发泄，释放积压的负面情绪，让"程序"走完。

心理问题或精神疾病之所以会导致身体方面的疾病，弗洛伊德说"心理是人精巧复杂的肌体集中工作的地方"，此处一旦出了问题，势必导致身体的相关方面出现问题。"病态的灵魂对于身体的疾病有重大的影响"，这正是弗洛伊德的发现。"在弗洛伊德之前没有任何人想到引起情感障碍的可能不是生理的，而是心理的，也没有人想到要去寻找病的根源，以便治疗。"[1]

至此，我们对情感的本质和特点可以有这样的认识：作为生理机制的情感是无欲的，被激起时体内会发生种种生理变化，继而产生心理的快乐或痛苦的感觉（喜悦、兴奋、甜蜜、忧愁、愤怒、伤心、羞愧），产生心理层面的情感。心理层面的情感是人能够感觉到的。

可见，情感有两个层次，一是以一定生理机制存在于机体生理上的情感；二是情感的生理机制被激发后产生的心理上的情感。生理上的情感是始终存在的，心理上的情感则时有时无。如果情感在机体上没有生

> 情感有两个层次吗？

---

[1]《弗洛伊德传》，第236页、第87页

理的机制,外界的刺激又如何使人产生心理的情感呢？情感是客观的东西,生理上它客观存在于人的机体,心理上它是可以感觉到的心理活动。

在很多人看来,情感"是由一定的客观事物引起的"、"是人对客观事物的一种态度"、"是人们对客观现实的一种特殊的反映形式",也就是说,情感是意识,是主观的。2010年中国出版的《普遍心理学》说:"情绪和情感是人对客观事物的态度的体验,是人对客观事物与人的需要的关系的反映。""情绪和情感是人反映客观世界的一种形式。"[1]现在看来,传统的理论对情感的认识太肤浅了。事实证明,情感是天生的,是作为生存能力进化而来的。

六、"情感"被误解

几千年来,一些思想家虽然知道人有情感,但不知道情感真正的起源和本质。西方,"情感"总是被混入"精神"之中。比如,把"同情心"、"羞耻心"等情感归入"心灵"、"灵魂"、"精神"、"思想"、"道德"之中,把"情感需要"说成是"精神需要",把"情感生活"说成是"精神生活"。古希腊时期,认为灵魂或心灵包括理性部分和恐惧、自豪、义愤、嫉妒、仇恨等非理性部分;"精神快乐"就是"不为任何恐惧、迷信或其他情感所困扰"。文艺复兴时期及后来的思想家认为,爱情是精神上的爱,而同情感在心灵之中;笛卡儿在《心灵的感情》一书中把惊恐、爱恨、欲望、快乐、痛苦作为心灵中的基本情感;黑格尔认为,爱情是婚姻中的精神纽带,婚姻关系是性爱和精神因素的统一。

中国。古代,孟子把"我固有"的恻隐之心、羞恶之心、辞让之心、是非之心作为人的道德心;现代,将精神和情感混在一起的现象更是到处可见。人的生活总是由物质生活和精神生活相对应。一个人因失恋或当得知亲人得了癌症伤心之极时,总是说我的"思想崩溃了"或"精神崩

---

[1] 叶奕乾等主编:《普遍心理学》,华东师范大学出版社2010年版,第205页、第206页

溃了"。"精神快乐"和"精神痛苦"是人们常说的,可人们不知,精神是绝无快乐、痛苦之感的,快乐、痛苦乃是人生理和心理的实际感受,所谓"精神快乐"和"精神痛苦"实际上乃是人的情感快乐和情感痛苦。精神是什么?《现代汉语词典》中说"是人的意识、思维活动和一般心理状态"。我想,在这"一般心理活动"之中,一定包括人的情绪和情感。显然,这个定义是不准确的。情感是什么?是外界情境刺激人脑中的相关机制产生的与快乐、痛苦的感觉紧密相连的心理反应。比如,看到新奇的事物感到好奇和兴奋;自己做错了事被批评感到羞愧;被人欺负感到愤怒;看到他人受难而同情落泪。所以,精神就应该是"人的意识、思维活动",而不应该包括人的情感。情感是客观的东西,"心灵"、"灵魂"、"精神"、"道德"是主观的东西。

人们常把唱歌、跳舞、看书、看电视、旅游、交友、写作、上网、绘画、打球等活动,把思想追求、理想追求、道德追求、文化追求、艺术追求、真理追求、娱乐追求等作为"精神需要",把这些活动和追求作为"精神生活"。其实这些活动之中所满足的是情感需要,那些表面上起作用的"精神"东西,本质上还是情感在起作用。比如,唱歌、跳舞,是在满足人的好奇和爱美的需要;人对理想、艺术、真理等追求,实际上都融进了人的情感。人们追求理想,有的是出于好奇好胜等情感,如一些科学家;有的出于正义感、同情心、好胜心、复仇心等情感,如一些革命家。人们追求真,主要是源于人的正义感;人们追求善,主要是源于人的同情心和爱;人们追求美,起源于人的爱美之心。纯粹精神的东西仅仅是情感需要的载体。至此,我要强调的是,人只有"情感需要"而没有"精神需要",只有"情感生活"而没有"精神生活"。

当然,在表述上有时也可以把一些情感追求称为"精神追求",把有时的生活称为"精神生活"。比如,当人对情感的追求已经上升为信念、理想的追求时,这个追求就可以说是精神追求了;这个时候的生活就可以说是精神生活了。不过,我们千万记住,这个精神本质上乃是强烈的激情。

> 人性百题
> 人们常说的"精神需要"本质上是"情感需要"吗?

几千年来,情感被误解造成人思想上的严重混乱。比如,造成了人们在"人的本性是自私的还是利他的"、"灵魂是不是人的主宰"等问题上的无数争论,看重理性和情感利他的人,认为人的本性是利他的,理性是人的主宰;看重人的肉体和物质力量的人则认为,人的本性是自私的,非理性的本能是人的主宰。在我看来,情感混入精神,也正是历史上感性主义人性论与理性主义人性论、人性一元论与二元论长期争论的原因之一。

第五章
机体需要的种类

> 害羞是"紧箍咒",它有利于限制人的欲望和行为。没有这个"紧箍咒",人会胡作非为。

研究了人的生理需要和情感需要的起源，接下来有必要研究机体需要的具体种类，以及各种需要的根源、内容、特点和作用。这十分重要，因为只有这样，才能真正地把握人性，才能具体地解释任何人的任何行为，即人的一切行为。

一、机体需要种类的确定原则

物种的生存取决于个体的生存和物种的繁衍。个体的生存，首先取决于足够的营养，一切生物要生存都必须有营养物质的供给，所以，生物机体的第一需要是营养的需要；其次取决于机体的保护，在激烈的生存斗争中，生物机体时常会受到侵害甚至危及生命，一切生物要生存都必须保护自己的机体。繁衍原本与个体的生存无关，但为了物种的生存，自然界把繁衍能力植根于个体的机体，使繁衍成为个体的需要。

营养、护身、繁衍这三个方面的需要是一切生物最原始最基本的需要。生物的一切需要都是这三个方面需要的发展。

对群居动物而言，还应加上一个方面，那就是群体的维护，群居动物的生存还取决于群体的稳定。所以，群居动物的一部分需要是由维护群体稳定而生。

怎样确定人的机体需要的种类，这是十分重要的问题。

奥地利心理学家弗洛伊德提出,人有八对对立统一的原始本能,后来确定为:爱恋本能和破坏本能,也称之为性本能和死本能。

美国心理学家赫尔(1884—1952)说:人有食物需要、水的需要、空气的需要、避免组织损害的需要、维持适当温度的需要、排粪的需要、排尿的需要、休息的需要、睡眠的需要、活动的需要。

美国心理学家马斯洛指出,人有生理需要、安全需要、归属和爱的需要、自尊的需要和自我实现的需要。

中国有书提出,人有十八种需要,即维持生存的需要、物质享受的需要、性的需要、秩序的需要、躲避伤害的需要、躲避耻辱的需要、友情的需要、求援的需要、成就的需要、归属的需要、自尊自立的需要、权力的需要、求知的需要、求美的需要、发展体力的需要、助人的需要、建树的需要、奉献的需要。

还有人说,人有生存的需要、享乐的需要、运动的需要、发展的需要、安全的需要、好奇的需要、性的需要、同情的需要、劳动的需要、交往的需要、好斗的需要、娱乐的需要、死的需要、爱的需要、美的需要等等。

这种根据一般分析和想象确定人的基本需要种类的做法,不可避免地会产生混乱、繁杂和错误。比如,有的太抽象,有的太具体,有的相互包含,有的则违反人的本性,更多的是派生的需要而不是根本的需要。

确定人的基本需要的种类应该有统一的原则或标准,而这个原则或标准应着眼于生物进化和"物种生存"这个根本。由此,应把握以下四点:

(1)把眼光放到几百万年前,着眼于每一个机体需要的起源。人的机体需要绝大部分是从人类祖先那里遗传过来的,其余的是在人类形成之中产生的。人种形成之后,其机体不会产生新的需要,否则就是新的物种而不是人类了。

(2)物种生存是一切需要的根基,个体生存、人种繁衍和群体稳定是其最基本的内容。任何需要都不能脱离这一根基和内容,即任何需要或有利于个体生存,或有利于物种繁衍,或有利于群体的稳定,或对它们都有利。而个体生存一靠食物,二靠护身;物种繁衍一靠生殖,二靠幼仔抚养;群体稳定一靠自我约束,二靠打抱不平和互助。

(3)任何需要都必须有对应的生理反应或心理反应。如,营养需要的生理反应是饥饿的感觉;睡眠需要的生理反应是瞌睡的感觉;安全需要的心理反应是恐惧感;尊重需要的心理反应是羞耻感和荣誉感。

(4)是相对独立的有具体对象的需要。如,营养需要的对象是营养物质,母爱需要的对象是自己的子女,同情需要的对象是遭遇困苦的人。

根据这些原则,我以为,下面这些需要并不是人的机体需要:

生存的需要。这是生物个体总体的需要,是人的两大基本需要之一,它包括营养的需要和护身的需要。所以,把生存作为人的机体需要的种类太大,且没有具体的对象。

享乐的需要。这种需要没有相对独立性,一切需要的满足都会获得快乐或解除痛苦。更为重要的是,自然界只会给动物生存和繁衍的需要,而不会给什么享乐的需要。快乐是动物满足机体需要的感受,是派生的。

生理需要。它是相对心理需要或情感需要说的,是需要性质的分类而不是需要种类分类。而从本质上说,人的情感需要也是生理的需要。

爱的需要。动物界不存在广泛的爱的需要,真正的爱只有情爱、母爱和祖父母对孙子女的爱,广泛的爱不利于个体的生存。

好斗的需要。物种内攻击性、打斗是派生的行为,是为食物、性、复仇、地位而战。再说,心理上的好斗是好胜的一个方面,属于好胜的需要。

水的需要和空气的需要。水、氧气是人所需要的物质的具体种类,属于营养物质的需要。

自我实现的需要。在马斯洛那里"自我实现需要"是一部分人的需要,而不是所有人的需要,所以不能作为人的需要。在我看来,追求自我实现是好胜需要的一种表现形式。

奉献的需要。作为基本需要与人性不符,因为这不利于个体的生存和物种繁衍。

运动的需要、发展的需要、交往的需要、娱乐的需要、友情的需要、求援的需要、成就的需要、权力的需要、求知的需要、发展体力的需要、助人的需要、建树的需要都服从某个主观的目的,都可以问为什么,因而都不是根本的需要,而是派生的需要。

确定人的需要,在总体上,除了根据以上原则,还应考虑我们确定的全部需要是否能解释人的全部行为。我们应该证明,人的任何一个行为都根源于某个需要。这样,如果某些行为找不到对应的需要,那么就说明我们所确定的需要还不够全面。

据此,我以为人的生理需要应该有:营养的需要、健康的需要、温度的需要、睡眠的需要、性的需要。在一部分动物的神经系统进一步发展完善时,这部分动物就有了情感的需要,而随着神经系统的进一步发展,情感需要的种类不断增加,以致人类有了好奇、爱美、尊重(自尊心)、好胜、安全(恐惧感)、复仇(仇恨感)、情爱、母爱、同情、维护正义(正义感)、归属(孤独感)、劳动(寂寞感)等情感需要。好奇、爱美、劳动需要是营养需要和繁衍需要的发展;安全(恐惧感)和归属需要是护身需要的发展;母爱、情爱需要是繁衍(生殖和抚育后代)需要的发展;尊重、维护正义、同情、归属需要是维护群体需要的发展;好胜、复仇需要是营养、护身、繁殖需要的综合发展。

二、营养的需要

人所需要的营养,包括人体吸收的营养物质、水分、空气、阳光。这些物质绝大部分要经过人的嘴巴吃进去,所以营养的需要也可称为食物的需要。营养物质是人生存的基本物质条件。动物机体对营养的需求表现在两个方面,一是特定的物质元素的种类;二是每一种物质元素一定的量。科学证明:人体需要的营养物质有蛋白质、脂肪、碳水化合物、矿物质、维生素和水 6 大类;人体必需的营养物质有 40 余种,其中包括 9 种氨基酸,2 种脂肪酸,7 种矿物质,8 种微量元素,14 种维生素。

人是杂食动物,食物源是丰富的,既有植物又有动物。可生物界有些动植物有丰富的营养,能吃;有些植物和动物是有毒的,不能吃,这就需要选择食物,于是一些动物在自然选择中便产生了味觉和嗅觉。

生理学把味觉分为五种基本味,即甜味、鲜味、咸味、酸味、苦味。① 嗅觉分为三种基本味:香味、酸味、臭味。

本质上,味觉基本味的意义在于:"甜味,糖的信号;鲜味,蛋白质的信号;咸味,矿物质的信号;酸味,物质腐烂的信号;苦味,物质有毒的信号。"② 而糖、蛋白质和有些矿物质是动物机体所需要的,是动物最重要的营养物质,腐烂的、有毒的物质是机体所不需要的,是有害的。嗅觉基本味的意义在于:香味是物质完好健康的信号,且实践和研究证明,香味有杀菌作用和抗酸化作用;酸味和臭味是物质变质、腐烂的不同程度的信号。

神奇的是,经过进化,动物接触到甜味、鲜味、淡咸味和香味物质会产生快乐的感觉;相反,接触到苦味、酸味、臭味的物质会产生痛苦的感觉。而本质上,人所喜欢的味正是人体所需的物质所反映的味,而人所厌恶的味正是人体不需要的物质所反映的味。比如,"甜的食物能够提供丰富的卡路里,而苦的食物则通常含有某些毒素"。③ 这样,动物有了这两种感觉,在觅食时就会选择甜的、鲜的、淡咸的、香的食物,而回避酸的、苦的、臭的食物。这在动物中是常见的。老鼠喜欢香、甜的食物,所以人捕鼠常以此作为诱饵。还有,给刚出生的婴儿舔食有各种味的液体,他的脸上会出现各种表情。舔食甜味、鲜味和适度咸味的液体时,脸上出现开心的表情,可舔食酸味、苦味液体时,脸上会出现皱起眉头表示

<blockquote>人性百题

自然界赋予人味觉和嗅觉的作用是什么?</blockquote>

---

① (日)栗原坚三著,叶荣鼎译:《趣谈味觉与嗅觉的奥秘》,上海科学普及出版社 2004 年版,第 1 页
② 《趣谈味觉与嗅觉的奥秘》,第 2 页
③ 《进化心理学:心理的新科学》,第 85 页

拒绝的神情。总之,"味觉有两大功能,一是作为营养物质易于被动物食用;二是让动物远离有害物质而保存自己"。"嗅觉,是野生动物寻找食物、防范敌人和确保自己安全的探测器。"①

　　人与其他动物一样,喜欢甜的、鲜的、淡咸的、香的食物。但由于人有意识,能认识有些酸的、苦的物质对人体是有益的,因而敢于食用一些酸的、苦的东西。不仅如此,人的认识让人敢于去寻求刺激,丰富自己口味,这使得有些地方的人喜欢吃辣的食物,而辣有杀菌作用。又由于地域的经济环境、民族习惯等因素,个人的口味是有区别的,有的喜欢咸,有的喜欢淡,有的喜欢酸,有的喜欢辣。比如,山西人喜欢吃醋,四川人喜欢吃辣,山里人喜欢吃茶,海边人喜欢吃海鲜,北方人喜欢喝白酒,南方人喜欢喝黄酒。人的生活习惯是有生理原因的,那就是机体对一些物质形成了偏好(适应)或者说形成了瘾。

　　人类的饮食是丰富多彩的。动物的食物直接来源于自然界,人的食物很多是经过加工制成的。这样,人会根据营养和味觉、嗅觉的需要,发挥其聪明才智制作出成百上千种美味可口的食品。

　　民以食为天。吃饭在人的生活中是第一重要的。人每日都要吃饭,而且要一日三餐,所以需要大量的物质。然而要获得足够的食物是极其艰难的,我们到处可见,所有动物都在用大量的时间为觅食而忙碌,人一生不得不为吃饱、吃好而奋斗;许多动物为了食物不得不历经千辛万苦长途迁徙,大量的动物因为食物缺乏在死亡线上挣扎,以致死亡、灭种。

　　正因为吃饭对人如此重要,人际间第一重要的就是宴请,朋友聚会要吃饭,谈生意要吃饭,吃饭更是人间喜事的主要庆祝方式。

三、性的需要

　　所谓性需要是人成年后具有的与异性交配生子的需要,它包括择

---

① 《趣谈味觉与嗅觉的奥秘》,第4页、第37页

偶、交媾、怀孕和抚养。性的需要被激起后反应为强烈的性欲,在这种强烈的欲望的驱使下产生交媾行为,以满足性的需要。满足性需要首先必须择偶,这是个艰难的过程,动物要通过打斗、刺激、吸引或媚惑等手段去选择;人就是找对象、谈恋爱、结婚,这也是大费周折的事。其次是结婚必然怀孕,怀孕必然生育,生育了就要抚养,所以父母要为孕育和养育孩子而操劳。

性需要并不是人一生下来就有的。女性从13岁、男性从15岁开始就有了性需要,此后则终身与之相伴。当然,强度(取决于体内荷尔蒙的多寡)是不同的。从进化的观点来看,这个强度是自然界根据处于不同年龄阶段的人对物种繁衍的作用而定的。这样,年轻人理所应当性欲最强,生殖的后代最健康强壮,这都是自然选择的设计。性欲得到满足会产生强烈的肉体快感。然而给人快感不是自然界的本意,它的本意是通过快感使人喜欢性满足,从而达到保证物种繁殖的目的。

人的生理研究证明,随着机体的生长发育,体内产生一种激素(即荷尔蒙),雄性生成雄性激素,雌性生成雌性激素,正是这两种激素使各自产生了性冲动,而这种冲动的满足只能以异性为对象。有趣的是,性需要还反应为对异性形象和气味的需要。赴南极考察的澳大利亚科研人员,曾发现过一种怪病,人人都感到失眠头昏,情绪低落。服用了各种药物都无济于事。有关部门派出科学家前去调查研究,结果发现:是性别比例严重失调,异性气味匮乏所致。美国著名医学博士哈里勒姆发现,在宇宙飞行中有60.6%的宇航员患有"航天综合症",表现为头痛、眩晕、烦躁、恶心、失眠。于是他向宇航局建议,每次飞行中选一健康、貌美的女性参加,这使"航天综合症"不治而愈。

无疑,性需要的满足是人生活的主要内容之一。

德国思想家奥古斯特·倍倍尔(1840—1913)说:"在人的所有自然需要中,继饮食的需要之后,最强烈的就是性的需要了。"[①]人自性发育成

---

① 《情爱论》,第18页

熟后，人生中从此便有了性的内容。首先，是对异性发生兴趣，有了好感，喜欢与异性接触、交往、交谈、玩耍，这个阶段一般是三五年；后来是觅偶和恋爱阶段，此阶段人的性欲增强，目的更加明确，之前男女之间一般的交往变为对具体对象的爱恋、追逐，为得到自己心仪的对象常常会倾其全力，一旦追逐成功便陷入爱河。

> **人性百题**
> 老人有儿女关心就没有再婚的必要了吗？

人人都要结婚，而结婚的目的是性交媾和生子。一般情况下，人每周都会有性生活。夫妻分离，几月不能满足性需要，会急躁、梦遗，有的还用自慰来满足。夫妻长时间的分离，常常会导致偷情或离婚。有些人（包括老人）离异或丧偶后想再婚，主要是为了满足性的需要。有的子女竭力反对父母再婚，认为父母有钱和有子女关心，再婚没有必要，他们不懂得性的需要是钱和子女关心所不能满足的。当然，父母再婚也为避免寂寞和孤独。

除了性交媾，性吸引始终存在。平日里眼球会随着异性靓女或猛男转动，通过条件反射，获得性刺激、性快感。正因为如此，人们对选美、模特比赛、芭蕾舞表演等带有性感色彩的活动有着浓厚的兴趣。人们还常常会对异性靓女或猛男产生一种爱：热情、关心、爱护，"英雄救美"正是出于这种爱。

日常生活中，性冲动虽然不是始终存在，但它时常会被多个因素激起，而一旦被激起就很强烈，像一把烈火在体内燃烧。同饥渴相比，性满足的快感要比吃饱喝足的快感强百倍。性，能燃起人更丰富、更艳丽的遐想，也常常是梦的内容。可以说，这种快感是人所有肉体快感中最为强烈的快感。正因为如此，人世间通奸、卖淫、强奸才屡禁不止。单一的夫妻生活并不能满足人的性需求，人们总是企求夫妻之外的性满足，如果没有羞耻心、道德和法律的约束，一有机会就会寻花问柳。

> **人性百题**
> 美女坐怀是乱还是不乱？

满足性的需要是人平日最强烈的欲望之一。美女坐怀是乱还是不乱？应该说，一个性成熟的男子怀里坐着一个美女，在生理上心乱（欲望被激起，骚动）是必然的，这是人的性欲的必然。但人的行为还受其他需要的影响，比如自尊心，人做不道德的事会被人笑话，而被人笑话还可能影响自己的利益和择偶。因此，很多人不得不控制自己的行为使其不乱。

顺便说一下，原本男女交媾必然生子，这是自然而然的事，可自人类能够避孕以来，生子就不再是自然而然的事，而成了由人类主观选择的事。这样，生子就失去了必然性，失去了自然的保障。我想，人类的繁衍或许在某个时候会出现危机。

<small>人性百题
避孕要警惕人类的繁衍会出现危机吗？</small>

四、健康的需要

所谓健康就是人体生理组织、结构和机能正常，没有缺陷和疾病；所谓健康需要，就是维护人体组织、结构和机能的正常秩序的需要。人的生命存在于一定物质组成和结构以及各种器官一定机能的秩序之中。既然是秩序，就是不能破坏的，破坏了就会危及健康和生命，维护这个秩序就是维护生命。

然而，人在自然界中生活，恶劣的复杂多变的生存环境必然时常地破坏机体的秩序，其中包括无孔不入的寄生虫、细菌、病毒以及对人体有害的物质对人体的侵犯，以致使人受伤和生病。比如，被动物咬伤，被植物划伤，被外物砸伤，细菌侵入而生病，煤气中毒、食物中毒，磕磕碰碰受伤，蹲久了麻木，活做多了劳累，旋转多了头晕，路走多了腿脚酸，楼梯爬多了气喘吁吁、腰酸腿痛。人体生病是多种多样的，也是经常的，而且全身任何一个地方都可能生病。人的生命是很脆弱的，一次不慎摔倒，一次马路上被车碰着，一次生病，一次被狗咬，都可能导致死亡；一个人昨天还是好好的，今天就可能永远地离开了人世。因此，人不得不时时处处保护自己的机体，维护自己的健康。

健康需要的生理反应是，受了损伤会有疼痛感，这种感觉是十分敏感和强烈的，而且遍布全身每一个地方。除此，还有一种生理反应，那就是吃到或看到不干净的东西会有恶心感。

维护健康是人生活的重要内容，它具体表现为防损伤、讲卫生、锻炼身体、治病等。在中国,人们往往退了休才知健康的重要,才重视饮食、保健、锻炼。其实,人人都应该重视自己的健康。不要认为年纪轻身体好就麻痹大意;不要生了病经受了病痛的折磨,才知健康是什么一回事;不要平时不重视饮食和锻炼,有了"三高"(高血脂、高血压、高血糖)才后悔;不要因为工作忙,就把健康放在一边,把无病弄成有病,把小病拖成大病。健康事关人的生活质量和寿命,麻痹不得。

五、温度的需要

各种生物在进化过程中对所处环境都有一种适应,其中包括对温度的适应。生理研究证明,人的皮肤表面正常温度一般为32℃左右。若外界温度高于皮肤温度0.4℃时,即产生温觉,低于皮肤温度0.15℃时,即产生冷觉。

在自然界中,人所处环境的温度变化是很大的,一年有春、夏、秋、冬四季,气温一般在零下30℃至40℃之间,可见外界环境温度与人皮肤表面正常温度差距之大。所以,人经常处在冷热的环境之中。温觉和冷觉是一种不舒服的感觉,强烈的温觉和冷觉是很痛苦的。之所以痛苦,是因为冷热伤及机体的秩序。人在炎热时,身体会出汗,心跳会加快,呼吸会感到困难,严重的会生痱子,会中暑,会热死人。人在寒冷时,会浑身发抖,严重的会生冻疮,得关节炎,甚至会把人冻僵、冻死。除了天气,水火的过高温度也会伤及人的身体,如烫伤、烧伤,以致把人烧得面目全非,或直接烧死。

因此,人们不得不防热、御寒、防烫、防烧,以力求冬天冷不着,夏天热不着。比如,在穿盖上,冬天要有棉衣、棉帽、皮袄、手套、保暖鞋、棉被、羽绒服、羽绒被;夏天要有短衣、短裤、丝绸、凉鞋、草帽。在室内,要有空调或暖气设备。在室外,夏天要躲烈日,冬天要躲狂风。防冻、防热是人生活的重要内容。

六、睡眠的需要

所有生物在其总体活动中都显示出节律性变化,觉醒和睡眠的交替就是这种节律性变化的典型特征之一。就动物而言,睡眠是其机体生存的需要,是机体各种器官保持正常运转的需要。在睡眠的状态下,人的许多生理功能减弱,体内物质得以"休息",肌肉完全松弛,从而体力得到恢复。这既有利于机体的健康,又有利于机体保持旺盛的精力,从而有利于生存。睡眠是一种生存能力,有些动物的冬眠,是为了避免冬天食物缺乏而死亡。

人每天必须在一定时间内睡觉,而且每天要睡七个小时左右。这种生理规律是强大的、不以人的意志转移的。如果到时不睡,就会瞌睡,此时机体不听理智的使唤,不自不觉地睡着了,有时还打呼噜,即使洗洗脸、拍拍头,强打精神,也坚持不了多久。如果通宵熬夜,第二天一定昏昏沉沉、眼皮发硬、睡意绵绵,此时第一需要就是睡觉。

睡眠长期得不到满足,有损健康。2001年,世界卫生组织把每年的3月21日规定为"世界睡眠日"。医学专家告诫,失眠有害健康,但过多的睡眠也不利于健康,每天7小时最好(不包括婴幼儿)。

睡眠所需要的是时间、一间房、一张床。满足睡眠需要与满足其他需要相比要容易些。一般来说,时间是每个人都有的,是由自己支配的。但满足睡眠的需要常常会受到其他需要的影响。如,为挣钱养家而起五更睡半夜;为迎接高考学生要熬夜;玩也需要大量的时间,有些人夜里迷上网,白天上班没精神。睡眠是人生活所必须的,本质上是机体的需要。长期睡眠不好会伤害身体,会产生许多疾病。因此,人一定要保证正常的睡眠。

七、好奇的需要(好奇心)

好奇心由广泛觅食而生。人的好奇心表现出来的是遇到新奇的事物会产生一种兴奋感。这种兴奋感的本质是驱使人们去寻觅新的食物和异性。

人人都有好奇心。人们着迷于神秘的、新鲜的、未知的、或没有答案的事物。马路上,哪里出事哪里人多;消息越是小道越爱听;事情是越神秘、越朦胧、越有吸引力。

儿童好奇心最强,对什么都感到新鲜。在好奇心的驱使下,孩子们玩起来总是劲头十足,或捉迷藏,或在路边玩耍,踢石子,在小水坑里蹦来蹦去,弄得水花四溅,他们不停地大喊、欢笑,如此这般常常是几个小时,尽管他们弄得脏兮兮、湿漉漉,满身大汗,可他们感到十分开心。儿童对一切未知东西都想探究。他们把一只钟拆得支离破碎,在他心目中并不是要搞破坏,而只是觉得嘀嗒嘀嗒的声音和指针的移动很奇怪,想对钟进行一番检查,弄个究竟。网络世界奇妙无穷,少年们一旦涉入极易着迷。好奇是自然选择的产物而不是学习的结果,小孩子不必要教他去好奇,而是要教育或阻止他们去冒险。

好奇心使人"喜欢听负面的东西",这是因为正面是普遍的、正常的,而负面的东西多是特殊的、少见的东西。"禁果分外甜",那是因为越是被禁止的东西越有吸引力,越能激起人的好奇心和好胜心。人为什么喜欢幽默?有人说,这"是人类心理中一个至今未解的最神秘的现象",其实人们之所以喜欢听幽默和自己搞幽默,是因为人的好奇心。幽默是语言文字、语气、声调奇怪的组合,这正是好奇心所需要的。人为何守不住秘密(他人的秘密)?因为秘密总是诱人的,它的新鲜、有趣、好笑必然刺激人的好奇心,刺激了就想说出去,憋着难受,说出来神秘、有趣、快乐,而且他人的秘密不涉及自己的名利。

生活中,满足好奇的需要表现为:穿时髦的服装,理新潮的发型,用新式的家具;喜欢武侠小说、惊险影片、神话故事、魔术表演、家长里短;朋友相聚,打打闹闹,说俏皮话;外出旅游,在崇山峻岭、奇花异草、异国风情中享受乐趣。

好奇心总是驱使人们追求新的东西。一个人出乎意料地做鬼脸、穿怪服、大声怪叫会引起人的兴趣,但第二次就不新了,就难以引人发笑了。再美的地方,人住久了,也就不美了。熟悉的地方没有风景。有一对夫妻长期住在公园里,别人羡慕不已,而他们对这儿太熟悉了,花草树木,清风明月,在他们漫长的日子里已不再有风景的含义,他们向往城市生活,认为那里"丰富有趣"。从本质是讲,看到新的东西就等于寻觅到了新的食物或异性,喜新厌旧是人的天性。

科学家对科学的追求和革命激情的产生,好奇心是强烈的驱力之一。国外许多心理学家把好奇心看作人的本质,认为好奇心是人类行为最强烈的动机之一。实验证明,在一定程度上,没有得到满足的好奇心可能比肚皮空空的饥饿还要痛苦。在马斯洛那里,好奇的需要被称为"认识性的需要",他说,在科学的自然历史阶段,推动科学向前发展的最大动力是人的持久的好奇心。

八、美的需要(爱美之心)

人的美感是由觅食和择偶而生。正因为如此,美有两方面的内容,一是自然物的美,二是异性美。人对美的自然物的需要,表现的是对自然物的颜色、形状和声音的需要。色,自然界中有赤橙黄绿青蓝紫及黑白等颜色。对此,人并非表现出同样的兴趣,而是偏于喜欢艳丽色彩的景物;形,自然景物千姿百态,而人则偏爱于对称的、和谐的、错落有致的、细腻的、有规则的景物,而不喜欢杂乱无章的、粗糙的、残缺的景物;声,自然界有色有形也有声,声的世界也是五彩缤纷、变化万千,而婉转、悠扬、嘹亮、明快、清脆、雄壮并富有节奏的声音是人所喜爱的。美的自然物意味着食物。

爱美之心不仅源于觅食,而且源于择偶。这里,我想再描述一下择偶与美的关系及美对于性的重要性。生殖是物种生存的决定环节之一,所以动物机体上的很多性状都与性(生殖)有关,人们对美的喜爱正是如此。

人性百题
性感美的线索是繁殖吗?

性感美的线索是繁殖。这样,性感美就是异性身上体现生殖能力的特征。"大量证据表明,男性评判女性吸引力的标准是依据那些能体现女性生殖能力的线索,这是进化而来的。"①对男性来说,女性美的内容是年轻和健康,而面容美、身材美、皮肤美是健康的标志。"标志年轻与健康的身体线索都体现了生育能力与繁殖价值,根据假使它们应该是男性判断女性美的一些关键因素。"②越年轻就越漂亮,繁殖价值就越高。一个15岁的女孩比30岁女子的繁殖价值要高。面容美,主要是平均或对称的脸,明亮动人的眼睛,丰满有型的嘴唇,亮泽的头发;身材美主要是丰满、苗条、匀称,有较低的腰臀比;皮肤美主要是光滑、清净、细腻。肤色美常常表现出性魅力。科学研究证实,"第一,在排卵期女性的皮肤会变得更有'血色',显得容光焕发。与此相伴的,女性有时会'发热',脸颊出现健康的红潮。第二,排卵期女性的皮肤比其他时期更亮泽,这也通常被认为是具有性魅力的线索"。③

人性百题
什么样的女人是最美的女人?

2012年5月,上海电视台"媒体大搜索"有这样一个报道:如今不少女孩子都追求尖尖下巴的锥子脸,殊不知,在英国,专家们根据脸部最佳黄金比例的要求寻找拥有最美脸庞的美女。结果找到了一位18岁女孩子,她叫弗洛伦丝·科尔盖特。弗洛伦丝有大大的眼睛,饱满的嘴唇,高高的颧骨。经专家测定,她的左右脸孔几乎完全对称,并十分符合国际认可的人脸黄金比例。例如,女性脸孔的完美比例是,瞳孔之间的距离为两耳之间脸部宽度的46%,眼睛与嘴巴之间的距离为脸部整体长度的三分之一。而弗洛伦丝这两项比例分别是44%和32.8%。拥有这样黄金比例的脸庞,弗洛伦丝在参加一档电视选秀节目时,轻松地从8000多名参赛者中脱颖而出,获得英国"最具有自然美脸庞"的称号。主持人说,审美虽然有一定主观性和时代特征,但仍然有一个相对的标准。我

---

① 《进化心理学:心理的新科学》,第184页
② 《进化心理学:心理的新科学》,第165页
③ 《进化心理学:心理的新科学》,第172页

说,弗洛伦丝之所以能从8000多名参赛者中脱颖而出,事实充分证明,美女的根本标准绝对地存在于人脑之中,它根源于繁殖。

对女性来说,男性美的标准是,"男人身体结构的特质,例如身高、肩宽、上身肌肉都对女人具有性吸引的作用,对其他男人有威慑作用"。① 美国一些科学家发现,所有女性,不论处于月经周期的什么阶段,都偏爱更有阳刚之气的男性,而阳刚之气是健康的生育能力强的信号。健康还可以给对方带来诸多收益,包括更长的寿命、更可靠的物质供给、更低的患病率以及给子女遗传更好的基因。异性的健康不仅涉及生多生少的问题,而且涉及子女的健康问题。

人的爱美之心具有深厚的生理基础。人出生不久就表现出美的需求。据观察,婴儿在看到艳丽的物品时马上专注于它,甚至会尖叫、大笑,挥动胳膊和腿,以致全身都动起来。现代心理学证实,当人的视线接触红色尤其是大红时,心理上就如一股暖流在涌动,红色能迅速通过眼睛刺激大脑和中枢神经系统,使人的肌肉瞬间产生一种奇妙的力量,产生愉快的感觉。达尔文断言,不仅人类,就连最简单的动物也具有美感。他用大量的事实证明,一般动物和人类一样具有美的感受和审美活动。马斯洛说:"最不为人所知是对于美、对称,也许还包括对于简洁、完满、秩序等的冲动,我们可以把它们称之为审美需要。"②

可见,有些人把爱美说成是人对客观事物的认识,这是错误的。需要是存在于机体的客观实际,是一种机制,一种势能,认识是观念的东西,是对客观现实的反映。没有人内在的对美的需要就没有人认识上的美。美的要素既不是任意的,也不是受文化制约的。美国一位心理学家让不同种族的人来评价亚洲、西班牙、黑人以及白人女性照片中的面孔吸引力,结果发现在评价一个人是否好看时存在着惊人的一致性。③

人正因为有共同的美的需求,洞穴时代人与现代人、中国人与外国

---

① 《进化心理学:心理的新科学》,第140页
② 《动机与人格》,第2页
③ 《进化心理学:心理的新科学》,第166页

人,大人与小孩在色形声方面的需要才会那样的一致;桂林山水、二泉映月、古代西施、法国芭蕾才会博得那么多人的喜欢;作曲家、歌唱家、舞蹈家、画家、雕塑家、美容师、服装师、建筑师才会有共同的标准创造出大众喜欢的艺术。可以想见,美的概念的最初含义,乃是人脑对自然物的美和异性美的需要,后来,美的概念的内涵被扩大了,美被借用,一些人所喜欢的东西常被冠以"美",如美德、美事、美差。

满足美的需要是人的生活的重要内容。吃,除有香有味外,还要有色,要色香味俱全;性,追求年轻漂亮的异性;穿,既要有色彩又要有款式;住,既要讲究外观又要讲究屋内装潢,还要讲究环境的优美;用,一切生活用品,美是选购或制作的重要标准之一;唱歌、跳舞、美术、绘画、书法、雕塑、摄影、艺术欣赏、看文艺演出、养花种草、旅游等等是人普遍的爱好和重要的娱乐活动;美发、美容的动因之一是直接为了美,而这根源于女性内在的追求增加性魅力的择偶机制。人类之所以喜欢唱歌跳舞,这里存在着性的吸引。在动物界,动物的鸣叫、身体的摆动常常是用于择偶。

九、尊重的需要(自尊心)

自尊心是高等群居动物特有的情感,它是因维护群体的稳定和维护自身在群体中的地位而生,而地位决定自己在生存和择偶上是否有优先权。在马斯洛那里,"自尊需要"是人的基本需要之一。美国思想家杜威说:"自重是人类天性中最强烈的冲动和欲望",詹姆森说:"在人类天性中,最深层的欲望就是渴望得到别人的重视。"[1]

自尊心的直接作用是约束个人的行为,不做伤害他人和群体的事,多做利于他人和群体的事;最终的作用是,既维护群体的稳定,又维护自身在群体中的地位。

---

[1] (美)戴尔·卡耐基著,李异鸣等译:《卡耐基大全集》,新世界出版社2006年版,第49页

自尊心的表现之一，做了错事感到羞愧，自己受不了。人的害羞心理不仅出现在做了错事之后，而且还出现在准备做坏事之前或之中。害羞是自尊的一种心理表现。这种害羞作用在于限制人的行为，以维护自己的地位。害羞常常表现为矜持、隐忍、谦虚。在一些场合说话、做事、露面会感到害羞，本质上是怕暴露自己的丑（丢丑）。害羞是"紧箍咒"，它有利于限制人的欲望和行为。没有这个"紧箍咒"，人会胡作非为。

人因为有自尊心，朋友上门借钱，不借自己承受不住；做了错事，常常是自己心里不安。有一次，我夫人炒"焦面"（将面粉炒熟），炒好后将其分成两份，分别装在两个瓶子里，一份准备给一位朋友，一份留着；一份放在冰柜上，一份放在桌子上。我以为桌上的是留给自家的，所以就吃了一些。几天后，老婆去朋友家。她走后我发现，她带给她朋友的竟是我吃过的，量比较少。一下子，我深感内疚，心里很难受，急得真像热锅上的蚂蚁。我一会想骑车追过去，一会又想打的赶上她，可又怕不好，我左右为难。好长时间，我一直很担心：当瓶盖打开，发现"焦面"是那样的少，那该多难为情、多尴尬。

自尊心的表现之二，是自觉做好事，自觉提高自己的地位，做了好事心理踏实，感到自豪、荣耀。尊重需要的本质是渴望获得社会的尊重，具体说就是在同类中有好的地位，被人看得起，在物质利益方面得到他人的承认、关心和拥戴，在择偶方面得到异性的青睐、竞争者的认可。自尊心的心理反应是羞耻心、自卑感、荣誉感。这些感觉都是对应于自己在同类中的地位而生的。在远古年代，地位表现为能力（体力和聪明才智）、身材（大小、长相）和德行；在现代，地位表现为职位、财产、才能、道德修养、相貌等。羞耻心和自卑感产生于地位低。一切不如人的地方，如职位低、工资低、钱财少、家里穷、房子小、文化程度低、衣服破旧、人际关系不好、考试成绩差、老婆丑、孩子笨都会感到羞愧，过分低于他人会感到自卑。做了违背道德和法律的事，受到他人的蔑视、冷落、批评更会觉得无地自容。荣誉感产生于地位高，受到表扬会开心，有一定地位，受到他人的尊重，会高兴、自信、荣耀。

人们常说的名声、名誉就是社会对一个人肯定或否定的评价和看法，而社会的评价取决于自身的条件。自身条件好，名声就好；条件差，名声就差。人总是喜欢好名声。荣誉是指来自社会的光荣的名誉，这更是人们所企求的。人的自尊心、荣誉感不是虚荣心，虚荣心是为了不丢面子，以虚假的事实博取表面光彩的一种心理。

自尊心的作用是追求社会的尊重，自觉维护自己在他人心目中的威信，克服自己的不足，限制自己的行为，既不卑躬屈膝，不受胯下之辱，又不做违反道德和法律的事，做坏事自己受不了。人感到荣耀时开心，开心了就会继续自己的行为；感到羞愧时痛苦，痛苦了会知错，从而改正自己的行为迎头赶上。要获得社会的尊重，就得提高自身的价值，尊重只能来自他人，而他人对你的尊重是有条件的，这个条件就是你的职位、财产、才能、道德修养、相貌等方面的长处。这就要求人们努力奋斗，积极向上，完善自我。只有这样，才能得到来自社会的信任、钦佩、拥戴、崇敬。可见，人有"善"的一面。

> 人性百题
> 人为什么爱表扬怕批评？

自尊心的表现之三，是怕批评爱表扬。这是因为，批评就是地位的否定，表扬是地位的肯定，而地位影响自己的生存和择偶。一个人当受到批评、被人看不起（轻视）、受慢待、遭冷遇、自己的毛病或丑事被曝光，就会感到羞愧、脸红，就会生气；相反，当得到他人的表扬、称赞、掌声，就会很高兴。自己的一切长处、优点，比如自己的官职、家庭条件（汽车、洋房）、经济收入、学历、长相、才能、成就等都希望得到别人的肯定和赞扬；年轻的姑娘喜欢人们夸她漂亮；歌唱家喜欢掌声和鲜花；就是亲朋好友的长处也是自己炫耀的资本，当有人说他妻子漂亮、儿子是博士、丈夫很能干、父亲是教授、某亲戚是大官的时候，就会感到开心。正因为如此，把孩子打扮漂亮和不惜代价地供孩子读书，除了出于母爱，还常常出于父母的自尊心，当孩子被人夸耀，上了大学，有了出息，他们会感到无上荣光和自豪。

人的自尊心十分强烈。一个人在众人面前出了丑，会感到难为情而抬不起头，会伤心痛苦，甚至感到没脸见人而自杀。人世间，许多自杀的事,常常是因名誉受损而酿成的悲剧。人的尊重需要十分敏感。心理学证明,人在受到指责或丢丑时,几乎在同一时刻会脸红、心跳加快、呼吸急促;受到称赞,则会即刻感到愉快。这非常迅速,可能只需要几秒钟,甚至更短。这个过程纯粹是生理和心理的。

俗话说,人有脸,树有皮,人人都需要尊重。社会生活中我们看到,大人需要尊重,小孩也需要尊重,好人需要尊重,"坏人"也需要尊重。河北保定有个小学生,嫌母丑在同学面前丢面子,逼母亲去整容。有些人好吃懒做,但毛病再多,儿子不喊他爸爸,他会生气;别人骂他,他会发火。上海有一位母亲,偷看了14岁儿子涉及爱情的日记,儿子知道后,自尊大伤,指责母亲侵犯了他的隐私权。母亲大惑不解:"你是我生的,对我还有什么隐私。"她不知道,小孩子也有尊重的需要。人的尊重需要是天生的,你孕育了这个孩子,就孕育了孩子尊重的需要,他不因为是你生的,就没有这个需要。

病名也需要体现尊重。2011年9月5日《文汇报》有篇文章讲了一个很有意义的问题,即"病名也需尊严"。作者针对我国医生和家人常常当着老年病人的面说"老年痴呆"的情况,深有感触地谈了自己的看法。一次,作者在医院看到一位中年妇女向医生诉说母亲的病情,当着母亲的面,问医生母亲是不是"老年痴呆",她母亲嗫嚅只不过是记性不好。作者说看着这一幕,心里真难过。当着病人的面,左一个"痴呆",右一个"痴呆",人生了病本就悲哀,还要接受一个让人自卑和羞耻的病名。作者自己的婆婆生前也得了这种病,可婆婆怎么也不接受"老年痴呆"四个字。婆婆早年毕业于燕京大学,学过医,是何等的聪明优雅,所有只要药品说明书上有这四个字,她就拒绝吃药。这"痴呆"两字,足以打击病人的自尊,让他们感到自卑和无助。所以,作者建议给"老年痴呆症"改名。据作者介绍,中国和日本等一些国家的"老年痴呆症"之名是从西方的"阿尔茨海默症"翻译过来的。最早意识到译名问题的是日本。他们看到了"痴呆"这一译名产生了消极的后果,给患者及其家属带来了心理痛苦。2004年12月日本厚生省根据网民投票结果(多个病名供网民选

> 人性百题
>
> 将病名"老年痴呆症"改为"脑退化症"有价值吗?

择),正式将"痴呆症"改名为"认知症"。2010年香港经网上讨论,则将"老年痴呆症"改为"脑退化症"。

不懂得尊重就办不好事。21世纪初,重庆市有所高校为贫困学生推出"二荤一素一汤,饭管饱,只收两块钱"的"温暖套餐"。学校设4个窗口,每天提供两餐。每餐学校补贴3—4元。可一年多来,全校6000左右的贫困生平均每天只卖出套餐400份左右(相当于200人)。这就是说,每天来吃套餐的贫困生约占贫困生总数的3.3%。绝大多数贫困生为什么不来享受这个"温暖"?显然,是因为人有自尊心。学校的好心之所以没有达到预期的效果,是因为领导者不懂得人的心理,不懂得人性。如果知道人有自尊心,知道人在众目睽睽之下面子比肚子更重要,那么就会把这些钱通过发餐券或发到学生卡上进行隐性帮困,这样就一定能获得成功。

需要尊重突出地表现为希望出名,什么名扬四海、名垂青史、名人、名医、名演员、名作家就因此而生。出名就是众人对自己的肯定,而且出了名,就能获得更多的尊重,因此谁都想出名。"名利"是人们常说的,名和利是人的两大需求。所以,自尊心在人性中有着重要的地位,把握它就把握了人性的重要方面。

人性百题

为什么人在异性面前会感到特别害羞甚至手足无措?

人为什么在异性面前会感到特别害羞甚至手足无措?这是自尊心在起作用,是自然界的设计。其一,让你在异性面前保持良好的形象,以便得到异性的青睐,更好地择偶和繁衍后代。其二,是为了防止男女之间的乱交,而乱交不利于物种的繁衍。性需要人人都有,如果没有性的制约机制,乱交必然泛滥成灾。害羞让人谨慎、自省,维护个人隐私;害羞会使人自觉遵守社会道德,不好意思去欺负人、做坏事、偷懒、麻烦人;在你打算做、准备做或正在做错事的时候,你会因害羞而停止。

尴尬是羞愧的一种心理表现。人在尴尬时,常常会回避与他人的眼神接触,将脸掩盖起来——要么用手挡住眼睛,要么把头转到一边,之所以如此,是怕丑。

一个人在被当面夸奖时为什么有时会感到不好意思(羞愧),特别是面对一个劲地夸奖会坐立不安?这是因为在被人夸奖时表明他已经得到他人的承认,此时谦虚,更能够得到他人的尊重,相反如果趾高气扬,则会刺激他人的好胜心、嫉妒心,引起反感。

人在受了委屈时为什么会心酸、流泪?所谓委屈,是自己的努力、辛劳被人误解时所产生的情绪,这种情绪源于自尊心,委屈是自己的辛劳不仅没有得到应有的尊重反而被指责或贬低的结果。2011年亚运会上,一位运动员看到一位礼仪小姐长时间手托奖品吃力的样子,就帮她托了一下,没想到礼仪小姐当即流下了眼泪。这是为什么?在小姐们看来,观众只看到她们出现在主席台上的潇洒,而不知她们长时间手托奖品的辛苦,她们感到委屈。当有人理解她们、帮助她们,她们的委屈就被解除,从而流下委屈释放的眼泪。理解是什么?是承认,是尊重。

人性百题
人在受了委屈时为什么会心酸流泪?

十、好胜的需要(好胜心)

群居动物中地位问题十分重要,因为地位决定个人在群体中是否具有获得食物和异性的优先权。好胜心是由群居动物中争取生存优势和择偶优势而生。人的好胜心,表现为人的一种争强好胜,不服气,不服输,不甘失败的情感。那种一心想出人头地的志气,那种事事争先的劲头,那种"看是你行还是我行"、"我就不信这个邪"的激情,那种不愿碌碌无为、虚度年华的雄心,都是好胜需要的表现。我们常常看到,在乒乓球比赛竞争激烈时,谁得了一分,就会握紧拳头攥一下劲,或大喊一声。

有一天,我看见一对4岁多的表兄妹在争夺一根红色的绳子,争得不可开交。当他们的母亲发现时,立刻找了几根同样的绳子给自己的孩子,叫其松手,可他们谁也不肯松,结果只好将他们的手剥开。此时小表兄哭了,小表妹撅着嘴,母亲们用一把红绳子哄他们,也无济于事。母亲们不知道,孩子们一旦争起来就不是为了得到绳子而争,而是各自的好胜心(可能还有自尊心)不容他们在争夺中失败。

第五章 机体需要的种类

人之所以对打牌、踢球、电子游戏等活动十分喜爱,故事、小说、电影中的胜与败、输与赢之所以能激发人的情绪,都是因为人的好胜心的存在。"激将法"之所以有效,也是因为人的好胜心。你说他不行,蔑视他,就会刺激他的好胜心,你越是说他不行,他就越要逞强。一些人之所以着迷于网络游戏,好胜心、好奇心起主要作用。游戏中有竞争、比赛、胜败、高分、低分、升级等,这最能激起人的好胜心,使人较劲,让人入迷。

人性百题
人的"逆反心理"是好胜心的表现吗?

人的"逆反心理"是好胜心的表现。一个人的行为遭到别人的反对,服从就等于投降,这是人的好胜心所不容的。所以,别人越是反对,就越会激发他的好胜心,就越是要这样做。正因为如此,有些青年男女谈恋爱,父母越是反对,他们就越要谈下去,反对得越凶,他们就越坚决。

越是具有挑战性的工作越能激发人的好胜心。刑警与犯罪分子较量之所以不惧危险、越斗越勇,原因之一是因为这项工作富有挑战性,在与犯罪分子斗智斗勇中能够强烈地激发刑警的好胜心。

最能说明好胜心存在的是人们在各种比赛活动中的表现,即使是与名利无关的纯粹娱乐的活动,也都全力争胜。比如平日与人打牌、下棋,本是玩的,并没有名利之争,但在玩的过程中谁都想胜,谁也不让谁。正因为人有好胜心,比赛活动才得以举行,才有意义。

好胜心更多的满足是在日常工作、生活之中。如做一件事总是力求做完、做好,在工作中遇到困难的时候,会激起"我不信斗不过你"的劲头;在科学研究有所发现的时候,会产生"一定把它搞出来"的欲望;在与人发生矛盾的时候,会蔑视他人,不服他人,从心里发出"与我斗你还嫩点"的声音。

正确(真理)就是胜,错误就是败,人的好胜心必然使人追求真理、承认真理、坚持真理。说真话,不说假话,是人的天性。人一旦发现了真理,就有了主张真理的冲动,即使是观人下棋,你看出一着好棋,会憋不住说出来,甚至直接动手走这招棋。

好胜心必然导致人们羡慕成功者、崇敬英雄、伟人。羡慕、崇敬是人追求的反映。谁对什么最感兴趣,梦寐以求,就羡慕、崇敬这方面的英雄。所以,科学家、小说家、作家、画家、数学家、歌星、影星、名模、名医、思想家、革命家、卓越领导人就成了人们羡慕、崇敬的对象,就有了那么多追求者、羡慕者、崇拜者。人们在观看革命英雄主义的影片或伟人的传记时常常会激起一番激情,这种激情主要就是好胜心。不久前,我又一次地观看了《英雄儿女》这部影片,王成在战火中勇敢杀敌所展现的英雄气概,王芳演唱《英雄战歌》时部队群情激奋的情景,又一次深深地感动了我。

　　权力就是地位,有权就是强胜,强胜了就有食物、领地、异性。所以,好胜必然导致人们羡慕、崇拜权力,追求权力。

　　好胜心与自尊心是不同的,人的自尊心是自律性的,而好胜心是自强性的。自尊心受损产生羞耻感,好胜心受损会产生一股不服气、不示弱的劲头。好胜心就是要胜,下棋要胜,打牌要胜,足球场上要胜,一件事不做完不罢休,不做好不甘心。好胜心的满足不取决于他人,而是自我满足、自己要胜、不甘失败。在足球比赛中,胜利者的狂喜跳跃、进球队员的绕场狂奔、脱衣挥舞,是在胜利之时而不是在观众鼓掌欢呼之后。好胜不图虚荣,即不要名义上的胜,而要体现自己价值的胜。强者并不愿意与弱者交手,强强竞争方显英雄本色。

　　好胜心有个特点,一旦被激起,其情感在斗争中或在事情的发展过程中往往会越演越热,以致成为一种渴求胜利的十分强烈的冲动。这种冲动有时会攫住人的整个情感,使人一门心思地埋头工作,疯狂似地奋战绿茵,不顾一切地拼死疆场。好胜心的满足会出现狂喜。一场足球比赛经过90分钟的激战一方大获全胜的时候,队员们那种或狂奔、或抱头痛哭、或把教练抛向空中的狂欢情景,是多么地激动人心。这就是人们常说的"胜利的喜悦"。从幸福角度来说,又有什么比此刻更幸福呢?

　　有人说,人求胜是为了名利。追求名誉属于尊重的需要,它追求的是他人的承认和肯定。对好胜心来说,胜就是目的。从这个目的出发,人们做事、奋斗、比赛并不是为了金钱和勋章,而就是为了胜利、成功。一个人玩电子游戏,他没有竞争对手,身边没有旁观者,这里压根儿没有

人性百题

人争强好胜是为了名利吗?

名和利,可他劲头十足,一次次想得高分,甚至像着了魔,时常不辞辛苦地通宵奋战。这里的"胜利、成功"不是空洞无意义的,而客观上代表着他在众人心目中的地位。胜利者不是想到地位才喜悦,而是胜了就喜悦。"成功"与"地位"的联系已客观地融在好胜的心理机制之中。

好胜心是科学研究的根本动力之一。一个人发现了科学的东西,就有一股劲要把它搞出来,这个发现越重要,劲头就越足。他人心目中的地位,主要取决于一个人的本领,科学发现是能力的重要体现,而能力代表人的价值。人有了价值就有了地位。从根本上说,地位不取决于荣誉、头衔和奖金,而取决于你的本领和价值。所以,科学家从事科学研究,主要并不是追求荣誉、头衔和奖金,而是追求科学发现的最终的成果,追求他的科学发现被社会公认和广泛采用。

十一、安全的需要(恐惧感)

恐惧感由保护机体的生存而生,它追求的是心理的安全。人的安全需要的本质是对人的生命保护,而不是财产保护。我们平时所说的安全是广义的,它包括人认识到的事关生命、健康、财产保护的需要,而不是心理上的安全需要。

在你死我活的生存斗争中,生物个体时刻经受着来自自然界各方面的侵袭,机体随时会受到伤害,以致死亡。所以所有动物都有保护机体、避免伤害的本领。如牛的角、象的长鼻、兔子的奔跑、龟的壳、马蜂的毒刺等等。

人情感方面的安全需要是动物保护机体能力的发展,是心理方面的保护机制。高等动物都有情感方面的安全需要。人的安全需要源于类人猿的安全需要。美国有位心理学家 Harlow 在实验室养了一群猴子,这些猴子出生后从未和其他猴子接触过。一天,他在实验室里放了两个用金属丝做的"妈妈",其中一个在金属丝表面覆盖了一层厚厚的绒布。

金属妈妈那里有食物,而绒布妈妈不提供食物。结果是,猴子在从金属妈妈那里获得食物后,其余时间则更愿意和绒布妈妈在一起;当它们受到惊吓时,不是奔向有食物的金属妈妈,而奔向绒布妈妈。猴子把柔软舒适的绒布妈妈当成了自己的妈妈。在动物界,母亲是幼子安全的保障,幼崽依恋母亲是普遍现象。猴子喜欢与绒布妈妈在一起和受到惊吓时奔向绒布母亲,正是在寻求保护,获取心理的安全。这充分说明,猴子不仅有食物的需要,而且有着心理的安全需要。

人类婴儿的安全需要表现得尤为明显和强烈。喧闹、尖叫、大声说话、雷电、物体碰撞等一切稍大的声响都可能使婴儿惊恐而啼哭,他们急切地投入母亲的怀抱。让一个儿童面对陌生的环境、人物、物体,儿童会发疯似的依附于父母。可以说,婴儿最大的心理需求是安全感。

人对自然灾害、对人世间的一切危险都会感到恐惧。这种情感常会使你提心吊胆、心惊胆战、甚至惶惶不可终日。在正常情况下,人的安全需要并非时时显露出来,并不与其他需要争夺天下。然而当安全受到威胁时,整个机体就会被调动起来,人会惊恐万分,不顾一切地逃跑或与之战斗。即使此时几天几夜没吃没喝、身受重伤,也会全力避险。

恐惧感是很强烈的,以致对一些虚幻的东西也怕得要命。比如许多人怕鬼。白天听了鬼怪故事,夜间就不敢独自走路,不敢跨进黑暗的房间,屋内的一切声响和朦胧的影子,都可以使他们躲在被子里簌簌发抖。许多人理论上不相信鬼神,但心里还是怕,自家房子里即使有钢门钢窗,半夜里也不敢在黑暗中走动。有一对小夫妻陪一个朋友在家看碟片,出于好奇看了有关"鬼"的故事,结果夜里一人上厕所,二人作陪。人做梦也常常陷入恐惧之中,如梦见蛇,人们害怕极了,拼命地躲避、逃跑,甚至惊叫起来。实际生活中有些人并不怕蛇,但梦中却怕得要命,这些都是人的安全需要的真实表露。

人最大的恐惧是对死亡的恐惧,即特别怕死,这是动物求生之必然。可想,人如果都不畏惧死,对死亡无所谓,那就不得了,人会随意结束生命。人为什么见到人的尸体,甚至听到"尸体"、"癌症"等词语也会害怕,是因为这些东西意味着死亡。几年前,有一位50多岁的老乡来上海看病,家乡诊断是肺癌,刚到上海时,我见他已被吓得脸发白、腿发软,上楼要两个人架着。当上海诊断不是肺癌而是肺炎后,他一下子来了精神,轻松自如地上了五楼。回到家乡,为庆贺自己"死里逃生",他放了一卡车烟花鞭炮。

平日,人们对安全的企求表现为对和平、安定、祥和、秩序、稳定的自然环境和社会环境的需求;对自然灾害、动乱、战争、暴力、流血、疾病、死亡的厌恶;恐高、怕陌生、怕蛇;喜欢光明和人群,躲避黑暗、孤单和荒野。在居住上,注重的是邻居众多,小区防范严密,自家防盗门窗坚固。这不仅是为了保护自己的财产和生命,而且还为了寻求心里的舒坦,使自己睡得安稳、住得放心。

十二、复仇的需要(仇恨心)

复仇的动力是仇恨心。仇恨心是由惩戒侵犯者、保护自己而生。

有些高等动物就具有仇恨心,会记仇、会报复。大象、猴子报复人类的事例是我们熟知的,除此之外,狼也有仇恨心。2010年6月初,吉林省榆树市双羊村一村民发现,同村村民张志立爷爷的坟被一只母狼扒了一个大洞,里面有11只小狼崽。祖坟成了狼窝,张志立觉得很不吉利,随即让几个村民把小狼都抱走了。母狼伤心欲绝,于是开始四处寻找,大肆报复。在一个多月的时间里,母狼常在晚上发出嚎叫,始终不离不弃地在附近几个村庄转悠,并时常猎杀、叼走村民的家禽家畜。隔壁长寿村有一户人家毛占学抱走两只狼崽,母狼听见了它们的叫声。这可不得了,尽管毛家有一条恶狗,母狼不仅总是在他家周围转来转去,而且陆续叼走他家的两窝鸡崽和几只大鸡。母狼"大闹村庄",弄得几个村庄人心惶惶,人人自危,抱走小狼的几个村民不得不把小狼都送到了吉林省野生动物保护站。

人世间复仇、报仇是普遍现象。比如,受到了批评、指责、辱骂、殴打,有人在领导面前说了坏话,奖金被扣,妻子有了第三者,女朋友要中止恋爱,丈夫要求离婚,家人受到欺负,孩子不听话,自己的主张被反对等等,一切损害自己的尊严、身体、情人、利益的言行,无论是有意的还是无意的,都会刺激人的仇恨心。仇恨心被激起导致憎恨,强烈的憎恨则会引起报复。应该看到,人平日生气、愤怒的情绪很大一部分都来自仇恨心。仇恨的程度有轻有重,轻度的仇恨只是心中不快,并不一定导致反击行为;强烈的仇恨必然导致复仇。

仇恨心和自尊心是不同的。在心理反应上,同样是受批评,自尊心会使你感到羞愧,决心克服自己的不足;憎恨感会使你生气、决心报复。在目的上,尊重需要所追求的是他人的尊重,不被欺负,是完善自身;复仇需要所追求的是惩戒对方,使其不敢再犯,或直接就是把仇人消灭。

仇恨心被激起时非常强烈。有时怒火中烧、咬牙切齿,浑身发抖,满脑子全是仇恨,怎样解恨就怎么做,甚至"巴不得他去死";有时直截了当地用最恶毒的言语攻击、谩骂对方;有时不便发泄就在心里恶狠狠诅咒对方。假如得罪你的人遭了难,你不会同情,反而会幸灾乐祸,拍手称快。仇恨还会导致激情杀人,在所有凶杀案中,仇杀大概有一半之多。

仇恨心比感恩心强烈得多。即使是亲朋好友、兄弟姐妹、甚至是父母、妻子儿女、恩重如山的恩人,一旦得罪了他,那怕是稍微的得罪、好心的"得罪",也会被记仇、怨恨、报复。虽然人的仇恨心和感恩心都是人先天的情感,但先天的情感也有强有弱。所以,我们常常可以看到,仇要比恩强十倍、百倍。在强烈的仇恨面前,再大的恩也荡然无存。

人性百题
为什么仇恨心要比感恩心强100倍?

有位品学兼优的初三男生,长期在母亲的强压下学习,经常受到母亲的谩骂、羞辱。一次期中考试前,母亲要他一定考到班级前10名,达不到写检查,并要把检查贴到儿子学校去。考试那天中午(下午考试),这位学生回家吃饭,母亲重申要考前10名,儿子说自己学校是重点初中,进前10名有困难。不等儿子把话说完,母亲就开始大骂、哭诉、说儿子没出息。儿子被骂得头昏脑胀,饭也没吃,心里窝着一团火,起身向外。母亲

第五章 机体需要的种类

骂得更凶:"没出息的东西,滚出去,考不到前10名就不要回来了。"此时此刻,儿子长期积压的怨恨一下子爆发了,他拿起家里的铁锤朝母亲的头砸了下去,母亲头破血流。刹那间,这位学生的第一心理不是疼爱、同情母亲,而是如他自己所说"我长出了一口气,感到一阵轻松"。母亲受了伤,他愧疚、痛哭,给母亲下跪,可这是在他实施了报复、满足了仇恨心之后。

历史上复仇、报仇的事屡见不鲜,有许多武侠小说讲的都是打打杀杀、冤冤相报的复仇故事。有关复仇,民间有许多词汇,"血海深仇"、"君子报仇,十年不晚"、"冤冤相报何时了"等等。

毋庸置疑,复仇利于一些物种的生存。一个物种的个体如果受了欺负,不反抗,任人宰割,那么这个物种必然无法生存;一个人如果这样,长此以往必然危及自己的利益和生存。但是复仇有很大的破坏性,它是社会上矛盾、斗争、残杀的重要原因之一。正因为如此,一些人总是认为,"人有恶的一面"。

对待仇恨要特别地当心。人的复仇需要是十分敏感和强烈的。人天生有一种自我保护的欲望。因此,切记不能轻易批评人。一个人受了批评常常会产生一种敌意,批评者就"招致愤恨",即使是必要的批评,也要讲究方法方式。不要以为你对某个人有恩就无所顾忌,要防止激起他人的仇恨心,防止矛盾激化。另一方面,自己受了欺负或批评一定要理智,一般要多忍耐,即使必须反击也要适可而止,千万不能冤冤相报。

十三、情爱的需要(爱情)

情爱,即男女之爱,是指一个人与一个异性之间产生的相互喜爱的情感。对许多动物来说,物种的繁殖很大程度上取决于两性交配的频率,而这又取决于两性的引力。如果说肉体的快感是生理方面的引力,那么情爱的甜蜜则是建立在大脑中的引力。对人来说,正是这种引力使两性相依相偎,频于交配,人种繁茂。相反,如果男女之间只有性爱,没有恋恋不舍的情爱,不渴望相依相偎,一年半载才交配一次,那么人类早就被自然选择淘汰了。

情爱追求的是终日相见,始终厮守在一起,在厮守中获得快乐和幸福,结果是趋向性满足:做爱、同居或结婚。这是自然界的意图。

人的情爱感是十分强烈的。一方满腔热忱地关心着另一方,将其冷暖、疾苦、幸福时刻放在心上;从而,他(她)心甘情愿地为其做事,不辞辛苦地为其操劳,不做就会担心;在她(他)面前,他(她)温顺、慷慨、无私。在充满自私、尔虞我诈、欺骗、暴力的世界上,这里是博大的爱的港湾。他们希望经常相见和永远在一起;他们如同一块磁铁的两极,互相吸引;又像一个人身体的两半,"每一半都急切扑向另一半",他们"纠结在一起,拥抱在一起,强烈地希望融为一体"。有位女士这样描述她朋友夫妇的爱情,"她简直每天都要跟老公像连体人一样黏在一起"。爱情令人颠倒沉迷,无法遏止,它的力量之大简直令人匪夷所思。热恋中的情人总是卿卿我我、相依相偎,"喃喃低语些甜蜜而又不知所云的悄悄话"。是的,说些什么无关紧要,重要的是情感在交流,爱在享受。恋爱季节是人一生情感最强烈、最复杂、最多愁善感的时期,也是人生最甜蜜、最幸福的时期。一旦情侣分离,哪怕是短暂的分离,也会思念、难受、像"掉了魂似的";此间,一方如果有什么不幸,另一方会陷入强烈的担心、着急、忧愁和思念之中。

著名诗人徐志摩与陆小曼在一次晚会上双双一见钟情,随即坠入了爱河。为抒发满腔热烈的感情,他们经常写日记和书信。这些日记和书信真实地记录了他们如痴如醉的恋情。身处异地时,他们最大的希望就是不断地获得恋人的消息,此时此刻他们的喜怒哀乐表现得特别强烈。一日,徐志摩收到陆小曼来信,当即回信,他说:"不得你信我急,看你信又不由我不心痛。可怜你心跳着,手抖着,眼泪咽着,还得给我写信;哪一个字里,哪一句里,我不看出我曼曼的影子。你的爱,隔着万里路的灵犀一点,简直是我的命水,全世界所有的宝贝买不到这一点不朽的精诚。——我今天要是死了,我是要把你爱我的爱带到坟里去,做鬼也已自傲了。"可徐志摩更多的是盼信的焦急,收不到信的失望、痛苦。"这生活真闷死得人,下午等你消息不来时我反仆在床上,凄凉极了,心跳得飞快。""我这几天的日子也不知怎样过的,一半是痴子,一半是疯子,整天昏昏的,惘惘的,只想着我爱你,你知道吗?早上梦醒来,套上眼镜,衣服也不换就到楼下去看信——照例是失望,那就好比几百斤的石子压上了心去,一阵子悲痛,赶快回头躲进被窝,抱住了枕头叫着我爱的名字,心头火热的浑身冰冷的,眼泪就冒了出来,这一天的希冀又没了。"

在徐志摩到欧洲旅行几个月的日子里,热恋中的陆小曼被思念弄得神魂颠倒。她在日记中说:"你知道我的身体虽然远在此地,我的灵魂还不是成天环绕在你的身旁。"一日她写道:"这几天接不着你的信已经害得我病倒,谁知来了信却又更加了几倍的难受(志摩旅途中受寒)。我再也按止不住了,在这深夜里再不借笔来自己安慰自己,我简直要发疯了。摩,你再不要告诉我你受了寒的话吧:你不病已经够我牵挂了,你若是再一病那我是死定了。为什么我放着软绵绵的床不去睡?一个人冷清清地呆坐着呢?为谁?怨谁?只怕只有你明白!我现在一切怨、恨、哀、痛,都不放在心里,我只是放心不下你。"

被爱是快乐的,爱自己所爱的人也是快乐的。人爱的时候,会产生一种快感、幸福感、甜蜜感,这种甜蜜感是其他情感的满足所没有的。一位恋人说:"一切由我照料,使我得了一个为你服务的机会,我是何等快乐。"这是自然界的设计,因为正是这种快乐,才驱使人们与其所爱的人"纠结在一起",从而好好地结婚生子。

爱情是人最强烈、最重要的情感。正因为如此,从古至今,才有无数梁山伯与祝英台、罗密欧与朱丽叶的伟大爱情;也正是这个原因,人世间的男女之爱才成为诗歌、散文、小说、电影、绘画、雕塑等文艺作品以及人们茶余饭后闲谈的、永恒的主题。

爱欲是十分强烈的,它像一道看不见的强劲的电弧牵动着你的心。它主宰你的思绪和欲望,它压倒一切。当然,最强烈的爱一般在3—5年,多则10余年,而其他时间,与之伴随的是爱的浪花和涓涓流水。

历史上关于爱情的本质有两种观点,一是认为男女在"纯粹"的精神享受中遨游,他们"像天使一样纯洁",这是柏拉图式的爱情。另一种观点认为"爱情的动力和内在的本质是男子和女子的性欲,是延续种属的本能"。① 爱情与性的关系,从生物进化的观点看来说,这两者都是为了物种的繁衍。性的生殖是生理的,情爱是心理的。性欲是爱情的基础,单纯的不以性为目的的爱情是没有的。纯粹的爱情快乐不是自然的本意,自然界赋予人爱情的直接目的就是驱使人更多地交配,更多地生子。

> 人性百题
> 爱情的本质是什么?

民间有句俗话"情人眼里出西施",其意是说一对热恋中的情人,即使女方不那么漂亮,但在男方看来她就像西施一样漂亮。这是因为男女之情远比人的爱美之心强烈,热恋时更是如此;还有,人的欲望会影响人们对美的判断,欲望强烈时,喜欢的就是美的。

> 人性百题
> 为什么情人眼里会出西施?

十四、母爱的需要(母爱)

幼仔的生存是物种繁衍的最终目的,而很多动物的幼仔出生后是无法独立生存的,所以自然选择造就了母爱,以使父母对其子女天生喜欢和自觉自愿、尽心尽力地哺育、关心、爱护。女人都有母爱的生理机制,怀孕后母爱的生理机制被激发,就产生了心理层面的情感。孩子出生后,心理层面的情感将长期地存在下去。

母爱是动物界的普遍现象。燕子捉虫喂雏燕,母鸡护小鸡,母狗护小狗等到处可见。人类个体一般到18岁才能自立,所以父母的爱对于孩子的成长就特别重要。人世间的母爱是我们熟知的。父母的心会时刻牵扯着儿女的吃喝、冷暖、睡眠、健康和安危,这就是人们常说的"儿行千

---

① 《情爱论》,第1页

里母担忧"。特别是幼儿时期,见不着会想念,有个头疼脑热会着急,想念或着急多了会哭泣;与孩子在一起会开心,见到孩子健康、聪明、进步、获奖会感到无比的幸福。母爱是无私的,吃不成让儿吃,穿不成让儿穿。为了儿女,父母呕心沥血,再苦再累也在所不辞,有时甚至不惜牺牲自己的生命。

2002年2月发生了一个真实的故事。一对母女在阿尔卑斯山滑雪,不幸偏离了滑雪场的安全路线,遭遇了雪崩。由于她们穿的是银灰色羽绒服,与雪地浑然一色,救援的飞机无法发现她们。几十个小时过去了,母亲为了救女儿,毅然割断左手动脉,并在血迹中爬行了十多米。结果,她用自己动脉里流淌的大量的、鲜红的血为女儿引来了救援的飞机,女儿得救了,而她为女儿的生存付出了自己的生命。

母爱对孩子的重要不仅表现在孩子的身体发育上,而且还表现在情感的发育上。马斯洛说"谁能说缺乏爱不如缺乏维生素重要呢?"[①]可以想见,在一个没有爱、没有亲情的冰冷的环境里,人会绝望,会发生心理变态,会走向死亡。许多临床工作者和心理学家认为儿童"缺乏爱就无法生活下去"。社会现实告诉我们,一些少年走上犯罪的道路,父母离异、缺少父母的爱是重要的原因之一。

人性百题
一夫一妻为什么是自然的选择而不是人的主观选择?

幼仔的生存是动物物种繁衍的决定环节,人类和一些动物的择偶也因此经历了进化。比如,人类的婚姻模式随着自身的进化而进化,经历了群婚、对偶婚(互为主妻主夫的两人还有许多妻子或丈夫的婚姻)和一夫一妻制。一夫一妻不是人的主观选择,而是自然的选择。人类的婴儿十分脆弱,需要父母双方合力抚养,而父亲抚养的前提是确认孩子为自己亲生。在人类婚姻的发展过程中,曾经长时间地存在过血缘家庭。这种家庭由同胞兄弟姐妹、表兄弟姐妹等近亲结婚组成。后来人们逐渐认识到族外婚对后代体质发育有利,"没有血缘关系的氏族之间的婚姻,创造出在体质上和智力上都更强健的人种"。(摩尔根)这样,近亲结婚被

---

① 《人的潜能和价值》,第175页

禁止,婚姻关系相对稳定和牢固的一夫一妻制便产生。动物中也存在着一夫一妻。比如,超过90%的鸟类都遵循一夫一妻制,配偶终身不变。①正因为幼儿的生存和成长如此重要,很多国家的法律才在处理离婚案时,都把落实好"孩子抚养"问题作为重要原则。

动物的婚姻形式,不仅决定幼仔的体质和智力,还决定幼仔出生后的成长和生存。对人类来说,这个成长既取决于物质上的抚养,还取决于智力和情感上的培育。在稳定的家庭中,孩子的成长才有物质和情感的保障。离异必然影响幼儿身心健康,在单亲家庭长大的孩子常常有心理问题。

有人说"爱情是自私的"。应该看到,这里的"爱情"不是爱情本身,男女之间的爱是真情实感的爱,这种爱是无私的。这句话是有针对性的,那就是,人世间普遍存在着这样一个现象:人容不得自己所爱的人(恋爱对象或婚后的爱人)与他人相好,当他人与自己所爱的人亲近,会特别地生气,会打人骂人;当自己所爱的人与他人发生了性关系,会暴跳如雷、大吵大闹,甚至会杀人放火。恶性刑事案件中情杀比比皆是。这里的问题不是爱情问题,而是对自己所爱的人的性的占有问题。应该说,这种占有欲是极端自私的,然而这是必要的。可见"爱情是自私的"的本意是说,对自己所爱的人的性的占有是自私的。

> 人性百题
> "爱情是自私的"这句话的本意是什么?

对自己所爱的人的性占有欲是自然选择造就的。人们总"希望她坚贞不移","这种择偶偏好不能归因于西方文化、资本主义或英国撒克逊白种人的顽固,也不能归因于媒体传播或者广告人不停地洗脑——这种偏好是普遍存在的。目前尚未发现有一种文化中不存在这种偏好。这种偏好是根深蒂固的,是一种进化而来的心理机制"。②"坚贞不移"有利于子女的抚养,这与人类的一夫一妻有利于子女抚养的作用是一样的。动物物种的繁衍证明,乱交所生孩子的存活率远远低于婚生子,这里关

---

① 《动物的情感世界》,第63页
② 《进化心理学:心理的新科学》,第185页

人性百题
人有没有爱父母的天生情感?

键是子女抚养问题,动物只爱自己的子女。

人有没有爱父母的情感呢?没有。从生物进化的观点来看,成年人生存能力比较强,其生存不决定于子女;另一方面成年人或老人的生存对物种生存和繁衍的作用趋弱,所以,自然界并没有造就子女爱父母的机制。那么怎么解释,人们普遍喜欢、关心爱护父母,甚至为父母捐肝捐肾呢?我以为,一是出于报恩心,父母给子女的关心帮助是极大的,因而子女对父母都有报恩心。二是出于对父母的依恋,这种依恋源于自身的安全和利益需要。幼儿之所以非常强烈地依恋母亲,是因为婴幼儿特别需要安全和食物,而这只有从母亲那里获得。对于婴儿来说,从母腹中生出来,第一需要就是安全,而他(她)熟悉的是母亲的气味和特征,所以他(她)会强烈地依恋母亲。三是源于自尊心,不孝敬父母要受到社会的轻视或谴责。四是出于同情心,父母体弱多病,生活质量差,容易让人同情。

这几种原因,第一种是天生的,其他是派生的。一切派生的东西都敌不过天生的东西,而天生的东西也有强有弱,人的报恩心是较弱的。正因为如此,人世间才有那么多的不孝敬、不赡养父母的忤逆之子的存在,道德和法律才有必要对孝敬父母、赡养老人作出规范。我们不能忘掉,在谚语"儿行千里母担忧"之后,还有一句"母行千里儿不愁"。2005年10月16日《半岛都市报》报道,青岛大学"有的学生一周能写几封情书,但从不愿意给父母写信",针对这种情况,青大倡议开展大学生给父母至少每周一个电话、每月写一封信的感恩教育活动。人世间常有这样的事例,一个人出生后长期离开父母与别人生活在一起,那么他与父母就没有什么感情。相反,父母会始终想着他、爱着他。大量事实说明,人没有与生俱来的爱母之情,没有道德和法律的制约,孝敬父母的风尚是难以建立的。1995年,新加坡国会通过《赡养父母法令》。由此,新加坡成为世界上第一个为赡养父母立法的国家。新加坡政府规定,从2008年4月起,凡年满35岁的单身者购买政府组房,如和父母同住,可享受2万新元的公积金房屋津贴。

为什么缺少亲情的孩子常常会出现心理问题？我以为，人类孩子的心智模式、机制在自然选择的过程中就确定了，其中就有父母对孩子抚养的作用。孩子成年之前是心智形成时期，这就靠父母对孩子的亲近和时时刻刻、潜移默化、点点滴滴的培育。缺少亲情，孩子就难以建立健全的心智。

为什么继父母没有亲父母那样关心子女？人的机体上有爱自己子女的机制（这是在进化过程中形成的），而没有爱继子女的机制。对继子女的关心靠的是道德、同情和想得到回报。这与天生的母爱相比，相差很大。所以，他们对继子女的爱远不如对亲子女的爱。养育子女充满了艰难和繁琐，这又影响人其他需要的满足，正因为如此，继子女常常受到虐待。

母爱是为了"养儿防老"吗？不是。母爱是一种不图自己利益的爱。"养儿防老"是一些人因贫穷而产生的一种基于物质需要的欲望。人有多种需求，除了母爱人还会出于其他需求而关心爱护自己的孩子。

为什么个别母亲会虐待、甚至杀害自己的孩子？这也是因为人有多种需求，行为决定于多种需求中最强的力量，而人的种种需求的强弱取决于自己的生存状况和脾气性格。同样，人自杀一定是在特别痛苦的时候，此时最强的欲望是解除痛苦，而不是生存。

我们发现，人世间，除了父母的爱，还存在着爷爷奶奶、外公外婆对孙辈和外孙辈的爱，这种爱也是那样的普遍和无私。就说我们夫妇的感受吧。我们有个孙女，几天不见就会想她，有个小毛小病就会着急。为了能见到孙女，听听她说话，看看她玩耍，每周我们都把她和她父母请来聚餐，虽然忙碌但很开心。如一周不来，我们常会准备一些她喜欢的菜给她送去。好多次，60岁的奶奶骑着车、冒着雨去看望孙女。有两次竟冒着36度的高温、来回骑40多分钟车、上下11层楼梯。有时我劝她，可我知道劝不住。孙女的每一点进步，我们都喜在心里，还常常陶醉在幸福之中。

为什么爷爷奶奶、外公外婆会爱他们的孙辈和外孙辈？看来，这种爱也起源于生物进化，也是为了确保幼儿的成长。人类的孩子十八九岁

人性百题

为什么缺少亲情的孩子常常会出现心理问题？

才能独立,仅有父母的爱是不够的,还需要爷爷奶奶、外公外婆的关心爱护。那个阶段,孩子父母的生活担子很重,有爷爷奶奶、外公外婆的帮助有利于孩子的成长。当然,在孩子的抚养中,起主要作用的是孩子的父母,祖父母对孙辈的爱仅起辅助作用。

十五、同情的需要(同情心)

同情心是由救助同类和约束自己的行为以维护群体生存而生。

人确有同情心,这是最早被人认识的情感。人的同情行为是普遍存在的。它表现为看到他人受苦受难、婴儿被遗弃、老人无人抚养、儿童失学、大学生无钱入学、家境贫寒、穷人乞讨、重病缠身、家破人亡、灾民流离失所等情形就会产生怜悯之情,就会不安、痛苦、心酸流泪,从而出手帮助。比如捐款、捐物、借钱、在公交车上让座、搀扶老人、收养孤儿、危急时刻救人等等。人悲伤常常哭泣,哭泣直接表示着苦难,因而许多人见不得他人哭泣,见人流泪他心酸,见人哭泣他哭泣。同情还表现为:想到对方的难处而不与丈夫或妻子离婚;看到欠债人的艰难而延迟还债时间或减免债务;看到他人困难而照顾招工、租房;想到他人可怜,而不做伤天害理的事;看到受害者惨状而停止犯罪。有位农村妇女,丈夫不幸去世后留下上百万的债务,她想到这是人家的血汗钱,想到人家身陷困境,她毅然决然地踏上了5年的讨债(很多客户欠他家钱)还债的艰辛之路。凡此种种,我们看到,同情确实有利于人类整体的和谐和强盛。

在日常生活中,人的同情心不仅被同类的不幸遭遇激起,而且常常被书籍、电影、电视中人物的不幸遭遇激起,正因为如此,许多人常常一边看电影,一边落泪。同情心是"良心"的一部分。

十六、维护正义的需要(正义感)

正义感是在人类这样高等群居动物中形成的一种打击群体中的不

平、维护群体生存秩序而形成的心理机制。应该相信,人确实有正义感。人的任何心理躁动都必然有其原因,或者说,人的任何行为都有源自机体的原因。一个人看到他人受欺负,而这并不损害他自己的机体、利益、情感,这个人为什么会牛气、愤怒、看不惯?为什么会产生打抱不平、维护正义的冲动呢?为什么会义愤填膺、挺身而出呢?这必有原因。出于道德吗?不是,道德是是非的规范、标准,是理性的东西,而不是动力。在我看来,这个原因只能是人的正义感。

在一次聚会上,一人错引莎士比亚的话,另一人忍不住予以指正。在公交车上,一个人说错了话、做错了事,你会立刻产生予以纠正、主张正义的冲动。看足球,一球没踢好,大骂"臭球",比赛失利,大喊教练"下课"。平日,人们遇到不正确的言论、错事就会感到不平。人们看书、看报、看电视,也时常对坏人或不公正的事,发出种种谴责或怒骂。所有这些心理都是正义感的作用。大革命年代,很多青年反封建、争民主,追求真理、追求光明,一腔热血,英勇斗争,这在很大程度上是正义感的驱使。

正义感不是追求公平、正义、真理,而是对已经出现的不公平、非正义的情况"看不惯"。正义感与好胜心、自尊心、仇恨心是不同的。自己受欺负,激起的是自尊心、好胜心、仇恨心,而不是正义感;"不服气"出于人的好胜心,"看不惯"出于人的正义感;好胜心指向自强、目标是胜;正义感指向打抱人间不平,目标是阻止不公、保护受欺负的人。

> 人性百题
> "不服气"是出于好胜心,"看不惯"是出于正义感吗?

原本形成正义感的刺激物是"真正的不公"。可由于人类有语言、文字、书籍、报纸、电视,正义感的刺激物在条件反射的作用下就大大地扩展了。这样,小说、电视中人物的不公正、错误也会激起人的正义感。由此,一个人懂的东西越多,正义感就越强。

人有正义感增加了人性的"善良",这既表现为打抱不平的一面,又表现为坚持真理的一面。一个人明知是白的不会说是黑的,或者说,一个人在把白的说成是黑的时一定会感到心理不安。

当然,任何情感或欲望都应有所控制,不能任性,否则就会给自己带来麻烦,对待正义感也应如此。在人际交往中,要特别注意控制自己的正义感,打抱不平要看情况,要有个度,别人说错了话不要太"顶真",否则就会伤及他人的情感和需求,从而殃及自己。

十七、归群的需要(孤独感)

对于群居动物而言,落单就危险,只有归到群体之中才能避免受到侵害,它的心理反应是孤独感。孤独感是一种痛苦的感觉。为了解除这种痛苦,就迫切想找到同伴,归入群体。一个人独处,特别是在荒无人烟的地方,会感到孤独难熬。据报道,有个在边远地区工作的人,很难见到人,感到十分孤独。为了排解孤独,他常常到路边等候大半天,想见见路过的汽车司机,见了就向师傅打个招呼或大喊一声,也感到舒畅。

人的归群的需要或许就是马斯洛所说的归属的需要。马斯洛说:"我们还低估了邻里、乡土、族系、同类、同阶层、同伙、熟人、同事等种种关系所具有的深刻意义。这里我很高兴地向大家推荐一本以极大的感染力和说服力来叙述这一切的书(《必须服从的土地》——作者注),它能帮助我们了解我们根深蒂固地要成群结队、要入伙、要有所归属的动物本能。"[①]

人群中,最容易产生孤独感的是老人。孩子有人陪伴,学生有同学、老师相伴,上班族则与同事一起战斗。老人退了休,儿女也多已成家离开。如今,城里有许多空巢老人。他们最大的需求是子女的看望和陪伴,以减少孤独感。据《重庆时报》报道,有一个71岁的刘老太太,三个子女并没有少给她生活费,但很少前去看望。老太太将子女告上法庭:"我不要钱,只要他们每一个月回家吃顿饭。"看望和陪伴,就是见见面,问寒问暖,听听唠叨,说说家庭情况、新闻、故事、家长里短,陪着下下棋、打打

---

① 《动机与人格》,第50页

牌之类。此间,不仅可以解除孤独,还可以使母爱、尊重、好奇、好胜、同情、正义等情感得到一定的满足。

十八、劳动的需要(寂寞感)

寂寞感是由需要不停地觅食和繁衍而生。寂寞感也是种痛苦的感觉。要解除这种痛苦,就得不停地做事。对人类来说做事主要就是劳动。当你劳动的时候,就是充实的时候,就是你不受寂寞煎熬的时候。如果你半天一天没做事,心里感到空虚、空落落的,这就是寂寞感在起作用。显然,这里的"劳动需要"是心理需要,它区别于为获得物质资料的体力劳动。由于条件反射的作用,满足这种心理需要的刺激物被大大地扩展,看书、看电视、做家务、带小孩、旅游、与人交往、参加社会活动和娱乐活动都是在"劳动"或"做事",都可以使人充实、避免寂寞。

就人群而论,孩子玩耍,学生上学,年轻人和中年人忙于工作,他们都闲不下来,所以一般不会感到寂寞。而老年人则不同,他们退休后不再工作,参加社会活动也少了,子女长大成人后也离开了,这样"做事"的机会就更少了,寂寞就成了老年人常有的心理感受。

寂寞是痛苦的,长年的寂寞是难熬的。为了避免寂寞的痛苦,人们不得不想方设法地"打发时间"。日本有些老人花大钱请人到家,陪他度过"家的温暖的一天",以去除"空虚"、"寂寞"。杭州市有对老夫妻,是一家设计院的高级工程师。他们有个独养女儿远嫁德国,这样,在他们退休后便无事可做,备感寂寞,不得已他们跟着女儿到了德国。女儿生了一儿一女,老两口帮助带孩子。孩子对他们很依赖,他们感到生活很充实。可随着小外孙渐渐长大,也渐渐地不需要他们了,而且在孩子的教育上,老两口与小两口的意见总是难以一致。老两口异常失落,黯然回国。一天,女儿忽然接到来自杭州的电话,她的父母已双双自尽。

可见,老人多么需要有人看望、陪伴、与之交谈,其中主要是子女的

人性百题

老人为什么希望儿女"常回家看看"?

关爱。在关爱中,老人不仅能避免寂寞,而且能在母爱、好奇心、正义感、同情心等情感方面得到满足,从而充实、丰富老人的情感生活。子女们啊,再忙也千万不要忘记,父母正翘首以盼你们"常回家看看"!当然,老人要充实,主要还得靠自己多想办法,自己找"充实"。比如,刚退休,可找份自己感兴趣的轻松的工作,主要不是为了挣钱,而是为了充实自己的生活。工作中既有工作本身引力,又有来自同事的家长里短和单位的奇闻异事。又如,多做做家务,多帮帮子女,多忙忙责任田。勤劳的人长寿,经常做事不仅能够锻炼身体,而且能够避免寂寞,享受多种精神乐趣。

寂寞不同于孤独。一个远离人群独处的人,如果整天有事可做,那么他感到不快的是孤独感,而不是寂寞感;相反,一个生活在城市无事可做的老人,他感到不快的是寂寞感,而不是孤独感。当然,如果一个既丧偶独居又没有亲人往来的老人,那他或她即使生活在居民楼里,也会既感到寂寞,又感到孤独。

第六章
机体需要是人的主宰

人的内在必有动力,这个动力不可能是思想、美德等主观的、可偷懒的东西,而必然是"不以人的意志而转移"的不容偷懒的、强大的、自然的力量。

所谓人的主宰,就是决定人的一切感受、欲望、动机、行为、意志以致存亡的力量。人生理上有眼睛、耳朵、鼻子、手、脚、思维机制、需要机制等生理的东西,头脑里有思想、意志、理想、道德等理性的东西,谁是人的主宰呢?

几千年间,"理性是人的主宰"的观点长期统治人们的思想。19世纪弗洛伊德高举非理性主义大旗,他宣称,人(意志)主宰不了自己,"人体内有一种人不能自主的强大的非理性力量",而这种非理性的力量是"动物本源"的"本能"。弗洛伊德是第一个系统研究人内在力量的思想家,他在医疗实践中揭示,本能"对我们的生活起决定性的作用"。(详见本书第7章)1976年,英国科学家道金斯出版了《自私的基因》一书。他认为,生物个体和群体是基因的临时载体。"所有生命的繁衍、演化都是基因为求自身的生存和繁衍而发生的结果,更严酷地说,我们只不过是机器人的化身,是基因在主宰着我们这部机器。"[①]道金斯的观点是弗洛伊德"非理性是人的主宰"的继续。

尽管从文艺复兴时期的薄伽丘到费尔巴哈、达尔文、弗洛伊德等一大批思想家都证明人是自然的产物、人来源于动物、人的自然欲望是人的主宰,然而由于几千年人类对自身"尊严"的维护和诅咒人欲的根深蒂固的影响,又因为从新思想的提出到被广泛地认可是一个艰难的过程,

---

① 王乐编著:《30部必读的科普经典》,北京工业大学出版社2006年版,第167页

以致至今非理性主义的旗帜并没有高高飘扬,理性主宰的观点仍居统治地位。比如,中国《现代汉语词典》中还赫然写着:"思想是人们行动的主宰"。

弗洛伊德把"本能"、道金斯把"基因"作为人内在决定的东西是十分可贵的,值得我们认真学习和研究。但是,把"本能"和"基因"作为最终的决定的东西还不准确。比如,弗洛伊德的"潜意识"本能,好像不是本身固有的,而多是被道德"压制"和被"主动遗忘"而形成的。"基因"不是生理机制,对人的行为没有决定作用。我的研究证明,人体内不能自主的非理性力量既不是"本能",也不是"基因",而是人机体上与生俱来的需要。

一、快乐、痛苦的感觉是人内在的直接动力

人内在必有动力。这如同汽车必有发动机、钟表必有发条或电池一样,一个自行运动物体的内部必有动力。前面说过,一切植物和动物都有生存能力。不同的是,植物植根于大地,靠自己的根、茎、叶直接从自然界(土壤、雨水、空气、阳光等)中获得个体生存所需的物质,靠种子和花粉等性状来实现物种的繁衍。动物是活动的,它维持生存和繁衍所需的东西要靠自己的行动去寻觅,而要行动就要有动力。如果人的内在没有动力,有机体将不能执行任何活动,他们"将静卧不动,活像一只除去了发条的钟表或熄了火的蒸汽机"。

动物(包括人类)有头角、利爪、飞翔、毒液、胎生、双手、直立行走、感觉、眼睛、思维等本领。可有了这些本领就能维持个体生存和物种繁衍吗?远远不能,这里没有驱动行为的动力,而没有动力就不会有任何觅食和择偶的行动,没有行动就得死亡。进化论告诉我们,自然界既然造就了某一动物,就必然会给这一动物造就驱动行为的动力。

动物个体的机体上有两种能力,一是工具性的能力,另一个是动力

性的能力。头角、胎生、思维是工具性即手段性的生存能力,而不是动力性的生存能力。工具是受动力支配的,没有动力的驱使,武器或工具就不会有任何的动作。所以,动物行动的关键是靠内在动力的驱使。

研究人,关键是要研究什么?关键在于弄清人内在有没有动力,什么是动力,如同一部机器,关键在于把握这部机器的发动机。

那么,人内在的动力是什么呢?

应该看到,这个动力不可能是思想、美德等主观的、可偷懒的东西,而必然是"不以人的意志而转移"的不容偷懒的、强大的、自然的力量。因为只有这样,才能迫使个体主动地、自觉地维持自己的生存、物种繁衍和群体的稳定。这是自然界这个设计者造就万物的原理,是生物进化的原理。

什么才是驱使动物不得不行动的动力呢?这只能是那些具有肉体感受性的东西。我们看到,这些东西就是快乐的感觉和痛苦的感觉。快乐的感觉,在生理上主要反应为:吃香甜的食物和吃山珍海味的快乐;满足性欲的快感;疼痛解除过程中产生的舒服感,如饿时吃饭、渴时喝水、劳累时休息、受冻时走进暖室的感觉。痛苦的感觉在生理上反应为疼痛感,它具体的表现为:饥饿、口渴、生病、被打、被戳、被咬、被烫、被烧、被拧、被砍、女人生孩子等直截了当的痛;痒、晕、麻、遇冷、遇热、腹胀、腰酸、劳累等不适或难受方面的痛。显然,人的快乐和疼痛的感觉是自然界作为动力植入人体的。

相信,在动物界,快乐的感觉和疼痛的感觉并不是一开始就有的,起初动物保护自己的反应可能就是一般的神经反应,这种反应太简单,随着神经系统的进化,特别是大脑的出现,就有了作为动力的快乐感和疼痛感。

快乐、疼痛的感觉是动物个体维护自我生存和物种繁衍的决定动力。吃香甜食物的快感驱使动物个体更加卖力地去觅食;性快感的作用在于诱使动物更多地交配。植物的繁殖靠种子在极其广漠的土地和水域中孕育,而哺乳动物的精子只有极小的去处。这就需要动物个体主动择偶,积极交媾。于是,自然界就给了动物一种特殊的肉体感受性,即性

人性百题

人的机体上为什么会有快乐、痛苦的感觉?

快感。这种性快感十分强烈,使两性彼此互相吸引、互相追求,经常交配,这样繁衍就有了保障。

  人最经常的体验是疼痛感,这种感觉十分强烈。人一日三餐,一顿不吃心发慌,一日不吃饿断肠。人无法忍受饥饿的痛苦,在食物非常缺乏的情况下,这种痛苦会驱使你哪怕是吃糠咽菜或不顾脸面地乞讨也要填饱肚子。渴,看起来缺的仅仅是水,然而一旦渴起来,你会觉得心里是火烧火燎,嘴里是口干舌苦;有时忍不住竟喝脏水,喝人尿。冷时,浑身打颤,甚至嘴唇发紫;热时,会使你心里发慌,气喘吁吁,大汗淋漓,严重的还会休克;劳累,会使你腰酸腿痛、浑身动弹不得。跌打损伤和疾病时所产生的疼痛感更是异常强烈,难以忍受。有人大喊大叫,就地打滚,痛哭流涕;有人蜷缩一团,咬破嘴唇;有人难忍剧烈的疼痛而自杀。人们形容有些疼痛如"撕心裂肺",这是毫不夸张的。有位大男人,腰间盘突出手术,刀口近30厘米,缝了38针。麻药作用过后,疼痛像魔鬼一样地折磨他整整一夜。第二天他深有感触地说:"这一夜简单不是人过的日子。"

  在绝大多数情况下,肉体的疼痛是压倒一切的。人自杀,可以选择枪杀、上吊、投河、割腕、吃安眠药、煤气中毒等不很痛苦,或自己无法控制后果的结束生命的方式,决不会选择直接忍受巨大痛苦用刀慢慢把自己杀死的方式。疼痛是不可逾越的。

  有一位花季少女,小时候左手落下残疾,为了漂亮,她决心手术。可手术后,在连续几天几夜钻心疼痛的煎熬下,她一次次对妈妈说:"早知这样疼痛,我绝不来受这个罪。"与钻心的疼痛相比,漂亮又算什么呢?再说,手上戳根刺,眼里飞进一粒灰尘,也疼痛难忍。俗话说:"十指连心","人皮掺不得假",这是人实际感受的总结。正因为人的疼痛如此强烈难忍,病人手术时才要打麻醉药,癌症晚期病人才要打吗啡;才有人忍受不了病痛的折磨,要求"安乐死",或直接选择自杀;同样,正因为如此,人世间才有炮烙、鞭打、钉竹签、下油锅、老虎凳等酷刑,以摧残人的意志、使人屈服。

  疼痛感的动力作用还在于它的广泛性和敏感性。疼痛感可以发生在身体任何一个地方,而且特别敏感,稍有伤害就会疼痛。这样,人会经常感到不适或疼痛,不是这儿疼就是那儿痛。

肉体快感中的性快感是最强烈的。正因为如此,几千年来,通奸、包二奶、娼妓、强奸才屡禁不止。封建社会,通奸要被沉塘;现代,通奸受处罚,嫖娼、重婚、强奸要吃官司,然而总有人耐不住诱惑而铤而走险。

可见,快乐和痛苦感觉的动力作用是何等的强大。英国思想家边沁说得好:"自然把人类置于两个至上的主人——'苦'与'乐'——的统治之下。只有它们两个才能指出我们应该做些什么,以及决定我们将要怎样。""举凡我们之所为、所言和所思,都受它们的支配;凡我们所有的一切设法摆脱它们统治的努力,都足以证明和证实它们的权威之存在而已。一个人在口头上尽可以自命弃绝它们的统治,但事实上他却始终屈从于它。"①

确实,人之所以有维护个体生存和物种繁衍的种种行动,正是这种感觉的驱使。没有这种感觉,即使几天没有进食或身体受到伤害,也不会有维持自身生存的任何行动。2000年,《新民晚报》报道,沈阳市有位14岁的女孩,患有天生没有痛感的毛病。有一次,她的手碰到炉子,手上起了泡子,可她没有当回事,还在玩。还有一次,水杯里的水滴在她手上,烫起了水泡,可她不疼不哭。一年四季她身体经常受到伤害。为此,家人伤透脑筋,求医无门,只得全力保护。可见,这位女孩正因为没有痛觉,也就没有了保护机体的动力和自我保护的行动。痛感是动力,没有痛感就没有动力,就不能自保。

二、机体需要是人内在的根本动力

在什么情况下人才产生快乐或痛苦的感觉呢?是在机体需要得到

---

① 北京大学西语系资料组:《从文艺复兴到19世纪资产阶级哲学家政治思想家有关人道主义人性论言论选辑》,商务印书馆1971年版,第582页

满足或得不到满足的时候,满足了就快乐,不满足就痛苦。可见,快乐和痛苦是机体需要满足情况的反映,在快乐、痛苦的背后起决定作用的是机体需要,机体需要是人内在的根本动力。谁都有这样的体验,当机体需要得到满足时,如吃饱时、享受美味佳肴时、交媾时、劳累得到休息时、冰天雪地走进暖室时就会产生快乐的感觉;当机体的秩序受到来自内部和外部的损害时,如饥饿、口渴、疾病、被打、被戳、被咬、被烫、被烧、被拧、天冷、天热、劳累、皮肉破损、骨折、流血时就会产生疼痛的感觉。

每一个机体需要都有一个生理机制。看来,快乐、痛苦的感觉是需要机制的一部分,或者说,机体上所有的需要机制都与快乐、痛苦的机制相连。快乐、痛苦是机体需要机制中的决定环节,机体需要正是通过快乐、痛苦的感觉起着动力作用的。

人体如同一部机器,机体需要是发动机,是动力源,没有动力整个机器就会瘫痪。机器没有发动机不行,人没有作为动力的机体需要的不停驱使就不会有任何行动,没有行动就不会觅食、繁殖和保护自己。相反,正因为有机体需要的不停驱使,才有觅食、御敌、繁衍等方面的行为,这就是动力的作用。我们看到,自然界把每个人所有的快乐、痛苦都与机体需要拴在一起,把人的一言一行与快乐、痛苦拴在一起,使人的言行不得不听从机体需要的指挥。这样,机体需要就自然地成了决定机体一切活动的指挥者,成了主人。机体需要代表着个体生存、物种繁衍和群体维护的方向,是机体的决定力量。比如,眼睛要了解什么;胃里要不要进食,进多少食;思维要不要思考,思考什么,人要不要行动,行动的目的是什么,都是由机体需要决定的。总之,机体需要是人内在最本质、最核心的东西,人时时刻刻都在它控制之下。

下面,让我们首先看一看人的种种生理需要是怎样影响人的生活、健康、生命的。

马斯洛说:毋庸置疑,"生理需要在所有的需要中占绝对优势"。对此,马斯洛作了精彩的分析:"如果说所有需要都没有得到满足,并且机体因此受生理需要的主宰,那么其他需要可能会全然消失,或者退居幕后。"①

食物的地位。食物是人生存的基本保证。在感觉上,它表现为食物缺乏会产生饥饿的痛苦,而这种痛苦十分强烈。马斯洛说:"一个同时缺乏食物、安全、爱和尊重的人,对于食物的需要可能最为强烈。""这时就可以公正地说,整个有机体的特点就是饥饿,因为意识几乎完全被饥饿所控制。此时,全部能力都投入到满足饥饿的服务中去。这些能力的状态几乎完全为满足饥饿这一目的所决定。感受器、效应器、智力、记忆、习惯,这一切现在可能仅限于满足饥饿的工作。""对于一个其饥饿已经达到危险程度的人,除了食物,其他任何兴趣都不存在。他梦里是食物,记忆里是食物,思想活动的中心是食物,他感情的对象是食物。……生活本身的意义就是吃,其他任何东西都是不重要的,自由、爱、公众感情、尊重、哲学,都被当作无用的奢侈品弃之一边,因为它们不能填饱肚子。"②

吃饱难。人吃饭,并非一顿吃饱一劳永逸,机体要不断地消耗能量,人要不断地补充能量。根据人的新陈代谢规律,一顿饭消耗的时间是很短的,一般是几个小时。人习惯于一日三餐。一个月有30天或31天,一年有12月,人一般要活七八十年。因此,一个人不得不终生不停地为吃饭而操劳。

吃好更是永无止境的。吃好主要是口味好。平日,不管是一日三餐,还是宴请,讲究的、花钱多的总是在口味上。如,川菜、杭州菜、广帮菜、潮州菜,生猛海鲜、山珍海味、美味佳肴等,要的就是口味。吃饱,一桌人几十块钱就够了,而要吃好,要成千上万。喝,也没止境。解渴,有水、有茶就行,可要喝得舒服,就得有果汁、雪碧、可口可乐等饮料。美味佳肴会给人带来快感,人们因美味而高兴,因痛饮而叫"爽"。

---

① 《动机与人格》,第41页、第42页
② 《动机与人格》,第42页

性的地位。人人都要结婚,而主观目的大多不是生孩子,而是性享乐。性快感特别强烈,所以性满足就成了人的一大追求。性是婚姻的基础,一旦一方性功能出了问题,则常常导致夫妻分离。

睡眠的地位。人睡眠每天要花七八个小时,如长时间地缺睡,会不由自主地瞌睡,此时眼睛不听使唤,常常不知不觉地睡着了。瞌睡有时会使人倒地就睡,而顾不得环境的脏、硬、喧。这里,人的认识、意志、思想全然不起作用,机体的需要支配着一切。

健康需要的地位。人的机体是一个有序结构,损伤这个结构就会产生疼痛感。人从头到脚、从里到外的每一个地方都会产生疼痛感,这种疼痛感如饥、渴、冷、热、酸、痛、劳累、痒、晕、苦、麻、头昏等随时随地都可能产生。人的疼痛感极其敏感,一旦受到侵袭,就会感到疼痛或不舒服。因此,人们不得不一辈子为避免机体疼痛、追求机体舒适而奋斗,而这是没有止境的。比如,为了减少或避免走路劳累,人类行走的方式随着物质条件的提高而不断变化。先是徒步,后来是坐船、骑牛、骑毛驴、坐马车、骑自行车,再后来是摩托车、打的、开轿车;为了使坐、卧舒服,人们从用木板凳、木板床到沙发和席梦思;为了使机体享受适宜的温度,人们从用扇子、火炉、电风扇、取暖器到用空调;洗衣,原来是手洗,后来人们为避免劳累买了半自动的洗衣机,再后来是全自动。谁也做不到一生没有痛苦和不适,而只能是有人多些、有人少些。因此,一个人或一个家庭收入的很大一部分不得不为此而消耗。所以,为了健康,人们不得不每日为之费心、终生为之奋斗。本质上,健康就是少痛苦、无疾病、寿命长。

生活是艰难的。在农田里、工地上或集市上,我们常常会看到,农民们顶着烈日在劳动,工人冒着生命危险在高空作业,小商小贩们起五更睡半夜地在忙碌。有年冬天,我在老家的小镇上亲眼看见,一位六七十岁的老太太拄着拐杖、拎着篮子在卖鸡蛋,一个十八九岁的大姑娘坐在街头的寒风里当起修鞋匠,手粗糙而皲裂。

生理需要的强大还表现为,其满足的状况直接决定机体的健康和寿命。饿会把人饿死,渴会把人渴死,冷、热也会致人死亡。经常营养不良会使人面黄肌瘦、浮肿、贫血,儿童营养不良直接影响发育。外伤和疾病,对人健康和生命的影响就更直截了当了。对此,无需多说。总之,人的生理需要的满足状况决定现实的感受,决定机体的健康和生存,决定人的全部生活。机体需要是强大的、不可抗拒的,谁慢待、违抗机体需要就要受到报复和惩罚,以致付出痛苦的或生命的代价。

情感需要也有十分重要的地位,详见下一节。

三、情感需要是人内在的两大动力之一

1. 情感需要也具有动力性

快乐、痛苦的感觉不仅是生理需要满足情况的反应,而且也是情感需要满足情况的反应,或者说,快乐、痛苦的感觉,不仅反应在肉体上,而且也反应在心理上。人人都有体验,情感需要被激起时,满足了就感到快乐,没满足就感到痛苦。比如,看神话故事感到开心;领略大自然的美景感到心旷神怡;见到漂亮的姑娘就喜欢;遭遇危险时感到恐惧;受了批评时感到羞愧;胜利时感到喜悦;看英雄和伟人事迹感到振奋;恋爱时感到甜蜜;失恋时感到痛苦;儿行千里母亲感到担忧;受到他人的伤害感到愤怒;看到欺人太甚的事感到义愤填膺;看到贫苦的孩子上不起学感到同情;远在他乡、孤身一人感到心里悬悬的、空空的,如此等等。可见,生理需要和情感需要的满足情况都反应为快乐、痛苦的感觉,所不同的是,生理需要的满足情况产生生理(肉体)的感觉,情感需要的满足情况产生心理的感觉(本质上也是生理的)。

可见,情感需要的满足情况与生理需要的满足情况一样,都反应为快乐、痛苦的感觉,无疑,情感需要也具有动力性。

心理的快乐和痛苦有着实际的生理基础。科学研究证明,人的大脑里存在着心理的快乐与痛苦的机制。美国有位科学家做了个有趣的实验:在白鼠下丘脑的相应部位埋藏电极,白鼠会不断地压杆(接通电源)

人性百题

情感需要也具有动力性吗?

让电流进入，以获得愉快的刺激。为了得到这种刺激，白鼠不是趋向食物，而是以每小时 5000 次的速度连续 15—20 小时拼命地压杆，直至衰竭。后来这个实验被应用于病人，病人也喜欢这种刺激。因此，下丘脑被称为"快乐中枢"。今天，这个实验被许多中外书籍引用。几乎同一时间，另一名科学家发现，在"快乐中枢"附近存在着"痛苦中枢"，电刺激这个部位，动物发出嘶叫声，出现逃跑或攻击性行为，并很快学会按压停止刺激的杠杆。美国一位科学家说，我们"曾经提到，用适当的电流刺激下丘脑的一定区域能产生愉快的感觉，而刺激邻近部位则产生不愉快或厌恶的感觉。通过影响位于下丘脑下部的垂体，下丘脑能控制恐惧和紧张的反应"。① 正常情况下，这些"中枢"由谁来刺激的呢？我以为，就是由情感因素来刺激，满足了，有关信息刺激快乐中枢产生愉快的感觉；没有满足，有关信息刺激痛苦中枢产生痛苦的感觉。

情感需要是动力性的生存能力。它们有的驱动觅食，有的驱动求偶，有的驱动护身，有的驱动哺育幼子，有的驱动维护群体的稳定。比如，好奇心、爱美心使人们在遇到新奇的、美的事物的时候感到兴奋，从而驱动人们觅食和求偶；恐惧感使人们在遇到危险的时候感到害怕，从而驱动人们躲避危险；自尊心使人们在受到他人批评的时候感到羞愧，从而驱动人们自我完善；好胜心使人们在自我工作或与他人竞争中产生一股劲，从而驱动人们求胜求强；情爱的甜蜜、分离的痛苦，驱动人们与情侣长相守、多生子；仇恨心使人们在受到他人欺压的时候感到愤怒，从而驱动人们惩罚侵犯者而保护自己；母爱使人们在有了子女的时候感到快乐，从而驱动人们精心养育儿女。情感需要的动力作用是显而易见的。某个情感得到满足、感到快乐时，就有了增强（不断追求）和维持（满足）这种快乐的欲望；某个情感遭受挫折、感到痛苦时，就有了解除这种痛苦的欲望。欲望就是动力。

情感需要是动力性生存能力的发展，是生理性动力的发展和补充。

---

① 《心理学导论》上册，第 58 页

原以为,动物机体上动力性的生存能力是不变的,发展变化的是工具性的生存能力,如牛的角、鸟的翅、长颈鹿的长颈、老虎的凶猛、袋鼠的育儿袋、哺乳动物的胎生、人头上的眼睛、鼻子、耳朵等。现在看来,进化无所不能,在动物脑特别是大脑出现之后,动力性的生存能力在脑中逐步有了发展进化,从而出现了心理方面的动力,即情感动力。

我们还看到,情感所反应的情绪也明显地起着动力的作用。生气、愤怒、义愤填膺,驱使你或反抗、报仇,或挺身而出、打抱不平。着急催你快快行动,去实现你的目的,如快走,快做,快等到你要等的人,快完成你所做的事情;你在途中,暴风雨即将来临,你着急,驱使你赶快回家。忧愁、焦虑,驱使你把要做的事放在心里,要你思考,不断地思考,以实现你的目的;如家无存粮,你忧愁,要尽快想办法以维持一家的生活。悲哀,让人记住失败,总结经验教训以避免失败。

与快乐相比,心理痛苦有更强的驱动力。恐惧的痛苦,驱使人们不顾一切地逃离险境;失恋的痛苦,驱使人们执著地追求自己心仪的恋人;子女遭遇苦难时,强烈的痛苦会驱使母亲不顾一切地帮助和解救子女。

1995年,贵州遵义一个5岁男孩潘帅帅在幼儿园被人贩子骗走。没有接到儿子的母亲王志香,心如刀绞,失魂落魄,哭干了眼泪。随即,她毅然地踏上了14年的寻子之路。起初,她发疯似地找遍了整个贵州。一路上,她顾不得自己的脸面,走到哪,问到哪,见到谁就把儿子的照片给谁看。她花光了家里的所有积蓄,卖掉了家里值钱的物品。一年后,她回到了家,此时她虽然心力交瘁,但仍决心要找下去。可原本爱她的丈夫因不堪重负和不能理解她,与她离了婚。离婚后,她带着3岁的女儿,又走上了十多年漫长的寻子路。她走遍了全国大大小小的城市。饿了吃个馍,渴了喝口水,历尽艰辛。寻访中,她经人帮助将儿子的照片和信息载入了"寻亲扑克",并在"寻人网站"录制了她如泣如诉的"寻亲视频"。14年,她失去了很多很多,积蓄、工作、尊严和丈夫,可她寻找儿子的决心始终没有变。

再说她的儿子,他是在幼儿园被人贩子骗走的。乘了几天的火车到了广东汕头,不久被卖到了深圳。9年后,14岁的帅帅向养父母道出了埋藏9年的寻亲愿望,并凭他的记忆,说出了爸爸妈妈的大概名字和家乡地名。心地善良的养父母决心为养子寻找亲生父母。开始他们自己找,后来不惜出高薪聘用"寻亲助理"帮助寻找。经过4年努力,终于在2009年3月在网上看到了"寻人扑克"和王志香声泪俱下、深情呼唤儿子的视频。2009年3月21日王志香终于见到了她日思夜想的儿子。找回失散14年的儿子是大海捞针般的难,可正是母爱被摧残导致的长年累月、心如刀绞的痛,使王志香实现了找回儿子的心愿。

人们总以为在人脑中思维的作用是最大的,而事实上情感的作用比思维的作用更原始、更强大。思维是神通广大的,然而自然界明白,人类的思维和理性是工具性的生存能力,而起决定作用的乃是情感需要这个动力性的生存能力。事实证明,情感需要是人内在的另一大动力。这个发现极其重要,有了这个认识,我们就能彻底解释人的行为,就能找到一部分利他行为的根本动因。

2. 情感需要也是强大的

情感需要被激发时是很强烈的。失恋时,痛哭流涕,伤心欲绝;仇恨时,咬牙切齿,暴跳如雷;失去面子时,会感到无地自容;两个人吵得不可开交时,劝不住,拉不开;沉迷于网络的孩子,什么样的教育都无能为力;抑郁时,度日如年,生不如死;恐惧时,会使人丢魂失魄、心惊胆战、痛苦异常。有个近90岁的老人,当得知自己得了癌症时,他感到极端的绝望和恐惧。在近一个月的时间里,他一见到亲戚、邻居就边说边哭,还常常独自哭泣,直至把眼泪哭干。许多人看到他那种极度痛苦、悲伤的样子,也心酸落泪。还有,科学家埋头工作,会废寝忘食;胜利的喜悦如暴风骤雨;歌唱家在鲜花和雷鸣般的掌声面前飘然欲仙。

心理痛苦最突出的表现是难以忍受而自杀,其中有因失恋而自杀,有因丑事败露而自杀,有因恐惧或绝望而自杀,有因抑郁而自杀,有因悲伤而自杀。影片《一江春水向东流》中的淑芬,几年里含辛茹苦地维持婆母、小儿的生活,她日夜盼望丈夫早日回到上海挑起生活的重担。然而,残酷的现实把她击垮了。原来,她日夜思念的丈夫早已回到上海,已把妻子、母亲和儿子抛至脑后而另觅了新欢。一天,她的女主人举行婚礼,新郎竟是自己的丈夫,新娘还当众羞辱了她。她绝望、崩溃、伤心痛苦之极,跳进了黄浦江。

强烈的情感对人的行为有很强的控制力。情感需要受刺激越大,满足这个情感的欲望就越强烈,满足时的快乐或不满足的痛苦也就越强烈。此时,理性常常不起作用。中科院院士钟南山曾遇到这样一件事,他的一个朋友生了肺癌。他原以为,他们是好朋友,都是高级知识分子,告诉他病情他是会正确对待的。可是在告诉他之后,"他唉声叹气,闷闷不乐,很长时间心里有压力"。又比如,男女热恋时,常常听不进别人的劝告,哪怕她所恋的人是残疾人、罪犯,甚至这一恋情会带给自己灾难,即使是"羊爱上狼",也难以让他们分离。有人说,年轻人恋爱时智商是零。我有个体会,即要给年轻人在恋爱问题上提供指导,一定要在这个年轻人没谈恋爱之前,而一旦谈了恋爱,有了感情,就不行了,他(她)已被情感所控制,不会听进任何劝告。我们常有这样的感受,人在从事某种活动,情感需要得到满足开心时,是不愿停下来的,停下来就会痛苦。可想,要相恋的人停止相爱,要艺术家不从事艺术、科学家不从事科研、革命家不从事革命,那是很难的;如果他们的感情已如热火燃烧、波涛汹涌,要停下来那简直是不可能的,因为此时强烈的快乐已把人全盘控制了,停下来就十分痛苦。

与满足生理需要的追求相比,人对满足情感需要的追求更广泛。比如,在衣、食、住方面越来越多地融入了情感的内容。穿衣,不仅是为了御寒,而且更多的是为了追求新潮和漂亮;吃饭,不仅是为了美味和生存,而且也追求新奇、好看,讲究色香味俱全;住,不仅是为了栖身和舒适,而且会把它变成精神享受的天堂,这里宽敞、明亮、温馨宜人、富丽堂皇,这里是美的世界。为此,人们不惜花几十万、几百万元购买住房,花几十万元甚至更多的钱用于装潢。

人的情感需要十分敏感,所以常常被激起。从时间上来看,除了睡眠,人每天用于追求情感满足的时间要比用于吃饭和避免机体疼痛的时间要多得多。人时刻受到情感的驱使。比如,在好奇心的驱使下,人们总是想猎奇、探险、看神话故事、游山玩水;在爱美之心的驱使下,人们总是想化妆、美容、唱歌、跳舞、绘画、赏花;遇到危险,恐惧的痛苦驱使人们逃避危险,寻求安全;受人欺负,仇恨的痛苦驱使人们去反抗、去复仇;人的自尊心特别敏感和强烈,一受批评就羞愧,失去面子会感到没脸见人;好胜心使人不甘落后、争强好胜,在这种情感的驱使下,人们常常憋着一股劲为事业成功或为比赛的胜利而奋斗;男女相恋,甜蜜的情感总是驱使他们去约会、去厮守;母亲在怀孕时,就有了母爱的情感,从儿女出生到成家立业,父母总是不辞辛苦地为其操劳;见人受难,怜悯之心会使人伤心落泪。

　　人的情感生活十分丰富。生理需要被激起时大多是痛苦,可情感需要的满足有一个特点,它被激起时大多是快乐的,甚至是强烈的快感。有趣的是,原本一些刺激物激起的是痛苦的感觉,而实际上人们常常并不感到痛苦,反而感到愉快。比如,人们看朝鲜故事片《卖花姑娘》,一个个泪流满面,哭得一塌糊涂,但都说这个影片"好"、"感人"。因为这种"痛苦"并不是自己真正的不幸,而是一种"刺激",一种快乐。一部电影越能激起人的喜怒哀乐,这部电影就越感人、越好。所以,人们常常主动地、大量地追求情感需要的满足。这样,寻求刺激、追求情感享乐就成了人的新的重大需要。正因为如此,人们大量地看书、看电影、看电视、看演出、唱歌、跳舞、参加各种比赛、打牌、捉迷藏、上网、玩电子游戏、旅游、与人聊天等等。

　　生理需要是骗不了的,无论是谁都不会把泥土当饭吃,可情感需要容易被欺骗,那些并不能带来食物或异性的刺激物也常常会给人带来快乐。

　　这是为什么?这是因为原有的刺激物被人的神经系统扩展的缘故。在进化过程中,致使情感形成的远古的刺激物,原本是直接有利于动物生存和繁衍的刺激物。比如,致使好奇需要形成的刺激物是各种奇异的好吃的野果;致使爱美需要形成的刺激物是粉红色的苹果、黄色的梨、紫色的葡萄,以及具有最强生殖能力的年轻貌美的靓女或强壮的猛男。神奇的是,当这些情感需要一旦形成,由于人或类人猿高级神经系统的条件反射和无条件反射的作用,一切与原刺激物相关、相类似的、而不论与生存繁衍有无关系的情境、事物、语言、图像、文字也同样能刺激情感的产生。比如,当你看到美丽的花草、奇异的山水,虽然这些东西并不能食用,但能激起你的美感和好奇心,使你快乐。这就是说,好奇的原本作用是获得食物或异性,后来的作用更多的是为了快乐。正因为如此,人们才创造出大量的歌曲、舞蹈、乐器、童话、魔术、绘画、雕塑、小说、电影、电视、戏剧、曲艺等文艺作品,供人享受即满足人的情感需要,而这是生理需要的满足所无法做到的。

当你看一本书或一部电影,原本这纯粹是虚构的、无关痛痒的东西,可只要你认真去看,就会激起一串串的情感和情绪:好奇心、美感、爱情、恐惧、同情、好胜、正义感、喜悦、憧憬、愤怒、"替古人担忧"。尽管这是对情感的"欺骗"(情感原本是用于个体生存和物种繁衍的),但还是获得了快乐。印度故事片《流浪者》,我在三十年间看过八次之多。每一次,片中曲折的故事情节、诱人的异国风情、浪漫的爱情、美丽聪慧的丽达、优美的音乐歌舞、神秘的佛教文化、顽固的拉贡拉特、凶狠的拉扎、遭遇不幸的拉兹及其他的母亲等,都强烈地激发了我的好奇、爱美、情爱、同情、好胜、正义等情感,每一次我都被深深地吸引,自始至终沉浸在兴奋、激动和甜蜜之中。

这提示文艺作品的作者和导演,人们之所以喜欢小说、影视等文艺作品,是因为人有情感需要,文艺作品能满足人的情感需要。一部作品受群众欢迎的程度和卖座率的高低取决于这部作品满足人的情感需要的程度,或者说一部作品越能激起人的情感(越强烈)就越受欢迎。因此,对每位文艺作品的作者、导演、制片人来说,要想使自己的作品广受群众欢迎和有高的卖座率,就应力求刺激人的情感需要。要做到这一点,就应了解人的情感需要的种类和特点,就应了解人性。

人性百题
文艺作品受欢迎的程度取决于它激发人情感的程度吗?

人有好奇、爱美、安全(恐惧感)、好胜、反抗(仇恨感)、自尊、情爱、母爱、同情、正义等情感需要。在这些需要中,我以为文艺作品最需要满足的是人的好奇心、好胜心、正义感、同情心、男女之爱。人们都有这样的感觉,惊险、曲折、神秘、奇特、矛盾众多、冲突激烈、爱情热烈,好与坏、美与丑、爱与恨、平凡与伟大、平静与恐怖、痛苦与快乐反差大的作品,一定是受群众欢迎的好作品。

在文艺作品中,情感因素最容易感染人。作品中人物的情感展示越充分、越曲折,就越能激发人的情感。2012年4月,刘晓庆主演的话剧《赛金花》在上海演出。一位观众在5月9日《新民晚报》中指出,由于"剧本太单薄",使他感到十分遗憾:"一台戏,就看到丰姿绰约的主演刘晓庆,没看到她扮演的赛金花这个角色,没有看到角色丰富的内心、人性挣扎的轨迹以及行为的情感驱动。"除此,作品越富有感情越感人。同年4月28日,第29届"上海之春"开幕音乐会上,一首音乐抒情诗《中国,我可爱的母亲》声震全场,获得了潮水般的掌声和欢呼声。为什么一部本地作曲家的作品会有如此强烈的反响?原来,这首音乐抒情诗的曲作者和词作者在创作过程中倾注了自己强烈的感情。此音乐抒情诗的曲作者是著名作曲家陆在易。他在接受记者采访时说:"写这部作品时,曾有半个月的时间,我的心在颤抖,时常嚎啕大哭。也许,观众是被作品中的真情打动的。"他还说:"在创作的那段时间,我的钢琴上放着方志敏烈士的《可爱的中国》和他行刑前戴着脚镣手铐的照片,构思旋律时脑海中浮现出栩栩如生的画面,那种强烈的冲动促使我双手在琴键上敲击出情感充沛的旋律。"

有必要指出,人的许多精神追求不是自然界的本意,而是情感需要的副产品。此时情感满足并不是用于生存(觅食、护身、繁衍),而是纯粹用于娱乐。但它丰富了人的生活,增加了人的乐趣。但是,过多的不节制的寻求刺激,会危及生存这个根本。

情感需要的满足是无止境的。从时间上来说,人在日常生活中总是用很大一部分时间去追求情感的满足:看书、看报、聊天、看电视、打牌、唱歌、跳舞及各种体育活动等等;许多人双休日大量的时间是在电视机前度过的,而且有的人常常一看就是半天、一天;上网,对学生有更大的吸引力,许多人常常通宵达旦。即使在工作中人们也在追求好奇、美、好胜、荣誉、同情、正义等情感的满足。从满足情感需要的物质形式上说,人们为了打扮自己,以前用几毛钱的胭脂、花粉、蛤蜊油、雪花膏,现在用的是几十到上百元的珍珠霜、唇膏、润肤霜、洗面奶,还有整容、割双眼皮、垫鼻梁等高档消费。洗头,以前用麦秸灰过滤水、皂角泡水、肥皂,现在用几十上百元一瓶的各种洗发霜、护发素。

玩,花头就更多了。儿童玩具,从陶瓷的小狗、小猫、小牛到铁制的冲锋枪、小汽车再到变形金刚、游戏机、机器人。以前,看电影多是露天的,现在是家家有电视;而电视从黑白的到彩色的,从12吋到55吋;有的人还有了"家庭影院"。

人的情感是不能停息的,即闲不下来的,闲下来就会"空虚"、"寂寞"。总之,情感总是缠着你,总是与人相伴。人在疲倦时可让身体休息休息,可人的情感在兴奋、痛苦、寂寞时,是很难得到休息的。

再说,随着物质生活水平的提高,人满足情感需要的欲望会越来越强烈、迫切,有的甚至成为某个时候的主要欲望。这也就是说,当生理需要得到了基本满足,心理需要就会明显地表现出来。中国古代思想家墨子说:"食必常饱,然后求美;衣必常暖,然后求丽;居必常安,然后求乐。""衣食足,思淫欲。"马斯洛在谈到爱的需要时说,在一个人饥饿的时候,他把爱看得不现实和不必要,但当他的生理需要得到了基本满足,他就强烈地感到孤独,感到遭受抛弃、遭受拒绝、举目无亲、浪迹人间的痛苦。

更为明显的是,当物质条件好了,越来越多的人便热衷于旅游。旅游点越来越远,花钱越来越多。本国的名山大川,如海南、云南、黄山、张家界、九寨沟、大连、新疆、西藏,能去的、好玩的都想去。国内游不过瘾,人们又趋于出国游,如欧洲、澳洲、新马泰、俄罗斯、非洲等等,一切新奇的地方都是人们向往的地方。一位美国人竟花巨资乘坐宇宙飞船遨游太空。可想,宇宙奇妙无穷,有第一个,就会有第二个,甚至更多。

总之,饭有吃饱的时候,茶有喝足的时候,觉有睡够的时候,可情感享受似乎没有满足的时候。人们什么时候会说"我已经玩够了,再玩就不行了"呢?人对情感快乐的追求是非常贪婪的。快乐的次数是越多越好,时间是越长越好,强度是越刺激越好。其间,如果真的不想玩了,说"累了",那则是生理上吃不消了。

至此,我们看到,人的机体感受来源于两个途径的刺激:一是通过刺激人的肉体引起的感受,吃饱了舒服,针刺了疼痛;另一个是通过刺激人脑中的情感机制引起的感受,它没有确定的部位,多是反应在人的胸部,这是一种隐藏着的、不易被人分辨的感受。正因为如此,情感需要也是根深蒂固的,受到伤害也会影响人的健康和寿命。

除此,我们还应想到,人的实际体验已经证明,人的种种情感由于作用不同,其强弱程度和敏感程度是不同的。人最强烈的情感是:自尊心、仇恨心、情爱、恐惧感;其次是:母爱、好胜心、正义感;再次是:同情心、好奇心、寂寞感、孤独感、爱美心、感恩心。尽管这些情感都是人的情感,但强弱程度是有很大差别的,最强烈的情感与较弱的情感可能要差几十倍上百倍。人的自尊心被激起的频率最高;人在荒郊野外会整日提心吊胆,而生活在城市则难有恐惧;情爱强烈起来如痴如狂、压倒一切,但都不长久;母爱则是涓涓流水、源源不断。对此,我们都应好好把握。

3. 激情的力量

什么叫激情?强烈激动起来的情感就是激情。人的情感被激起后的强烈程度取决于刺激的强烈程度。激情产生于强烈的刺激,有的是一种或几种情感受到突然强烈激发而生,有的是一种或几种情感受到长时间激发而生。

激情常常反应为情绪激动,如心潮澎湃、慷慨激昂、怒火满腔、热血沸腾。人世间,我们到处可见激情的存在。画家绘画的激情,科学家热衷科研的激情,战争年代革命者的激情,足球场上的激情,两个人争吵不休而激起的激情,看影片《英雄儿女》被王成的英雄形象激起的激情等等。

激情的力量是强大的。心理研究表明，人的情感的强烈程度是可变的，人的情感在连续的刺激下，会变得越来越强以致产生激情。一个全神贯注工作的人，会忘记疲劳和饥饿；法国画家毕加索作画，有时几天几夜不吃不睡；热恋中的情人会忘掉一切；整日悲伤的人会用死来结束痛苦。著名作家、原文化部部长王蒙在自传中，记载着他青年时代充满激情的一件事：一天，王蒙突然想到要写一部小说（即后来的《青春万岁》），这样一个写作的念头，令他"如醉如痴如疯如狂，如神仙如热火"。后来在创作这部小说的过程中，他常常沉迷其中、泪流满面。还有，人际矛盾激化有时会导致激情杀人，此时头脑里只有一个强大的欲望就是报仇，除此外道德、法律、坐牢、家破人亡，一切皆无，即"脑子一片空白"。有位年轻人杀了人，他母亲怎么也不相信，"连鸡都不敢杀"的儿子"怎么会杀人呢"？她不懂得人在情感十分强烈时，这种情感已填满了他的胸膛，他的胆量已变得无限大，或者说他的恐惧感已被强大的报仇情感所淹没。

<blockquote style="float:right">人性百题
一个连鸡都不敢杀的人为什么却敢杀人？</blockquote>

激情都是短暂的吗？不。应该看到，人世间还有长时间地存在的激情。这种激情是在大量的、经常的、强烈的刺激中产生的，它是多种情感在某一事情上的汇集，是对某一事情的热爱，有的则是一种理想的激情。理想的激情可能是几年几十年，甚至一辈子。比如，画家绘画的激情，艺术家从事艺术的激情，科学家从事科学研究的激情，革命家从事革命的激情。当情感变成对某种事情的兴趣和追求（欲望）时，就有了持续的力量。人在充满激情的时候，特别是满腔激情地热衷于某事业的时候，身体里会爆发出强大的力量，这个力量甚至是自身能够产生的最强大的连生命都不顾的力量。一个人如果连死都不怕，那么此时他内在必有一种比死亡的恐惧还要强大的力量，这个力量常常就是激情。

<blockquote style="float:right">人性百题
有长时间存在的激情吗？</blockquote>

16 和 17 世纪，欧洲发生激烈变化，出现了很多思潮。意大利思想家康帕内拉（1568—1639）一生因宣传自己的社会理想，揭露当时社会的黑暗，而多次被捕、坐牢。他在牢狱中度过了 29 年，坐过 52 个牢房，遭受 7 次严刑拷打；有一次受刑达 40 个小时，全身血肉模糊，近于死亡。但他坚持自己的信念，始终没有动摇。他的不朽著作《太阳城》就是在牢狱中写成的。

人性百题

香港歌星梅艳芳为什么会放弃癌病治疗？

2003年11月，香港歌星梅艳芳在香港连开8场演唱会，可在演唱会结束后的第45天，竟爆出梅艳芳去世的噩耗。梅艳芳为什么会突然去世？原来，这是她为了事业放弃癌病治疗的结果。

梅艳芳1963年出生于香港旺角，儿时就和姐姐在母亲经营的歌舞团登台表演。19岁那年她崭露头角成为歌坛新秀，同时开始涉足电影界。自此，她的事业蒸蒸日上，不断发展，终于成为叱咤香港乐坛的巨星，而她从内心已深深地爱上了她的事业。

天有不测风云。在姐姐梅爱芳患子宫颈癌于2000年4月去世之后，梅艳芳专门前往医院做全身检查，结果令人沮丧，她和姐姐患有相同的癌病。2003年8月香港传媒大肆猜测她的病情。此时，她的癌病尚处于第二期，医生说如果马上住院治疗，病情是可以有效控制的。是的，她姐姐与她患相同的病，发现后活了10年。9月梅艳芳召开记者发布会公布自己的病情，并表示"一定可以打得倒"病魔。但毕竟是癌病，医生要求她每天到医院接受治疗。

梅艳芳哪能搁下自己热爱的事业而每天去治疗呢？从她得知自己病情之日起，就一直照常工作。特别是，她有一个心愿未了，2003年是梅艳芳进入演艺圈的第二十个年头，为纪念这个有意义的年份，她早前就计划于这一年连开8场演唱会。现在，她患了癌病，由于化疗血小板很低，经不起任何磕磕碰碰和劳累，需要绝对静卧，并在医院接受治疗。在这样的情况下，继续这个计划就意味着走向死亡。

然而，胸中澎湃着对事业、对歌迷、对亲朋、对爱情、对人生种种情感的梅艳芳，竟毅然决然地"拒绝治疗"，以实现自己连开8场演唱会的心愿。2003年11月6日8场"梅艳芳经典金曲演唱会"在香港红磡体育馆拉开帷幕。会上，她的演唱中气十足，充满激情。她说，"我将自己嫁给音乐，嫁给你们（歌迷）"。在最后一场长达170分钟的演唱会里，梅艳芳大约演唱了70分钟，虽然她的声音有些沙哑，但每首歌都尽全力去唱，许多歌迷为她心疼而偷偷抹泪，同时歌迷给梅艳芳极大的鼓励，整晚气氛非常热烈，全场歌迷不停地挥舞着手中的荧光灯，场面极为壮观。可谁知道,在她去世后好友披露,"那时候她已经知道她的时日不多了","当时梅艳芳的身体会不受控制地流血,她是带着尿片上场的"。这着实让人震惊,原本人对癌症、对死亡的恐惧是不可抗拒的,可梅艳芳的激情远比这种恐惧的力量还要强大。梅艳芳是在用生命演唱。结果,2003年12月30日凌晨2点50分,梅艳芳在香港养和医院因为患子宫颈癌引起的肺功能失调而不幸病逝,终年40岁。有人说,这是一个为舞台而存在的女人,舞台是她的生命。在那里,她可以光芒四射、不可一世、艳丽到底。这是她的选择:生,如夏花般绚烂;死,亦要如夏花般绚烂。

多少年来,常常有人提出这样一个问题:武器精良、人数众多的国民党为什么打不过共产党?我以为,主要原因之一在于共产党军队的官兵有激情、有理想。在国家危亡、民不聊生、满目疮痍和人民革命风起云涌形势的影响下,他们是满怀一腔救国救民的热情自觉参军的,参军后又接受了部队大量的思想教育,所以他们把建立一个没有剥削压迫、没有外敌欺凌的强大国家作为自己的理想;而国民党的大多数官兵是迫于压力(如抓壮丁)或为钱财当兵的。有理想激情的人会有持久而强大的力量,会不顾自己的利益和生命去奋斗;而被迫当兵或为钱财的人不会有主动性和积极性,在战火纷飞的战场上必然怕死。

有意思的是,这个原因早就被一位美国人看到了。1949年,美国驻中国大使司徒雷登总结国民党失败原因时分析:"共产党之所以成功,在很大程度上是由于其成员对他的事业抱有无私的献身精神。"("选择,凝聚在信仰的旗帜下",2011年6月29日《文汇报》)而国民党内,当官的腐败猖獗,士兵们"根本不知道为何打仗","政府根本不管士兵们作战目的教育"。(司徒雷登著,《在华五十年》,2011年10月28日《报刊文摘》)

当然,强烈的激情也会导致人们对某些事情上瘾,甚至痴迷。如对绘画、唱歌、收藏、钢琴、作曲、书法、旅游、诗词、帮助残疾儿童的痴迷,对赌博、网络游戏、养猫、养狗的痴迷。激情都有一定的强度,强烈时能使人达到疯狂的地步。

湖北省天门市拖市镇张丰村有个年轻人名叫王刚。他很聪明,小学

人性百题
武器精良、人数众多的国民党为什么打不过共产党?

> 人性百题
>
> "网迷"是好奇心和好胜心被无限制的激发所致吗？

升初中,在全县2000多名考生中他考了第三名。高三时,王刚对电脑游戏产生了浓厚的兴趣,以致影响学习,班主任把他赶回了家。后来,凭着他的聪明和突击还是考上了武汉一所二类本科大学。可上大学不久,他又迷上了电脑游戏,结果几门功课不及格,以肄业离开了大学校园。此后,他回了一趟家。2001年8月28日离开父母,说去武汉找工作,从此一别十年未回家。没有文凭找工作很难,他只好在武汉闯荡。开始打零工,以较低收入维持生存。不久他的老毛病又犯了,一有空就往游戏厅里跑。他的网游技术越来越精,一个币能单手全程通关,很多玩家对他崇拜之至。但一段时间下来他便穷困潦倒。2006年他找到了一份在电脑游戏厅做网管的工作,这下他玩游戏的机会就更多了。当时,有款"三国战记"的游戏很盛行,很快他成了玩这款游戏公认的高手。网吧里,游戏情节充满战斗性,音乐节奏强烈,画面刺激,气氛热烈,人的好奇心和好胜心会受到特别强烈的刺激。不仅如此,游戏中比赛、竞争、得高分、打打杀杀的情景和变化无穷的画面、音响、情节强烈地刺激着人的好奇心、好胜心等情感。在这里,容不得你多想,你整个的心已被音响、画面、剧情、气氛牢牢吸引。经常反复地玩就会经常反复地受到刺激,就会形成网瘾,这如同吸毒的人形成毒瘾一样。王刚是严重的上瘾了,他一见到电脑屏幕就兴奋,上班之余一玩就是一个通宵,而且天天如此。

2008年这种日子因该游戏厅涉嫌赌博被查封而结束,原本凭他的聪明可以找份工作。可如同长期吸毒一样,他已无法摆脱网魔的纠缠。有一天,他在一个游戏厅里接触到一款名为"地下城与勇士"的网络游戏,玩这款游戏只要完成规定的任务,就可以获得"金币",有"金币"就能换取人民币。玩游戏可以赚钱,这对王刚来说,真是天大的好事。原来是挣钱时玩不了游戏,现在挣钱时候就是在玩游戏的时候,有了钱又能玩游戏,这样就可以把自己的全部精力都投入到游戏中去。他对自己的技术很自负,预计一个月能有2000多块钱的收入,有了这个钱玩游戏就有了保障。于是,玩游戏成了他的全部生活。他开了20个账号,而且都力争打到顶级(60级)。别人玩一个账号都玩得昏天黑地,他玩20个账号则近乎疯狂,每天不分昼夜地战斗着。可事情不是他所想象的,商家总是要赚钱的,玩游戏总是要花钱,想通过游戏赚钱维持生存是不现实的。在两年多的时间里,他的生活常常难以维持。因为要省下钱来上网,他不断降低自己的生活品质,甚至连基本生活水平都达不到。平时吃饭就是开水加馒头,最多是吃个盒饭。为了省下房租钱,他退了房,困了就靠在游戏厅的椅子上睡一会。由于长期缺少营养、不休息、不见阳光和网吧里空气浑浊。他越来越瘦、越来越虚弱,身体透支到了极限。终于有一天,他昏倒在网吧的沙发上。问他要不要去看病,他说没钱。结果,网吧报警后由武汉市救助站将王刚送到了家。此时的王刚,骨瘦如柴、气息奄奄,患有继发性肺结核(晚期),双肺已经毁损,生命垂危,每天只能侧身蜷缩在床上,常常要借助氧气袋呼吸。几天后,终因呼吸衰竭结束了他32岁的生命。

人在痴迷时情感决定一切。王刚为了玩游戏,顾不上吃饭睡觉,开水就馒头就行,每天花20来个小时玩游戏,累了在椅子上靠一下就行;他顾不上理发,不在乎外表的漂亮,头发有近一尺长;他淡薄了亲情,读完大学后没给父母写过一封信,打过一个电话,十年无音讯;他顾不上结婚生子,32岁的他没谈过恋爱;他早就患上了肺病,可为了玩游戏他忍受着数不尽的痛苦;他顾不上自己的身体,忽视了对死亡的恐惧。他似乎没有了正常人的七情六欲,而有的就是玩网络游戏的欲望,就是满足已被高度激化的狂热的好奇心和好胜心。

分析了生理需要和情感需要实际的作用,我们看到,吃饱吃好不易,保持心情愉快不易,满足生理需要不易,满足情感需要也不易。事实证明,人的机体的需要是十分强大的,满足人的机体需要是十分艰难的。有人认为,一个人追求机体需要的满足只要少部分的时间就够了,而应该把大部分时间和精力用于为他人、为社会的服务之中去。这里,我们不讨论人要不要为他人、为社会服务的问题,而有必要研究一个人追求自身需要的满足是否只需要少部分的时间和精力。

我们看到,人永远不会有自己觉得完全满足的时候。很少会有人说,我已经满足了,我的钱已够用了,不想再挣了。不说世界上还有很多很多的穷人,即便是腰缠万贯的富豪也仍然在拼命挣钱。或许满足生理需要所需的物质,靠一段时间的奋斗或一次暴富而能永久解决,而满足情感需要所要的东西是不可能一次获得的。情感所要的奇、美、胜、尊重、荣誉、情、爱等精神的东西只能在不断的奋斗、活动、交往中才能获得。当官的人总想一直当下去,而且总想越当越大;尊重、荣誉、地位、友谊有时间性,过去的只能代表过去,而要保持或增加尊重、荣誉、地位、友谊,就得做出不断的努力。还有,周围环境不断刺激人的好奇心、好胜心,人们会有丰富多彩的新的追求。

当然,腰缠万贯的富豪与一般人有一点不同,他们会更多地为社会、为他人做事,如从事慈善事业等。应该说这是可敬的,是值得称颂的。但是从根本上说,他们的行为并没有离开自身需要的满足。人们从事慈善事业是在满足自己的情感需要,是在利他事业中享受心理上的快乐。这将在下一章详作论述。

由此可见,在强烈的机体感受面前,人由不得自己。对每一人来说,有什么比生理上、情感上的快乐和痛苦有更大的吸引力和威力呢?所以,人不得不一辈子接受需要的驱使,为满足自己的生理需要和情感需要而操劳。

至此,我们对人的追求有了清楚的认识:

人的一切追求都必然建立在人内在的动力之上,没有动力的驱使就不会有追求。人内在的直接动力是快乐与痛苦的感觉,正是这一感觉时时刻刻驱使人们去追求快乐、解除痛苦;人内在的根本动力是机体需要,正是这一动力时时刻刻驱使人们去满足自身的需要;满足自身的机体需要正是人的全部追求。

最后,我要强调,关于人内在"本能"和"需要"的作用,应该相信弗洛伊德,而不能相信马洛斯,马斯洛是不彻底的。弗洛伊德进行的大量研究,就是要告诉世人,非理性的"动物本源"的本能是人的主宰。在他里,"本能是强大的,牢固的,不可更改、不可控制、不可压抑的"。① 而在马斯洛那里,基本需要是"似本能的","极为微弱,文化和教育可以轻而易举地将其挫败"。

四、机体需要是人的一切行为的根本动因

这里的"机体需要",不仅是指人的生理需要,而且包括人的情感需要;这里的"行为",不是指走路、乘车、坐飞机、上网、参加会议、接电话、上课、考试等为最终目的服务的派生行为或一个大行为中的过程行为,而是指直接满足机体需要或为满足机体需要作准备的大行为,如吃饭、睡觉、旅游、美容、玩电子游戏;又如,上班、种田、经商、当官、恋爱、结婚、挣钱、家务、购物。这里的"一切行为",是说人的任何一个行为不是根源于这个(或几个)机体需要,就是根源于那个(或几个)机体需要,不源于任何机体需要的行为是没有的,或者说,任何行为都不能摆脱自身机体需要的束缚。

研究人的行为,关键在于寻找发动行为的动因,任何一种行为在人的机体上必然存在着这种动因。前已证明,机体需要是人的主宰,是人内在的动力。对此,不妨再作分析,机体需要主宰人的什么呢?主宰体内一系列化学变化、生理变化和神经活动吗?不是;主宰心脏跳动、肺部呼吸、胃肠的消化活动吗?也不是,这些乃是自然界设计的维持生存和繁衍的基本的、固有的生理活动。动物的生存和繁衍要靠自身的行动去维护,一个动物物种能否维持生存和繁衍全在于它的个体的行动,而个体的行动关键靠动力的驱使。可见,机体需要主宰的一定是为个体生存、物种繁衍和群体稳定的行为。自我生存、物种繁衍和群体稳定是个体的全部目的,那么机体需要主宰的必然是人的全部行为。由此我们明白了,自然界既然造就了某一动物,就必然给这一动物造就能够驱动行

---

① 《动机与人格》,第93页

为的动力,这个动力就是机体需要。

1. 机体需要决定行为

驱动行为的直接动力是欲望,而欲望来源于机体需要,其过程是:机体需要被激起产生快乐、痛苦的感觉,在这种感觉的驱使下产生追求快乐、解除痛苦的欲望,产生行为。快乐、痛苦的感觉是机体需要作用的关键环节,有了这种感觉,就必然有追求快乐、解除痛苦的欲望和行动。比如,饿了,难忍的痛苦驱使你立刻吃饭;渴了,口干舌苦驱使你赶快喝水;遭遇危险,心惊胆战的恐惧驱使你拼命逃跑;与人下棋,好胜心和自尊心被激发,在胜利的喜悦、失败的痛苦的驱使下,你欲罢不能。

总的来说,欲望的产生有以下三种情况:

首先,自我生存方面的生理需要得不到满足时产生欲望,如体内物质缺损、平衡遭到破坏时产生欲望。人的各种需要都是自然界作为保护机体、维持生命的动力机制而设置的。一般情况下机体需要呈无欲状态,当体内物质缺损、平衡遭到破坏时会产生痛苦的感觉,从而产生解除痛苦的欲望。对生理需要来说,人的食物需要和健康需要,实质上是机体对各种物质的构成、位置、压力和运动等方面的一定的要求。如,一定的水,一定的盐,一定的蛋白质,一定的脂肪,一定的钙,一定的温度,一定的结构等等的需要。当一定量的东西缺少或增多时或"一定"的要求遭到破坏时,体内就发生一系列的化学或物理的变化。人有着遍布全身的十分神奇的神经系统,有100多亿个神经细胞(神经元)。所以,体内一有变化,就会立即触及周围神经系统传入(刺激)脑,从而产生解除痛苦或不适的欲望。

研究证实,人脑中有一个专管感觉、情绪的区域,这个区域就是下丘脑。下丘脑由脑底部的一群细胞核组成,它有比脑的其他区域更密集的血管,特别容易受到液化状态的影响。比如,食物的缺乏在血液中产生一定的化学变化,从而激活外侧下丘脑,产生摄食的动机。研究证明,血液中糖或葡萄糖的低水平使人们产生饥饿和虚弱的感觉。还有,胃空产生胃壁肌肉周期性的收缩,这种胃壁增强运动激活下丘脑,从而产生饥饿的感觉,产生进食的欲望。又如,水的缺乏在血液和身体细胞周围的体液中会引起两种变化：一是减少体液的量即细胞脱水；二是增加了某些化学物质的浓度即血容量减少。这两种生理状态刺激下丘脑,便产生喝水的欲望。

其次,性需要受到刺激时产生性欲。人的性需要产生的动机并不都是由于机体缺乏什么而引起的。性需要的目标不是用于自己的生存,而是用于繁殖。繁殖需要与异性发生性关系,排出体液,以孕育新的生命。一个发育正常的成年人性欲的产生,是外界异性的信息经人的感官的视、听、嗅、触摸,刺激人内在的性需要而发动的。

第三,情感需要受到外界情境的刺激产生欲望。自然界造就情感的目的,是让人根据外界的情境,积极地维护自己的生存、物种的繁衍和群体的稳定。其运行原理是,外界情境刺激人的种种情感,产生快乐或痛苦的感觉,从而产生欲望。比如,外界情境刺激人的好奇心,产生愉快的感觉,继而产生探寻新食物的欲望；受了批评,刺激人的自尊心,产生羞愧的感觉,进而产生知己不足、提高自己素质的欲望；遭遇了危险,恐惧感受到刺激,产生恐惧的感觉,进而产生躲避危险的欲望；受到他人的欺负,仇恨心被激起,产生惩治侵犯者的欲望；见到心仪的异性,情爱心被激起,产生求偶的欲望。又如,新奇的事物刺激人的好奇心,使人有了兴趣,从而产生想了解、探索事情原委的欲望；风景如画的杭州西湖刺激人的美的需要,人们顿感快乐,从而产生饱览西湖美景的欲望；子女的出生及子女的饥寒冷暖刺激母爱的需要,她担忧、挂念、焦虑,从而产生精心呵护子女的欲望；恋人的缠绵刺激人的情爱的需要,他陶醉在甜蜜之中,从而产生长厮守、不分离的欲望；黑夜坟地的沙沙声刺激人的安全的需要,他毛骨悚然,十分恐惧,从而产生立刻逃跑的欲望；失败刺激人的好胜的需要,他憋着一股犟劲,从而产生向着成功的目标奋斗的欲望；邻人的不幸遭遇刺激人的同情心,他深感不安,从而产生帮助邻人的欲望。

机体需要与欲望的区别是,机体需要是客观的生理机制,本身是无欲的；欲望是机体需要被激起时产生的属于心理的东西。欲望和动机的区别是,欲望有肉体和心理的感受性,无意识,不直接指向行为;动机源于欲望,有意识参与,有目的,指向行为。总之,一切行为都有动机,一切动机都归于欲望;一切欲望都根源于机体需要。

2. 机体需要与储备行为

人的行为(个人行为)可分为三类:

一是直接满足生理需要和情感需要的行为,如吃饭、喝水、睡觉、穿衣、休息、洗澡、烤火、冲凉、就医、做爱、排便等等;又如恋爱、梳妆打扮、唱歌跳舞、看电视、逛街、打球、上网、游戏、看报、旅游、交友、聊天、吵架、养宠物、体育锻炼等等,又如一部分从事科学研究、艺术创作和社会活动的能直接满足情感需要的行为。

二是直接为自己的物质生活和情感生活服务的行为,如买菜、做饭、洗衣、打扫卫生、造房、购物、订报纸等等。

三是为获得满足机体需要所需的东西而劳动的行为。这种行为属于储备行为,它不是直接满足机体需要的行为,而是为以后满足需要作储备的行为。我们知道,动物对物质的需要是经常的、持续的,可这些东西并不是随要随有,这就要预先储备。人类以外的动物由于不会种地、畜牧、养殖和在工厂里做工,所以大部分时间是在荒野里直接觅食,当然也有少量的储备行为,如储备食物、筑巢。人类由于有理性和制造工具等方面的聪明才智,人类能劳动,而劳动能为生存和繁衍准备几乎全部的生活资料,如粮食、衣服、住房、家具、冰箱、空调、洗衣机、汽车、电视机等。这样,人的绝大多数行为属于储备行为。人的储备行为主要有农民种地、工人做工、教师上课、公务员上班、商人经商、科学家搞科研、艺术家从事艺术、军人习武等等。每一种劳动行为,又有很多很细的过程行为,其中包括规划、调查、思考、行走、购物、运输、与人交往、管理等等。

人的利他行为是不是第四类行为?不是。人世间大量地存在着利他行为,如母爱,让座,捐款,救人,劝架,打抱不平,爱国,爱集体,收养残疾儿童,热心公共事业,公务员认真负责地工作,教师满腔热情地传授知识,科学家利国利民地搞科研。这些行为有的是直接满足自己情感需要的行为,属于第一类行为;有的是道德行为,属于第三类行为。利他行为根源于机体需要吗?回答是肯定的。对此,我将在后面有关章节证明:人的一部分利他行为是道德行为,而道德是建立在机体需要的基础之上的;另一部分利他行为是不图回报的利他行为,它是满足情感需要的表现。

3. 一切行为都建立在无条件反射的基础之上

行为心理学坚持外因说,无疑这与我的观点相悖。然而,我们可以从外因说中的条件反射学说推出我的结论。

条件反射的研究开始于俄国著名生理学家、心理学家巴甫洛夫。现代科学证明,人的神经系统有反射这一本领,反射是神经系统最基本的活动方式。所谓反射,是有机体通过神经系统对外界和内部刺激的规律性的反应。反射分两种:无条件反射和条件反射。无条件反射是先天的固定不变的反射。例如,新生儿刚出生就会哭,奶头放在他嘴里就会吸吮。无条件反射也称本能反射。无条件反射的神经通路(或反射弧)是生来就有的固定的神经联系。条件反射是在后天一定条件下形成的。如,每次让新生儿吃奶,总抱成一种姿势,后来每当抱成这种姿势,新生儿就会出现寻找奶头、张嘴和吸吮的反应;每次给狗喂食就响铃,后来每当响起这种铃声,狗就会出现分泌唾液的反应。可见,条件反射的神经通路是后天建立的新的神经联系。

心理学有两个这样的论断:一个是"人的各种行为都是脑的反射活动";另一个是"条件反射归根到底是在无条件反射的基础上建立起来的","有机体的每一活动都兼有这两种反射的性质"。[1] 巴甫洛夫也曾说过"所有这些新的联系(神经联系),首先都是通过一些生来就有的联系,才会建立起来的"。这也就是说,人的一切行为都是建立在无条件反射的基础之上的。无条件反射从何而来?显然来自人的机体的需要。条件反射的生理机制是机体需要机制的一部分。人若没有生存的需要,就

---

[1] 曹日昌主编:《普通心理学》上册,人民教育出版社 1980 年版,第 24 页

不会有防卫的本能,若没有食物的需要,美味佳肴也不能使人分泌唾液;婴儿即使抱成吃奶的姿势,也不会寻找妈妈的乳头。

由此,我们进一步可以说,人的一切行为都是建立在人的机体需要的基础上的。

这是许多人无法接受的。对此,我能理解。其一,行为的动因问题是一个十分复杂的问题;其二,这是与传统观念格格不入的。然而人的行为的动因问题又是一个极其重要的问题,我们应当心平气和、不抱成见地作出探讨和分析。

4. 理性对行为的作用是指导作用

长期以来,人们普遍认为"思想支配行为"。所谓思想,是客观存在在意识中的反映,是认识过程中的理性认识。如此说来,就是人的理性认识决定人的行为。

果真如此吗?我们不妨细细分析。

人的行为可分两类:一是无意识的表现在外的行动,如哭、笑、愤怒、呕吐、抽筋、打喷嚏等;另一类是有意识的、有目的的表现在外的行动,比如读书、捕鱼、种地、做工、打仗、绘画、科研、购物等。我们所要研究的正是后一类行为。第一类行为直接由生理因素决定,与思想无关;而第二类行为与人的思想有着密切的关系。

那么,这第二类行为是由什么决定的呢?是思想决定的吗?

在作出结论之前,有必要作这样一些思考:

动物为什么要行动呢?因为要生存,不行动就会死亡。除此,动物个体还担负着物种繁殖的任务,不行动就不能繁衍。所以,动物个体不得不觅食、择偶、造窝、躲避敌害。应该看到,行为都是有目的的,这个目的就是个体生存和物种繁衍。对人类来说,还有一个目的就是维护群体的稳定。

行动是要付出辛劳的,动物之所以要不辞辛苦地行动,一定是迫不得已,那么这背后一定有迫不得已的动力。前面说过,这个动力只能是"不以人的意志而转移"的不容偷懒的、强大的、自然的力量,"只能是那些具有肉体感受性的东西",这就是人机体上存在的生理需要和情感需要。相信,这个决定行为的力量一定是在进化过程中早就植入了动物的机体,否则怎么能确保动物个体在激烈的生存斗争中生存和繁衍呢。思想是客观实际的反映,无疑这个反映是后天的。

应该肯定,人的理性有着巨大的作用。有了它,就能感知和认识世界。有了对世界的感知和认识,就能适应和改造世界,就有了其他动物无法比拟的生存能力。比如,人制造了威力无比、作用巨大的发动机、铁路、桥梁、汽车、火车、轮船、飞机、火箭、电脑、通信卫星、高楼大厦等等。我们还可以看到,理性能够把人类组织起来,形成强大的集体力量,从而能在与自然界的斗争中创造出惊天动地的业绩。

但是,理性的作用无论多么巨大,它对于行为的作用绝不是决定性的,而是指导性的,它使人的行为更科学、更有效。我们知道,在若干亿年的时间里,动物没有思想,也有行为。动物行为直接由需要引起的感觉、欲望和本能支配。婴儿没有思想,但一不适应就哭,饿了要吃,湿了要换尿布,受了惊吓要安抚。就是婴儿长大了有了思想,其许多行为也是直接由内在因素决定的。比如,小便急了,他急切地走进了厕所;饿了,他狼吞虎咽地大吃大嚼;口干舌燥,一杯水他一饮而尽;胆石症发作,他大喊大叫,在床上滚来滚去;极度疲劳,他不知不觉地就睡着了;还有挠痒、女人生孩子等等,似乎都与思想无关。

弗洛伊德等许多思想家早就揭示,人脑里不仅有思想,而且还有感觉、欲望、情感等生理的东西。弗洛伊德说,人脑中的意识只是冰山一角,绝大部分是无意识的东西,而这些无意识的东西是更为强大的力量。

人有两类生存能力,一是动力性的能力,二是工具性的能力。其衡量标准是,是否与快乐、痛苦相连,连者动力也。前面说过,机体需要是与快乐、痛苦的感觉紧密相连的;而纯粹的认识既不能引起感觉又不能引起欲望。显然,机体需要是动力性的能力;思想认识如同动物的头角、飞行、长颈、凶猛一样是工具性的能力。尽管理性的作用是巨大的,但它是人们对客观世界的认识,是观念,只能指导行为,而不能驱动行为。表面上似乎是它在驱动,而实际上是其背后的机体需要在驱动。

人的行为包含着行为目的和行为方式两个方面。可以说,这两个方面是由两个东西分别决定的。人的机体需要决定行为的根本目的,人的思想决定行为的方式。比如,偷窃行为。偷窃的目的是为了获得财物,最终是为自己的生存和幸福。财物是人人需要的,获得财物的方式有很多种,采取哪一种方式是通过大脑(思想的作用)作出的选择,选择有正确有错误。无疑,偷窃是错误的方式。又如,一个人办公司,目的是挣钱,显然这是由自身的需要决定的。而挣钱的方法有很多种,如,在现有的工作岗位上求发展,学好本领另找工作,到国外去打工,嫁个有钱的老公,偷窃,卖淫,贪污受贿等。他理智地分析了各方面的情况,权衡利弊,认为办私企最好。于是,在这种思想的指导下,他办起了公司。可见,采取什么办法挣钱即行为的方式,是由思想决定的。

不妨,让我们再举例分析。

农民在"野草会影响庄稼的生长"这一思想指导下,给庄稼除草(行为方式)。庄稼荒了有什么要紧?庄稼荒了就收不了粮食,而粮食是人们生活、生存所必需的。可见,农民除草是为了获得生存所必需的粮食,这是由机体需要决定的。

人们在"病从口入"这一思想指导下,饭前便后常洗手(行为方式)。生病怕什么,病就是机体受到侵害,任其下去,就会危及健康和生命。可见,人们洗手是为了机体的健康。

一个中学生在"上大学才有出路"的思想指导下,刻苦学习(行为方式),为上大学而拼搏。上大学何用?上大学就有前途,有前途就是有名有利,有名有利就有幸福。可见,他刻苦学习是为了自己将来的幸福。

一个教师在"工作要尽心尽职"的思想指导下,努力付诸行动(行为方式)。为什么要"尽心尽职"?因为只有这样才能搞好工作;为什么要搞好工作?因为这样可以得到多方面的肯定和好评,从而获得他所需要的名利(升职、荣誉)。或者并不是为了自己的名利,那么所从事的教学工作一定是他热衷的事业。而这方面的成就,正可以满足由他的好奇心、好胜心、自尊心、同情心被激起后产生的对某种事业热爱的激情。

可想,如果人不要粮食,任何思想都无法支配人去除草;如果人不要健康,任何思想都无法支配人爱清洁;如果人不要幸福,任何思想都无法支配人刻苦学习;如果人既不要名利又没有情感需要,任何思想都无法支配人去拼命工作。

在实际生活中,机体需要和思想各自的作用是显而易见的。比如,人吃不吃饭决定于人的内在的营养需要,而不决定于意识。尽管,意识可以改变吃饭的时间,甚至决定两天不吃饭。问题是你能不能经受得了:饥饿痛苦的煎熬,甚至机体的损害。结果是,谁也经受不了,或长或短总会端起饭碗。机体需要如同如来佛的手,孙悟空再怎么跳,也跳不出如来的手心。试想如果人的行为可以背离机体需要而由思想决定,那么人机体上就不应该有任何快乐和痛苦的感觉。实际上,这绝对不可能。应该说,人的具体行为是由机体需要和思想共同作用的结果,需要起决定作用,思想起指导作用,单一的思想在任何情况下都无法启动任何行为。

有人提出这样一个问题,"文革"期间恋爱男女手拉手都感到难为情,改革开放后公开接吻也无所谓,这难道不是思想观念决定的吗?不!这始终是由人的自尊心决定的。人是不是难为情,并不取决于人的思想观念,而是取决于当时社会道德标准,自尊心是与社会道德标准紧密相连的。对自尊心来说,改革开放后道德标准发生了变化,"文革"时男女恋爱常常受到指责,而开放后的亲密举止无人过问,正因为如此人的行为才发生变化。

在传统观念中,思想常被理解为"思想觉悟",说"思想支配行为",本意是说"思想觉悟决定人的行为",有什么样的思想觉悟就有什么样的行为;一个人思想觉悟高,就会一心为公;而思想觉悟决定于教育,只要我们加强思想政治教育,人民群众就会有高尚的思想觉悟,就会"大公无私"、完全彻底地为人民、毫不利己、专门利人。其实,公私观是道德观的一部分,道德问题我将在第8章进行论述。这里我只想指出,思想觉悟的高低确实影响人的行为,但思想觉悟是人们对自身利益与整体利益关系的认识以及履行这种认识的决心,本质上它是人为满足自身需要而进行的理智思考,与道德一样是人们满足自身需要的手段。

总之,动物在自身需要的驱使下靠本能谋生,人在自身机体需要的驱使下靠本能和理性指导谋生。人因为有理性,就必然会产生出区别于其他动物的社会、道德和文明,可在本质上,这些东西乃是人类谋生的手段。

第七章
情感需要是不图回报利他的根源

人类是群居动物，人的机体上必然存在着种种用于维护物种繁衍和群体秩序的心理机制，必然会有种种为保证物种繁衍和维护群体利益而牺牲自己利益的利他行为，这是自然界的意图。

人世间,利他行为是普遍存在的。利他有两种,一是手段利他;二是不图回报的纯粹利他。手段利他的主观动机是为自己的,即是为了自己而利他,主要方式有合作利他和道德利他。手段利他的原因不难理解。人在社会中生活,理智告诉人们,与他人合作和遵守道德能够更多地获得自己的名利。这里,我将着重研究不图回报的纯粹利他。

马斯洛指出:"西方文明已普遍相信,我们身上的动物性是一种恶的动物性,我们大多数的原始冲动是邪恶的、贪婪的、自私的、敌意的。"[1]不图回报的纯粹利他,至今在世界范围内还是一个"令人迷惑"的"非常深奥的难题"。

一、人类对利他的探索

春秋战国时期,儒家代表人物孟子(前 372—前 289 年)认为人有四种道德心理,即恻隐之心、羞恶之心、辞让之心、是非之心。孟子说:"无恻隐之心,非人也;无羞恶之心,非人也;无辞让之心,非人也;无是非之心,非人也。"(《公孙丑上》)孟子的"恻隐之心"、"羞恶之心"、"是非之心"就是人的同情心、羞耻心、正义感。孟子还认为,这四心"我固有之也",

---

[1]《动机与人格》,第 95 页

(《告子上》)即是先天就有的。

17—18世纪,欧洲思想界普遍认为,自私是人的本性。英国霍布斯认为,人是极端利己的,"人对人就象狼一样";法国卢梭说:"人类天生的唯一无二的欲念是自爱,也就是从广义上说的自私。"①,他们也看到人有同情心、会爱他人,可这都出于自爱,即"由自爱而产生的对他人的爱",②我爱别人正是为了爱自己。孟德维尔认为,人即使做了好事,但动机也是出自人的利己本性,或为了自己的荣誉感,受到别人的赞扬。

思想家们对人类的利他行为进行了探索。首先,他们肯定了利他的存在。一些思想家提出,人除了自私心还存在着利他的同情心。英国的休谟和亚当·斯密强调,人不仅是自私自利的,而且人的本性中还存在一种同情或怜悯他人的情感。法国的伏尔泰也认为人性中利己与利他是并列的。他认为,人的自爱心是人的本性,而人对同类的爱和怜悯之心也是人生来具有的感情,也是人的本性。卢梭认为,人除了自爱心之外,人还有一种天生的怜悯心,"怜悯心是一种自然的情感"。③ 其次,他们对同情心的根源进行了探索。由于当时还没有生物进化论,他们无法得知同情心的真正根源,因而只能作出种种猜测。英国培根认为"人性之中有一种隐秘的爱他人的倾向和趋势",这种爱他人的仁爱心是由基督教根植于人类心灵的。④ 休谟和斯密认为,同情心之所以导致利他,是由于"心灵交感"和"设身处地想象的作用"。卢梭说:"怜悯心实际上也不过是使我们设身处地与受苦者共鸣的一种情感。"⑤此后很长时间,人们对利他行为的了解基本上都停留在对同情心的认识上。

达尔文看到了动物中利他行为的存在。尽管他承认难以找出满意的解释,但他肯定这种行为存在着合理性。他说:"利他行为对物种的延

---

① 《爱弥儿》,下卷,第403页
② 《爱弥儿》,第326页注
③ 《论人类不平等的起源和基础》,第102页
④ 《培根论说文集》,商务印书馆1958年版,第31页
⑤ 《论人类不平等的起源和基础》,第101页

续有利,因此是一种适应。"他坚信,这些行为不管看起来是多么的不可思议,都必定经过漫长的进化和自然选择过程,是合理的。①

19—20世纪,享有盛名的奥地利精神分析心理学家弗洛伊德,坚决否定利他的存在,在他看来,爱他人这一要求与人的天性是背道而驰的。

20世纪五六十年代,马斯洛认为人天生有"善"的一面。他研究精神健全的人,发现人有爱、自尊和自我实现等高级需要;研究猿和猴,发觉它们通常是友爱合作的。他说,我们不能"只看见动物界的竞争,而对与竞争同样普遍的合作却视而不见"。"我们断言类似本能的需要和理性是合作的而非敌对的。"②他批评"本能理论",仅着眼于低等动物的本能,从而"将我们的内在本性解释为恶的动物性"。这是一种"错误的人性论"。不过,马斯洛并没有认识到"善"根源于人的本性。

20世纪三四十年代之后,西方随着新达尔文主义的兴起和动物行为学的发展,对人的利他问题的研究重新成为热点。为解开人类利他行为之谜,一些生物学家在研究动物利他与利己、竞争与合作行为的基础上,提出了种种利他理论。1963年,汉密尔顿从概率论的观点出发,提出了亲缘选择理论,认为利他行为一般出现在亲族之间(包括父母对子女的关爱),并且与亲近程度成正比,亲缘关系越近,彼此之间的利他倾向就越强。1971年,特里弗斯提出了互惠利他理论,认为无亲缘关系的利他或是为了"同步受益",或是为了"日后能够得到受益者相应的回报"。③对此,爱德华·威尔逊归结为,人有两种利他,即无条件利他和有条件利他。无条件利他限于亲属之间,只为自己的亲属服务;有条件利他是为了获得回报(互惠)。

1976年英国科学家理查德·道金斯出版了《自私的基因》一书。他

---

① 达尔文原著,梅朝荣改编:《进化论—弱肉强食的故事》,武汉大学出版社2007年版,第175页
② 《人的潜能和价值》,第186页
③ 刘鹤玲著:《所罗门王的魔戒:动物利他行为与人类利他主义》,科学出版社2008年版,第56页

认为,生物个体和群体只是基因的临时承载体,自私的基因操控着生物的一切活动和行为,其目的就是为了使基因本身得到更好地复制。道金斯承认动物中存在着利他行为,可他认为这些利他都发生在与有血缘关系的个体之间,正是一些个体的利他和牺牲,它们的相同基因才得以生存。比如,动物照料后代,是为了自己的基因得到复制。

近30年来,博弈论被广泛用于研究动物的利他行为,在此基础上,有人从进化的角度进行研究,有人运用自私基因理论进行研究。与此同时,一些学者从哲学、经济学、社会学、心理学、文化学、政治学、人类学等角度对利他行为进行研究,再次引发了利他主义和人性的激烈争论。

除亲缘利他和互惠利他,有人认为,人类还存在着一种既不基于亲缘关系,又不期待回报的纯粹利他行为。对此,《所罗门王的魔戒:动物利他行为与人类利他主义》一书列出了多种观点和理论,其中有伦理学观点、社会心理学观点,有顺从性理论、经济学家效用最大化模型理论,还有内生偏好,甚至有人用公式计算利弊,对人的纯粹利他行为作出解释。结果,此书作者也承认,"他们都无法揭示非亲缘的、不求回报的纯粹利他行为的原因"。"人类纯粹利他主义并没有因此完全得到真正的解释,仍有待于生物学以及一些与此相关学科的进一步研究和发展。"[①]

凡此种种,在我看来,这里有两个问题:

一是没有用生物进化论从根本上找出原因。人种的生存是人的根本,人的行为不是任意的,它都是为人种生存服务的。如果人有纯粹的利他行为,那么就应该找到这种利他行为与人种生存的关系。

二是这些研究都没有涉及人内在的动力机制,因而都无法找到利他行为的真正原因。应该看到,人的一切行为都应该在机体上找到相应的动力机制。无论是利己还是利他都是要行动的,而人的一切行为都要有动力,这个动力不可能是无动力作用的人的理智和道德,而必然是在生物进化过程中、在人的机体上形成的具有动力作用的生理机制,而这个

---

① 《所罗门王的魔戒:动物利他行为与人类利他主义》,第128页

动力机制的一个决定环节应该是快乐、痛苦的感觉。看人类有没有某种行为，应该看做了这种行为是不是得到了快乐或解除了痛苦，不做是不是不痛不痒，与快乐、痛苦无关的行为归根到底不是真正的行为。

用此检验上述种种观点，我认为，"亲缘选择理论"把母爱等亲缘之间的爱归结为进化的结果，有一定的正确性。但这应仅限于母爱和祖父母对孙子女的爱，而不应包括兄弟姐妹之间、叔侄之间的爱。母爱和祖父母对孙子女的爱确实是与人的快乐、痛苦紧密相连的；其他亲缘之间似乎没有这种爱，即使有也是很微弱的。人的机体上不存在"互惠利他"的生理机制，它只是理性利他，即手段利他，至多是一些本能行为，而本能是派生的，它根源于机体需要。

二、为物种生存而利他是自然界的意图

生物是以个体的形式出现的，若干性状相同的个体组成同一物种，千千万万的个体和千千万万的物种组成繁茂的生物世界。那么，生物是怎样生存和发展的呢？

达尔文以后，生物学家一直在争论什么是生物进化的单位，有个体说、物种说、种群说、基因说。我赞同多数生物学家所坚持的"物种或种群是进化的单位"的观点，起码社会性动物是如此。我以为，所谓"进化单位"问题，实际上是一个极其重要的问题，是事关生物物种生长变化所围绕的轴心问题或目标问题。比如，如果说"个体是进化单位"，那么一切就围绕个体的生存；如果说"物种是进化单位"，那么就既要维护个体生存，又要保证物种繁衍，还要维护群体的稳定（对群居动物而言）。这里的"围绕"和"维护"，不仅表现在行动上，而且反应在机体的机能上。应该看到，物种的生存是进化所围绕的轴心，是生物生存和发展的根本。

总体上，生物发展的总目标是物种（或种群）的生存，它包括两个具体目标：一是个体生存；二是物种繁衍。这样，在动物界，每一个体一方

面要维持自己的生存,另一方面要负责物种的繁殖。这两者经过自然选择必然保持一定的平衡,为物种繁衍常常要牺牲个体生存,为个体生存常常要牺牲物种繁衍,"显然,生存与繁殖之间蕴含着一种平衡性"。① 在艰难的生存斗争中,各物种为了生存,这两者在其个体身上的平衡性是不同的,有的为物种繁殖的付出多一些,有的少一些,有的个体的存活似乎主要就是为了繁衍。

在动物界,还有一种情况涉及目标问题。这就是动物有群居与非群居之分。群居是一种生存方式,是一些物种生存的决定条件,不群居就无法生存。这样,对于群居的人类来说,就有三个具体目标:一是个人生存,二是人种繁衍,三是群体稳定。

为确保这三个目标的实现,人的机体上必然存在着用于个体生存、人种繁衍和群体稳定的动力机制,人的一切行为必然都是为了实现这三个目标,其中必然有的利于个体生存,有的利于人种繁衍,有的利于群体稳定。

这样,应该看到,人的机体上必然存在着种种用于维护物种繁衍和群体秩序的心理机制,必然会有种种为保证物种繁衍和维护群体利益而牺牲自己利益的利他行为,这种的利他是自然界的意图。比如,为物种繁衍,有情爱、母爱方面的利他行为;为维护群体稳定,有自尊心、同情心、正义感、孤独感等情感。我以为,在高等群居动物中,并不是无限制地广泛地利他,利他仅限于物种繁衍和维护群体的秩序,否则又会影响个体的生存。就人类而言,维护群体的秩序主要是在三个方面:用自尊心对个人的行为进行约束,不做伤害他人的事,多做利于他人和群体的事;用正义感对群体内伤害他人的行为进行制止,打击邪恶,维护正义;用同情心既限制自己的行为(不忍心伤害他人),又帮助群体中遭遇不幸的人。达尔文说:"在群居的动物中,如果选出来的变异有利于群体,自

---

① 《为什么要相信达尔文》,第184页

然选择就会为了整体利益改变个体的构造。"①即产生利于群体的性状。相反,在残酷的生存斗争中,群居动物中那些不善于繁殖、不顾及物种整体利益的物种早就被淘汰了。

可见,利他是本性使然,这种利他必然是不图回报的。在动物界,为物种生存牺牲个体利益、不图回报的现象是普遍存在的。比如,为繁衍后代、孕育时要经受千辛万苦和消耗大量的营养,出生后要在恶劣的环境中为其提供食物和保护。有些物种的个体只活到生育的年龄,它们往往在生殖后便死亡;一些物种雌性怀孕营养不足,只好把与己交配的雄性吃掉。比如,有一种蜘蛛,交配后雌蜘蛛会吃掉雄蜘蛛,以获得孕育后代所需的营养;有一种螳螂,雌螳螂为获得怀孕所需的营养竟在交配过程中就把雄螳螂吃掉;雄性切叶蚁在交配后不久会因能量耗尽而死去。

据法国南极考察工作站纪实:南极有一种企鹅(帝企鹅),雌的把蛋生下来后,去大海为自己(补充营养)和小企鹅觅食,雄企鹅担起蛋的孵化责任;孵化期60天。南极是个冰雪世界,气候条件极其恶劣,全年平均气温零下40多度,极地风一无遮拦,风速极快,且一年大部分时间不见太阳。而雄企鹅的孵化是将蛋放在脚面与尾部孵化窝之间,立在雪地里。两个月的时间里,雄企鹅不吃不喝、在冰天雪地里任凭风吹雪打地死守在一个地方(只移动方向)孵化后代。孵化结束后,雄企鹅体重下降45%。这些难道不是纯粹利他吗?不是天生的吗?

人性百题
南极帝企鹅会在冰天雪地里60天不吃不喝孵化后代吗?

各个物种的利他程度、方式是不同的。生物学家的观察和研究证明,在白蚁、蚂蚁、蜜蜂、黄蜂等社会性昆虫中,存在着众多自己不能生育而为其他昆虫服务(哺幼、护王)的工虫。比如,蚂蚁有三个基本等级:即蚁后、雄蚁、工蚁。蚁后和雄蚁的主要职责是繁殖后代,工蚁是指不具有生殖能力的雌蚁,它们的职责是觅食、筑巢、保卫家园、照顾幼蚁。蜜蜂中,在外敌入侵时,成群的工蜂勇敢地用尾部的刺蛰入侵者,以致一些工蜂把内脏拖出来而死去,用生命保护蜂群。可以说,社会性昆虫中存在

---

① 《物种起源》,第58页

着普遍的利他行为,工蚁的行为大多是利他的。

可见,在进化过程中,蚂蚁物种之所以能够生存,是因为蚂蚁中有"工蚁"这一等级的存在,它们不仅为自己工作,更多是为群体服务。这样,蚂蚁社会中形成了一种特殊的自然分工,形成了一个共存亡的整体。有人称其为"超个体",其中蚁后是生殖器官,工蚁是脑、心脏、肠子和其他组织。我想,在进化过程中,蚂蚁物种之所以被自然所选择,正是因为自然界给它造就了特殊的个体构成和社会组织结构。从个体生存的角度上看,这是不可理解的,然而,从物种来看,正是这种特殊的社会组织结构,这些社会性昆虫才能在自然选择中得以存活。所有这些都不是出于主观意志,而是自然界的设计。

这告诉我们,群居动物的生存不仅靠个体生存和繁衍,而且还要个体承担维护物种整体利益的义务。为物种的生存,这种义务的存在是必要的,也是必然的,谁没有这种义务,谁就会在自然选择中被淘汰。生物学家汉密尔顿考察了膜翅目的白蚁、蚂蚁、黄蜂这类典型的社会性昆虫,仔细研究了它们的社会结构、等级分化、筑巢方式、觅食行为、婚配制度、生殖模式以及社会秩序的建立和维系,指出正是这类昆虫社会的合作与利他行为,造就了他们巨大的生态优势。①

当然,在不同群居动物的物种中,承担繁衍和维护整体利益义务的情况是不同的,有的物种是由每一个体承担,有的物种是由部分个体承担(社会性昆虫就是如此)。这取决于各物种的生存需要多大程度的社会性,程度越高个体的利他行为就越多。社会性昆虫中的工虫利他只是动物界中的个别现象。

人类的繁衍和维护整体利益的义务是由每个人承担的,因而人类的利他行为在每一个人身上都是存在的。应该说,人的生殖行为和在母爱、情爱、自尊心、同情、正义感驱动下产生的行为就是存在于每一个人身上的利他行为。从性需要和情感的起源及作用来看,自然界在人的机

---

① 《所罗门王的魔戒——动物利他行为与人类利他主义》,第39页

体上设计这些需要和情感,目的是维护物种的生存,而不是让其维护自我的生存。如,情爱的作用就是让其更多地繁殖,使物种得以延续;母爱的作用是使后代得到抚养,物种得以繁衍;同情的作用就是让其帮助陷入困境的人,使物种强盛;正义感的作用让其维护正义,维护物种的生存秩序。对于同情心的作用,达尔文在《人类的由来及性选择》中说,"如果群体中拥有为数众多的富同情心的成员,那么这个群体往往非常繁荣昌盛,繁育出后代的数目也最多"。①

三、满足情感需要表现为利他

我们知道,人的有些情感的目的就是为了他人。如母爱的目的就是关爱自己的子女;情爱的目的就是关爱自己的恋人;同情的目的就是关心帮助遭遇困苦的人;正义感的目的就是打击邪恶,维护正义。爱的满足明显地表现为利他,你爱一个人,会在情感的驱使下心甘情愿为他着想,为他操劳,为他舍弃一切。

人性百题

满足情感需要常常会表现为利他吗?

人的有些情感虽然不是直接利他,但在这些情感的驱使下也必然表现为利他。比如,人的自尊心和荣誉感,它的作用是让人维护和提高自己在众人心目中的地位,以利自己的生存和择偶,而要维护和提高自己的威信,就是积德行善,关心他人利益和公众利益。一次,你坐在公共汽车上,正享受着机体的舒适,突然,车门一开,上来一位怀抱婴儿的母亲,巧了,她正站在你的身旁。在众目睽睽之下,在售票员"哪位同志让个座"的一个劲儿的督促之下,你开始感到烦躁、羞愧,不敢抬头。因此,你马上给这位母亲让了座,情愿用机体的劳累去换取心的宁静和舒适。还有,科学家在好奇心和好胜心的驱使下,会不顾一切地探索和发现造福于人类的科学;歌唱家在爱美之心、好奇心、好胜心和正义感的驱使下,会不辞辛苦地为观众演唱。

---

① 《动物的情感世界》,第 77 页

人世间,在人的情感需要的驱使下,利他是普遍存在的。

母爱利他。2008年中国武汉市郊区农村有一个三口之家,31岁的儿子先天性的肝豆状核病变加重,导致又一次的大量吐血。母亲陈玉蓉意识到死神没放过儿子,"再不换肝,儿子就得死"。同年12月,陈玉蓉拒绝了丈夫的捐肝要求,决定"把自己的肝给儿子",她心中只有一个愿望"我要救儿子"。武汉华中科技大学同济医院决定2009年2月19日进行移植手术,可陈玉蓉在手术前的检查中查出重度脂肪肝,不能手术,这使她心急如焚。当得知治好了脂肪肝还可捐肝时,已是55岁的陈玉蓉毅然决定"暴走减肥"。为了儿子,她说"我什么都愿意做"。从2009年2月至9月,陈玉蓉每天走10公里。在7个多月的日子里,她熬过了211天江城的寒风和烈日。除此,她近乎严苛地控制自己的饮食,每餐只吃半个拳头大的饭团,青菜只用水煮,不放油。她说:"有时候真饿,想吃块肉;但一想到儿子,我还是忍了。"有一次,她竟虚弱(饿)得差点昏倒在暴走的路上。功夫不负有心人,她穿破了四双鞋,瘦了16斤,脂肪肝消失了。2009年11月3日,同济医院肝移植成功,母亲陈玉蓉终于实现了把肝(部分)捐给儿子的愿望。可想,不说将自己的重要器官捐给了儿子,就说"暴走减肥"也是极不容易的。患有脂肪肝的人很多,就是为了自己的健康,又有谁愿意下这样大的决心呢?这正是母爱的力量。

> **人性百题**
> 在大灾中为什么会出现大爱?

大灾有大爱。在平静的情况下,人的情感是以生理机制的形式存在的,只有被激发时才产生能够感觉到的心理层面的情感,才产生快乐、痛苦的感觉,才产生欲望、动机和行为。所以,没有激发就没有爱。在大灾大难中,大量的伤亡、眼泪、哭喊、流离失所会大量地、强烈地刺激同情心等情感,而这些情感越被激发,表现出来的利他就越强烈、越广泛。不仅如此,在大灾大难的救助中还有基于名誉和利益的理智考虑的爱。

2008年5月12日,四川省汶川等地发生8级大地震(后余震不断),10万平方公里的地方房屋倒塌,交通被毁,30多万人受伤,7万多人遇难,几百万人被困。国家组织大批救援、医疗、修路等方面的人员奔赴灾区,与四川人民一起展开了大规模的抗震救灾工作。同时,电视媒体对此进行了不断的、大量的报道。这一切,极大地激发了人们的同情心、好胜心、好奇心等情感。广大人民群众以满腔的热情投入了抗震救灾的工作之中。他们从废墟和危难中救人,在生活和心理上关心人;他们不辞辛苦、不顾危险,拼命工作。更为可贵的是,他们中有许多人本身就是灾民,他们是忍受着家破、亲人被埋或死亡的危险而救助他人的。在全国,上亿的人为死难者哭泣流泪,上千万的人为灾区捐款捐物,许许多多的人排队献血、争当志愿者。这种人民群众自觉自愿为灾民服务的感人情景,到处可见。其中,有的出于对灾民的同情,有的是出于对抗震救灾中涌现出的高尚行为和英雄人物的敬佩(源于好胜心),有的出于自尊心的道德责任,有的出于对灾区奇闻轶事的好奇,有的出于面子和荣誉,有的出于基于利益的道德等。毫无疑问的是,这些行为是高尚的,这些人是伟大的,这些高尚的行为和伟大的人是可歌可泣的。

四、自尊守德而利他

一次在地铁上,我看见一位抱着婴儿的母亲上了车,我立即站了起来,准备给她让座。几乎同时,车门近处有两个男青年也已经站了起来,结果那位母亲坐到了其中一位青年的座位上。我们的行为说明什么?源于理性吗?不是,这是见到那位母亲的"刹那间"发生的,其中并没有经过思考。

这源于人的自尊心。人的自尊心要维护的是自己在众人心目中的地位,或者说维护的是众人对自己的看法。众人看法的主要内容就是道德评价,而道德评价取决于自己的道德表现,一个人的道德修养越好,就越会受到他人的尊重。可见,人的自尊心和社会的道德要求紧密相连。

我发现,道德规范是自尊的警示牌或耻辱柱。当社会有了某个道德规范并已形成社会舆论时,人就会在这个方面遵守道德以维护自尊,在一定的场合,不遵守这个规范就会感到羞耻。比如,给老弱病残者和怀

人性百题

社会的道德规范为什么会成为自尊的警示牌?

抱婴儿者让座一旦成了道德要求,身临其境不让座,你就会感到羞耻。这样,是否给老弱病残者和怀抱婴儿的人让座直接涉及人的面子。这也就是说,是否遵守道德直接涉及人的面子。还有,在有过羞愧的经历之后,让座就更会成为你的自觉行为,经常如此,就会加强这种行为,以致让座成为习惯。这表明,源于自尊的利他行为与他所受的思想教育及自己的思想认识有关。道德宣传越广泛越深入,人们对道德的认识就越深入,自尊的警示牌就越多,人出于自尊的利他行为就越多。在此情况下,人的文化程度越高、所受教育越多,遵守道德就越自觉。一个人道德修养好,已被认同的自尊警示牌、道德责任就多,让座、救人等利他行为就多。

人从自尊心出发,会把道德规范(如让座、救人、勿偷窃等)作为自尊的警示牌,一个规范就是一个警示牌。有了这种警示牌,人们就有了一种道德责任,在这种道德责任的驱使下,就会自觉自愿地按这个道德规范行事。道德所要求的就积极去做,道德禁止的就竖起一道防护墙,不越雷池半步,违反了就会感到羞愧。比如,偷窃,这是社会公认的不道德行为,人的自尊心一般不敢触及这块禁地,如谁触及了即偷了人家的东西,就一定会感到羞耻,自己受不了。又如,中国改革开放前,婚前性行为,未婚先孕是道德所不容的,谁违反了会感到见不得人。后来,随着人们思想的开放,这些行为不再被认为是不道德行为,这样它就与自尊心无关了,谁有了这些行为就不会感到难为情,人们也见怪不怪。

我们知道,许多道德规范正是要人们关心他人、关心社会,所以关心他人、关心社会往往会成为人们维护自尊的自觉行动。其中,还会有在火场、井下、海里、地震废墟中舍己救人的英雄。应看到,"关心人"、"助人为乐"、"见死不救可耻"等道德规范一旦成为一些人的自尊标尺和道德责任(压力),当他们看到他人有危险时,就会在此道德责任的驱使下,立即投入救人的行动。

2007年11月30日,年轻军官孟祥斌陪来部队探亲的妻子和女儿,在浙江金华市区城南桥上游玩。突然一位年轻女子扔掉手机,从桥上跳入江中（因恋情轻生），在水中上下沉浮，情景十分危急。孟祥斌见状迅速脱掉上衣外套和鞋子，跃上桥栏，不顾一切地从10米多高的桥上纵身跳入冰冷的江中。孟祥斌奋力一次又一次将落水女子托出水面。因江宽水凉，体力不支，他和女子渐渐下沉。这时，闻讯赶来的一艘快艇驶近，孟祥斌用尽最后的力气将女子托出水面，随即女子被拉上了快艇，可孟祥斌却沉入江中，献出了28岁的年轻生命。从丈夫下水救人开始，其妻子（江西教师）和三岁的女儿焦急地守候了近4个小时，最终妻子没有看到丈夫的笑容。年轻的妻子痛不欲生，几次冲向栏杆想跳江，被围观群众拦住。

孟祥斌的英雄壮举，感动金华，感动婺江，迅速在社会各界引起强烈反响。一连几天社会各界以多种形式哀悼英雄。当晚，城南桥头，一夜之间摆满了花圈，1000多名金华市民来到英雄救人的地方，冒着寒风为英雄"烛光守夜"。第二天，在城南桥上有人拉起了"沉痛悼念英雄孟祥斌同志"的横幅。数百名孟祥斌所在部队的官兵来到现场，敬献了黄菊花。随后，成百上千的市民在城南桥上排起了长龙，他们手捧黄菊花，逐一走到横幅前，献上鲜花并鞠躬。晚上，由金华新闻网"新金华论坛"发起的烛光守灵活动得到了数千市民的响应。7时不到，摆在桥栏和江堤边的花圈已经连绵数百米。12月4日，举行追悼大会。3万多名群众自发为孟祥斌送行。为方便市民参加吊唁英雄，200多辆出租车司机自发组成阳光爱心车队，在车上张贴印有孟祥斌照片或挽联的标志，免费接送吊唁英雄的广大市民；金华市公交公司及时抽调20多台公交车开通城南城北两条专线，义务接送参加追悼会的群众。在殡仪馆门前的道路上排满了花圈和鲜花，花圈上挂满了金华市民自己题写的悼念诗词。广播里播放的是金华一业余歌手自己谱写的纪念孟祥斌的歌曲《这一次》："这一次你纵身一跃，滔滔婺江见证你的壮烈；这一次你奋力地托举，托起生的希望震撼人间；这一次虽不再醒来，却用生命的光芒照亮人间，把生给了别人，用死铸就军魂……"

孟祥斌是伟大的。据他妻子说："他跳水之前，我拉住他说太危险了,要救也要从岸边游过去,他说来不及了。"从10多米高的桥上跳入江中,需要何等的勇气。相信,这种勇气决不会来自想从中得到什么好处,而必然是他内在早就形成的源于自尊心的强大的道德责任的驱使。孟祥斌出生在山东一个农民家庭。1997年高中毕业后到兰州军区某高炮团当兵。两年后,由于表现突出被部队推荐考入了中国人民解放军信息工程大学兰州分院,不久加入了中国共产党,毕业分配到了金华某部工作。后又被推荐考入某工程学院参加专升本学习,2007年7月份学成归来,4个月后英勇牺牲。生前为机要科副连职中尉参谋。部队10年的教育激发了他的自尊心、好胜心等情感,"见义勇为"、"为人民服务"等道德要求已成了他自尊的警示牌。

2011年7月2日,杭州一位母亲英勇救人的事迹引发海内外集体感动。这天中午,杭州市滨江区一住宅小区,一个两岁多的女孩趴在10楼窗台上(窗子开着)。此时此刻,楼上楼下一片惊呼。此间,有人急得团团转,有人想办法救援。9楼一住户搭了一个梯子,可就在梯子刚伸到女孩脚下,女孩突然掉落。就在千钧一发之际,一位路过此地的年轻妈妈吴菊萍,踢掉高跟鞋,快速靠近,向空中张开双臂。结果,她接抱了女孩,女孩得救了,可女孩砸中了她的左臂,造成粉碎性骨折。很快,年轻妈妈英雄行为传到了网上,网友称她为"最美妈妈"。网友用公式计算,那一瞬间吴菊萍接住了相当于335.4公斤的物体。她所在医院的院长说,如果孩子掉落偏差一点点,落在她的脖子上,她可能要高位截瘫;落在头上,就可能当场死亡。

一时间,全国上下为"最美妈妈"的事迹所感动,许多人留下了感动的泪水,同时许多人在思考"最美妈妈"行为的原因。其中有"传统美德"、"母爱"、"人性大爱"、"对生命的尊重"和"本能反应"等观点,阿联酋国家报网站评论说:"虽然我们无法解释,这样一种应付突发事件的本能反应,但是如果每个人都能做到这样,那这个世界肯定会变得更美好。"我以为,这些观点确实是无法解释"最美妈妈"行为的。她的行为与道德有关,但道德不是根本;与母爱有关,但母爱只爱自己的孩子;与人性有关,但人性中只有对其他生命的同情,没有普遍的爱;人没有舍己救人的本能,所以也不可能有舍己救人的本能反应。

我认为,"最美妈妈"行为的原因是:第一、与孟祥斌相同,有着强烈的源于自尊心的道德责任,而这是主要的。她1980年生,一贯积极上进,2000年加入中国共产党,接受了良好的道德教育;第二、源于同情心,当她亲眼看到一个幼小的生命遭遇危险时会产生同情,更重要的是,她也是一个孩子(7个月)的母亲,她心里早就装满了养育孩子的不易以及孩子的可爱,面对一个即将死亡的可怜的孩子,她必然会对孩子及其父母产生强烈的同情。一位网友妈妈说,"看到报纸的时候,我都哭了,可能因为我也是刚当上妈妈的缘故。我宝宝和最美妈妈的宝宝差不多大,那样的感触真是太深了"。

> **人性百题**
> "最美妈妈"吴菊萍行为的原因是什么?

顺便指出,救人者在救人的过程中受伤、甚至牺牲生命是经常发生的。应该看到,人在投入救人行动之初,往往并没想到情况的复杂性和多变性,更没有想到自己可能会受伤或死亡。受伤或死亡常常是复杂多变的情况下瞬时造成的。

可见,这种利他不是道德、理智的问题,而是母爱、情爱、同情、正义感、自尊心等情感需要的驱使。这里,并不企求别人的报答,而直接是在满足自己的情感需要,自己在获得快乐或解除痛苦。这是一种直接为他人做事、或做有利于社会和他人的事、不图回报、主观上没有自私动机的利他行为。

五、激情而利他

人的情感有一个显著的特征,即被激起后有时会产生激情。有了激情都能利他吗? 不是,有的利他,有的则害人害己。但利他的情况是普遍存在的,论其原因,其一,人的母爱、同情、自尊心、正义感是直接利他的情感,一旦成为激情就更加利他。其二,公众的事情有巨大的刺激力、吸引力,如民族危亡、外敌欺扰、国家兴衰、人民疾苦、科学研究、重大自然灾害、汹涌澎湃的革命事业、充满正义与邪恶的战争风云等等,必然会激发人们积极投身爱国家、爱社会、爱他人、爱科学的激情。其三,国家利益、社会利益和他人利益与每一个人自身的需要紧密相连,所以人们关心国家存亡、社会兴衰和他人疾苦的情况是经常的、大量的。

前面说过,人的多种情感一旦被外界情景强烈的激发,会聚集形成一种热衷于某件事情的兴趣、爱好或理想的激情,且这种激情有一定的稳定性,使人长时间的生活在激情之中,少则几年,多则几十年。此间,这种激情是一直存在的,只是时强时弱。比如,一个热衷于某科学研究的人,会常常处于思考之中,吃饭、走路、乘车、睡前会思考,半夜醒来也会思考,如感悟到什么,会异常兴奋;如与人谈起自己所热衷的事业,则会兴致勃勃、滔滔不绝。激情特别敏感,一切与激情有关的事物都会激起它。

2005年有电视报道:上海有位70岁的退休教师,多年来一直坚持在他家附近的街道上清除垃圾广告,这是他自觉自愿不取报酬的行动。其间,他曾邀了两位退休老人参加,不久就剩他一人。情感需要人人都有,为什么自发的不图回报的利于社会的事,许多人能做而不去做,而有的人却能坚持这样做?

应该看到,情感需要尽管人人都有,但各人情感的强度是有区别的。有的人好胜心强一点,有的人弱一点;有的人自尊心强一点,有的人弱一点;有的人同情心强一点,有的人弱一点;有的人有强烈的爱好或理想,有的人情感很平淡。为什么情感人人都有而强度会不同呢?其主要的原因是,由于各人所处的生活环境包括所受的教育不同。当一个人所处的环境和教育对人的影响特别强烈时,这个人的一个或几个情感经过无数次刺激(条件反射)的强化,就会变得特别强烈和敏感,长期以往这些情感就可能在一些事情上形成相对稳定的兴趣爱好或理想。除此,人的脾气性格有一定的遗传性,而脾气性格乃是人的某一个或几个情感经过几代人强化而形成的相对稳定的心理定势。

这也就是说,生活环境(包括道德教育)可以激发、强化人的情感。

生活环境包括自然环境、社会环境、社会文明、社会风气、道德水平、道德教育等。这位老先生与其他两位退休老人有着不同的经历。他20世纪50年代当兵,在部队表现突出,获得多枚奖章。后来长期在学校任教。我们知道,20世纪五六十年代,全中国,特别是部队和学校进行了大量的思想政治教育,极大地激发了人们热爱新社会、崇拜革命英雄、学雷锋做好事的热情。当时全国洋溢着革命的激情,军人和教师更是如此。他们的情感得到了强化,好胜心、正义感、自尊心和荣誉感特别强烈。正因为如此,这位老先生在那条街上,每当他看到那些贴在墙上或电线杆上的办证、治癌、治性病"秘方"之类的广告,就一肚子气。为了平息这股气,他每天不辞辛苦、不怕偏见地清除广告。

　　这使我重新审视思想道德教育的作用。突然发现,思想道德教育有两大作用:一是提高人们对事物的认识;二是激发人的情感。经常的激发可以强化人的情感,甚至形成激情。事实上,思想道德教育往往并不是单一的平静的说理,而多是配合大量的煽情性的活动。如榜样激励、英模报告、忆苦思甜、誓师大会、情景感化之类。激发和强化的对象都是人的情感。不同的是,一时或不切实际的教育激发起来的情感往往是短暂的,不会长久,会在其他需要的作用下慢慢冷静下来;而长期的切合实际教育的激发可以强化人的情感,使人产生激情,这种激情有时会使人达到狂热的地步。

　　人在充满激情的时候,激情起主导作用,人的享乐和生存等欲望就会退居次要的地位。此时,人们会不辞辛苦、甚至不怕牺牲地"时刻准备着"为自己所热爱的事业献出自己的生命。正因为如此,历史上才会有千千万万不怕牺牲、为人民事业奋斗的志士仁人。

　　让我们看看科学家、革命家、艺术家、思想家们的激情吧。

　　科学家对科学的兴趣和迷恋,正是好奇心、好胜心等情感的作用。人人都有好奇心、好胜心等情感,科学家更是有着"永不满足的好奇心"。美国一位作家在说到爱因斯坦时说,他的"好奇心像附体的魔鬼那样,驱使他去寻找真理的最后藏身之处"。而科学本身的奇异,对人们有着很

人性百题
科学家对科学的兴趣和迷恋原因何在?

第七章　情感需要是不图回报利他的根源

强的吸引力、诱惑力。许多科学家说,从事科学犹如探险,"充满着浪漫的气息"。大自然的神秘、事物的五彩缤纷、斗争的错综复杂,激发了人们的好奇心、好胜心等情感。于是,科学家对有些事物和问题的兴趣就渐渐地或突然地产生了。

有了兴趣,好奇心、好胜心就驱使人们去更多地关注和探索这些问题。随着接触的广泛、研究的深入,人们的兴趣越浓,研究的劲头就越足。而一旦有了发现,好奇心、好胜心就会被进一步激发,人们会急切地、忘我地去寻找真理。科学是无止境的,研究中还会发现更多、更美的东西。新东西层出不穷,吸引着科学家永不停息地研究下去,以致一些科学家如痴如狂,一直到生命的最后一刻。

许多科学家的生命不正是在书房、藤椅、实验室中结束的吗?达尔文在临终时说:"我难过的只是我已经没有力气把我的研究继续下去了。"似乎更令人不可理解的是,一些科学家为了不中断"我的研究",竟讨厌荣誉、头衔。居里在让他领取勋章时说:"我丝毫没有领取勋章的愿望,但我却迫切需要有个实验室。"1933年,诺贝尔物理奖获得者爱因斯坦移居美国,普林斯顿大学以当时最高年薪16000美元聘请他。他却说:"这么多钱,能否少给一点,3000美元就够了。"人们大惑不解,他脱口道:"依我看,每件多余的财产都是人生的绊脚石,唯有简单的生活,才是给我创造的原动力。"他一心所想的是研究的继续,他担心多余的钱会影响他的研究。

法国科学家居里夫人(1867—1934)是两次诺贝尔奖获得者。1897年她开始研究放射元素镭,继而成了她一生不懈的追求。她的追求源于她的好奇心和好胜心。当时,居里夫人在巴黎一所学校实验室工作,其丈夫、物理学家居里在该校任教。一次居里夫人在检验一种矿石时,发现其中有一种未知的元素,其放射性远远超过铀和钍,于是她和她的丈夫以极大的热情穷追不舍,经过一年多对铀沥青矿的分析研究,1898年12月宣布发现了镭。

紧接着,他们开始了更重要的把镭元素从矿石里提炼(分离)出来的工作。没有矿石原料,他们费尽周折、不辞辛苦地从外地弄来几吨铀沥青矿废渣;没有实验室,他们利用自己所在学校废弃的木棚。设备很差,经费不足,靠自己的决心和勇气。木棚雨天漏水,夏天闷热,冬天阴冷,如她所说"我们就是在如此恶劣的条件之下,拼命地干着"。为了不中断实验,他们整天待在实验室里,午饭常常是随便凑合一下,有时累得"像是散了架似的,连话都懒得说"。经过4年艰苦的工作,1902年他们终于提炼出一分克纯净的氯化镭。1903年,居里夫妇及贝克莱尔因发现放射性和放射性元素而共同获得诺贝尔物理奖。1906年丈夫居里车祸去世,居里夫人强忍着巨大的悲痛,以坚强的毅力继续她的研究。1910年终于提炼出了纯净的金属镭。1911年她获得了诺贝尔化学奖。

在《居里夫人自传》中,到处可见她强烈的激情、她的喜怒哀乐:"急不可耐地想尽快证实我的这种假设","极大的兴趣","有时候,我们夜晚也跑到木棚里去","惊诧不已","苦恼至极","高兴得跳起来","眼看令人满意的结果即将获得时,我们会激动不已,说不尽的欢欣鼓舞",当看到提炼出来的宝贝"那微微发光的身影",我们"感到无比激动和迷恋"。尽管研究非常辛苦,可她说"度过了一生中最美好最快乐的时光"。相反,她说:"如果放弃科学研究,对我来说,不啻是一种巨大的痛苦。"

居里夫妇在强大的激情驱使下,他们热爱自己的事业,不为名利,一心一意。他们不愿在自己的科学发现中获取任何物质利益,并反对接受任何荣誉。他们不仅把提炼出来的极其昂贵的镭无偿地贡献出来,而且把提取镭的方法公布于众(放弃专利)。在荣誉方面,她和她的丈夫都曾被提名授予法国荣誉骑士勋章,但面对种种劝诫拒不接受。他们把大部分时间用于无报酬的科研,甚至不顾自己的物质生活,弄到一度"生活难以为继",而且不顾长期的放射性毒气对身体的伤害,以致居里夫人死于白血病。

宋庆龄(1893—1981),是我们熟悉的伟大女性,她为中国的民主革命和新中国的建设贡献了一生。其中,她投身革命有一段惊心动魄的传奇经历。

人性百题

"投身革命"的激情是宋庆龄嫁给孙中山的主要原因吗?

宋庆龄生于上海,她成长的年代正是中国民主革命的热火熊熊燃烧的年代。他父亲宋嘉树(字耀如)在美国长大成人,浸透了民主主义思想,是孙中山的热情支持者和亲密战友。生活学习在这样的环境里,孕育了宋庆龄一腔为中国民主革命奋斗的激情。

宋庆龄7岁起,孙中山就是宋嘉树家的常客。孙中山的救国大志和奋不顾身的献身精神,在宋庆龄幼小的心灵便留下了深刻的印象,并常常感动不已。15岁时,宋庆龄偕妹妹宋美龄赴美国留学,接受了"欧洲式的教育",受到民主主义的洗礼。辛亥革命胜利后,18岁的她热情爆发,她扯掉墙上挂的清朝龙旗,踩在脚下,举起父亲寄来的共和国国旗兴奋地大喊:"高举共和国的旗帜。"几个月后,她写了《二十世纪最伟大的事件》一文,高度赞颂这场革命:"这一光辉的业绩,意味着四万万人民,从君主专制制度的奴役下解放了出来。"1913年,宋庆龄大学毕业,获文学学士学位。她怀着满腔的爱国热情和振兴中华的理想回国。她径直来到了流亡革命党人集中的东京,而在到达日本的第二天晚上,她就在父亲和姐姐宋霭龄陪同下,拜访了孙中山。当时,宋耀如一家住在日本横滨,宋霭龄担任孙中山的英文秘书。在随后一段时间里,宋庆龄又多次访问孙中山。她坚定地表示,愿意协助孙中山做革命工作。1914年9月姐姐要去结婚,宋庆龄正式接替姐姐担起了孙中山英文秘书工作,从此每天由父亲陪同前往。

在和孙中山一起工作期间,宋庆龄常常感到心中有一团火在燃烧。她在写给仍在美国读书的妹妹宋美龄的信上说,她开始了新的生活,"我从没有这样快活过。我想,这类事就是我从小姑娘的时候就想做的。我真的接近了革命运动的中心,我能帮助中国,也能帮助孙博士,他需要我"。这团燃烧的热火,使她和孙中山之间的感情迅速升温,并发展为爱情。宋庆龄富家小姐,妙龄少女;孙中山年近50,已有妻儿,没有财产,颠沛流离,充满风险。然而宋庆龄胸中那团"投身革命"的热火般的激情,使她对中国民主革命的领袖孙中山崇拜之至,而这崇拜之情又激发了她对孙中山真诚的、强烈的爱情。

宋嘉树听说庆龄竟与自己的老朋友相爱,大为震惊。1915年9月,他突然宣布全家(包括宋庆龄)立即回国。回到上海后,全家众口一词地劝说宋庆龄放弃与孙中山结合的念头。但是,宋庆龄态度很坚定,她反复说明自己的心已倾向革命。为了迫使她打消与孙中山结合的念头,宋家还匆忙地为她物色了一个名门子弟,并由宋嘉树宣布两人订婚。这使宋庆龄极为愤慨,发誓不与此人成婚,并坚定地宣布,除了孙中山,谁也不嫁。宋嘉树十分恼怒,于是将她软禁在阁楼上。

在此同时,孙中山在日本妥善处理了与原配夫人卢慕贞的婚姻。随后,孙中山请同乡朱卓文和他的女儿、宋庆龄童年时代的好友慕菲雅前往上海迎接宋庆龄。1915年10月中旬,宋庆龄会见了朱氏父女,他们带来了孙中山的信,面述了孙中山与卢慕贞协议分离的经过,出示了两人签署的离婚协议书。宋庆龄深受感动,她毅然决定离家出走,回到孙中山身边。几天后,她在女佣的帮助下偷偷地逃了出去,给父母留了一张纸条,随即偕同朱卓文父女登上轮船,10月24日抵达东京。第二天上午,与孙中山办理结婚手续,举行结婚仪式。宋庆龄晚年在给老友爱泼斯坦的信中说:"我母亲哭着,正患肝病的父亲劝着,他甚至跑去向日本政府请求说我尚未成年,是被迫成亲的。尽管我非常可怜我的父母,我也伤心地哭了,但我决不离开我的丈夫。"

宋嘉树发现女儿逃跑后,立即和妻子倪桂珍乘客轮赶往日本。可是,已经晚了,宋庆龄与孙中山的婚礼已经举行完毕。父母劝她离开孙中山,跟他们回去,她决然不从。后来,她父母也转变了态度,送给他们昂贵的结婚礼物。

宋庆龄离家私奔,震动了上海的上流社会。宋庆龄曾向美国女记者安娜·路易丝·斯特朗讲述过,"像我这种家庭的女孩子是从来不能解除婚约的"。可宋庆龄不屈服于世俗的观念,毅然决然地选择了革命和爱情,这需要多大的勇气。尽管,她为伤害了父母而感到痛苦,但再大的痛苦和压力也没有动摇她"求中国之自由平等"的决心。

婚后,孙中山给宋庆龄一份特殊的礼物,一把手枪和20发子弹,孙说,其中的 19 发是留给敌人的,最后一发留给自己。宋庆龄抱着一种必死的决心。婚后她不顾一切地拼命工作,与孙中山共赴危难。婚后不久,她在给好友阿莉的信中说:"我帮助我丈夫工作,我非常忙。我要为他答复书信,负责所有的电报并将它们译成中文。我希望有一天我所有的劳动和牺牲将得到回报,那就是看到中国从暴君和君主制度下解放出来,作为一个真正名副其实的共和国而站立起来。"1922 年 6 月 16 日凌晨,陈炯明叛变革命,炮轰大元帅府,在此危急关头,孙中山请宋庆龄先行撤离,而她却对孙中山说:"中国可以没有我,不可以没有你。"坚持自己留下,以分散和吸引敌人的注意力,掩护孙中山撤离。宋庆龄在孙中山安全脱险后,一直坚持到早晨 8 时,当叛军冲进总统府时,才在两名卫兵和一名副官的掩护下突出重围。随后,她又经过一天一夜的紧张奔波辗转到了黄埔,见到了孙中山。当时,宋庆龄正怀孕在身,由于紧张、奔波、劳累,她在脱险途中流产了,这导致她此后一直未孕。

  人在充满激情或情感爆发时聚集着强大的力量,以致整个人都被这种情感所控制。这势必导致这样的情况:人在充满激情的时候,常常会不辞辛苦、不顾一切,甚至不惜生命地去关心他人、关心公众的事业。前面说过,人可能会长期生活在激情之中,这种激情有时会十分强烈,以至愿意为某种事业献身。这种人如果被敌人抓捕,那么在对敌斗争中,好胜心、正义感、仇恨心、自尊心会被进一步激发,他们中的绝大多数人一定会不屈不挠、视死如归地与敌人斗争到底;如果投身战场,其情感一定会受到更猛烈的激发,他们一定会勇敢战斗,甚至不惜生命、壮烈而死。

  应该看到,人们对某些事业热爱的激情往往成为一种稳定的心理定势、一种理想和信念。正因为如此,在社会变革时代,总是会出现许许多多为真理而英勇斗争、不怕牺牲、可歌可泣的革命者。

  "生命诚可贵,爱情价更高,若为自由故,二者皆可抛"是我们熟悉的诗句,可这并不是一个人平静的遐想,而是一个革命者为理想而战的真情表白,它是伟大诗人裴多斐《自由与爱情》诗中的名句。裴多斐是匈牙利人,自17世纪以来,匈牙利一直受奥地利帝国的统治而丧失了独立地位。从少年时期起,匈牙利人民此起彼伏、争取自由的斗争就深深地影响了裴多斐。1847年秋,24岁的裴多斐与伯爵的女儿结了婚。此刻,欧洲大地已涌起革命洪流,匈牙利人民起义也如涌动的岩浆。蜜月中的裴多斐撇不下理想的事业,无法沉溺于私家生活,便写下了这首著名的箴言诗。1848年3月15日清晨,震惊世界的"佩斯三月起义"开始了,裴多斐当众朗诵了他的《民族之歌》。他决心"竭力用我的笔为祖国服务",在1848这一战火纷飞的年份里,裴多斐写下了106首抒情诗。1849年1月,裴多斐成为一名少校军官,他在写诗的同时又直接拿起了武器。1849年7月31日,裴多斐违背贝姆将军"特意叮嘱留下"的命令,参加了战斗,结果壮烈牺牲,永远地离开了22岁的妻子和1岁半的幼子。

> **人性百题**
> "生命诚可贵,爱情价更高,若为自由故,二者皆可抛"是许多革命者的真实情怀吗?

在中国辛亥革命和人民民主革命中,出现了邹容、陈天华、林觉民、秋瑾、向警予、方志敏、刘胡兰、江竹筠等许许多多英勇斗争、不怕牺牲的英雄人物。这些人生活在革命运动风起云涌的时代。在这个年代,帝国主义列强瓜分中国,清政府腐败无能,封建制度的落后和腐朽,人民的苦难,民族危亡,新思想的传播,敌人的欺诈和凶残,革命者的英勇,同胞的不觉醒,一个个不平等条约,一次次罢工、起义、学潮、战争等等大量的、多方面的层出不穷的事件,强烈地激发着人的正义感、好胜心、同情心、仇恨心等情感。在这样的刺激下,很多人产生了救国救民的理想,并决心为之奋斗。在此理想的驱使下,他们始终充满着革命的激情,不怕吃苦受累,不惜牺牲生命。

由此,应该相信在激情燃烧的时候,主观上"毫无自私自利之心"、客观上"毫不利己专门利人"的情况是完全可能的。

无数事实证明,一个家庭被邻居欺负,会激起其成员的不满;一个足球队被人蔑视,会激起其队员的自尊心和好胜心;同样,一个国家被别的国家蔑视、践踏、烧杀抢掠、肆意妄为,必然会激起广大人民的自尊、好胜、正义、复仇等情感,而这就是爱国主义情感。

20世纪初,民主革命宣传家陈天华,充满着革命的激情,在听到沙俄

第七章 情感需要是不图回报利他的根源

军队强行占领沈阳时,他顿足痛哭,并咬破手指写下血书,以唤起国人的觉醒。后来在日本,为抗议日本政府对中国留学生的管压和激励留日同胞团结对敌,他怀着一腔热血,投海殉国。

结婚是人一生中最神圣的事情,可对充满激情的人来说,常常会把激情与结婚联系在一起。1920年5月,中国共产党创始人之一蔡和森和向警予在法国捧着马克思的《资本论》拍了结婚照。此后他们为自己热爱的事业前赴后继、英勇奋斗,分别就义于33岁和36岁。

民主革命时期,黄花岗烈士林觉民为自己即将参加广州起义激动不已。但想到自己可能死去,在起义前一天晚上,他写下了《致父老书》、《禀父书》、《与妻书》三封绝命书,决意为拯救中国和人民而死,结果被俘。在敌人讯问时,他抑制不住满腔的激情,顾不得生死,发表演说,慷慨激昂,劝诫清吏洗心革面、革除暴政、建立共和。

共产党员、妇女领袖向警予被国民党反动派所杀害。在去刑场的路上,她无法抑制满腔的激情,不断地向着路边的群众时而演说,时而高呼革命口号。据《续西行漫记》记载:向警予"滔滔不绝地讲下去",宪兵们"在她嘴里塞了石头,又用皮带缚她的双颊,街上的许多人看了都哭泣起来"。到了刑场,她视死如归,继续她心中的呼喊:"同胞们,我是共产党员,我是向警予,反动派就要杀死我,可是,革命是杀不完的。同胞们,起来吧,反动派的日子不会太长了,革命很快就要胜利。"

应该想到,在大革命时期暴风骤雨的环境下生活,各种刺激铺天盖地而来,人的情感不可能不被激起。如果你坚持不闻不问,那么你不仅会受到人们的耻笑,而且必定受到来自内心的痛苦的煎熬。

我们应能理解:在革命战争年代,为什么一些出身豪门的人会放弃安定舒适的生活而投奔革命,那是因为他们的情感已被激起,革命的激情已在胸中燃烧。(1)好胜、正义、自尊和复仇的需要被激起。富贵子弟一般都是知识分子,见多识广,对真理、对精神生活有更多的追求。而当时正处于不平凡的战争年代,军阀混战,政治腐败,外寇入侵,民族危亡;共产党和革命人民救国救民,英勇斗争;革命知识分子一腔热血,投身革命;反动派欺压民众,反对革命,扼杀民主,诋毁真理,迫害革命者。这一切,不能不激起豪门中一些人的好胜心、正义感、荣誉感、爱和恨等情感。而一旦投身革命,他们的这些情感就会被曲折的斗争进一步激发;在斗争中,他们会逐步认识马克思主义的正确,封建制度的腐朽,帝国主义的凶恶,从而更坚决地斗争下去。我们知道,在充满激情的日子里,人被情感驱使着,面对艰难困苦、生命危险也无所畏惧,而这正是许多革命者英勇斗争、宁死不屈的真正原因。(2)好奇心被激起。大革命时代,革命的洪流,人民斗争的风暴,各种新思想、新观点的涌现,给人们展现了丰富多彩的生活,一些富门子弟免不了被强烈吸引。(3)同情心被激起。他们看到广大的劳动人民身受三座大山的压迫,以及革命者受欺凌、遭迫害,产生同情。

总之,周围的环境、革命的形势激发了他们自尊、好胜、正义、反抗、好奇、同情等情感需求,而封建社会的传统、道德、家庭损害了他们这些需求。如婚姻不能自主、行动不能自由、理想的追求受束缚等等。因而,他们痛恨封建制度,向往革命,当了"逆子"。

巴金小说《家》中的觉慧就是这样一个人物,他出生在四川省城一个大的绅士家庭(是北门一带的首富)。在这样优越的条件下,觉慧为什么会背叛家庭、投奔革命呢?物质需要的满足代替不了情感需要的满足。在当时的社会制度下,觉慧的很多情感需要是无法得到满足的。在封建礼教森严的家庭里,"就象关在监牢里当囚犯一样",没有人的尊严,没有思想自由、行动自由、婚姻自由,稍有违抗,就会遭到训斥、责骂或惩罚。在这种情况下,他的好胜心、正义感被激起,自尊心、好奇心、爱情等情感被压抑、被扼杀。

十多年来,他的心时常在惶恐、寂寞、忧愁和痛苦中煎熬。他渐渐地开始憎恨这个家庭,憎恨这个制度。当五四运动爆发,全国学生运动如火如荼地开展,新思想、新书刊《新青年》、《新潮》、《每周评论》等纷至沓来,"象火星一样点燃了他们的热情"。他毅然投入"家"外的学生运动:请愿、罢课、发传单和办《黎明周报》。

人性百题
巴金《家》中的觉慧为什么背叛家庭而投身革命?

火热的斗争生活"新鲜而有趣",给他带来了无穷的乐趣。不久,报纸的查封,祖父"不要放他出去"威严的禁令,又进一步地激发了他的好胜心,增强了与家庭和旧制度斗争的决心。他焦急万分:"外面的运动正闹得轰轰烈烈,我怎么能够安静地躲在家里不出去呢?"他呐喊:幸福"给人剥夺了","我要出去,我一定要出去,看他们把我怎样"。在另一些方面,被迫"做小"的婢女们的眼泪,大哥与梅表姐爱情的毁灭,梅表姐的悲惨命运,自己所爱的鸣凤的投河惨死,大嫂被逼在外难产而亡。他同情、伤心、悲愤、不满,流下了很多痛苦的眼泪。"一种渴望诉诸正义的感情"在他的体内践踏奔腾。他的"胸膛里好象炸裂似的"。他无法忍受了,决心与旧势力斗争到底。

终于有一天,他逃离了家庭,乘上了前往上海的轮船。可见,在当时的社会条件下,出生在豪门首富家庭,很多感情需要得不到满足。情感方面存在着无法解脱的难以忍受的痛苦。正因为如此,许多人情愿抛弃富足的物质生活,背叛家庭,去"走新的路",寻找新的生活。

人性百题

怎样理解一个大学教授的心里话"我不再为个人活着"?

2007年,香港凤凰台记者采访中国一位知名大学教授。这位教授在讲到她现在的情况时说,"我不再为个人活着"。她爱上了中国古诗词,在大学里教授研究生,在国内外讲学。她非常热爱古诗词传播事业,决心为此奋斗终身。我以为,这位教授说的是真心话。她已为老年,此时她吃、用不愁,声名已有,确实不需要再为个人的物质生活和名誉活着。可她要为激情而活着。她的激情是为古诗词传播事业奋斗的激情,为古诗词传播事业奋斗是利他的;另一方面,激情的力量是强大的,在这种激情驱使下她不得不为之奋斗,因为只有这样,他才能获得快乐,避免痛苦。

在此,顺便说一下,满腔激情的人与没有这种激情的人,对生活的态度、人生观、价值观是不同的。所以道德教育不能用激情者的言行来要求没有这种激情的人。激情产生于一定的环境,没有一定的环境就不可能有这种激情及相应的人生观、价值观。比如,上面说到的陈天华、林觉民、向警予等英雄人物,他们的英雄行为产生于国家危亡的大革命年代。

在和平年代,不管如何教育,也不可能产生他们那样的激情。

显然,以上这些利他行为都是不图回报的,可同样显而易见的是,这种利他也是在满足自身的情感需要。这里,他人的欢乐、利益和幸福虽然是行为者的目的(尽管有的是自然界的意图),而本质上是自身的爱、尊重、好胜、好奇、爱美、同情、正义等情感被激起时的快乐、痛苦的感受在支配自己的行为。

对此,我们应认定这样一个真理:做与不做能使人的情感跌宕起伏的事情,一定有情感需要在起作用。情感上跌宕起伏的过程必然伴随着生理上运作、变化的过程,而心理上和生理上之所以有这样的变化,必然根源于人的机体需要。

应该相信,科学家、艺术家等在情感领域工作的人,一般都有强烈的情感需求,他们往往特别注重情感需求的满足。大凡科学家,尤其是伟大科学家都是十分热爱自己所从事的科学事业的。用马斯洛的话来说,他们是些"自我实现的人"。在他们那里,工作和娱乐之间通常的习惯上的分裂已完全被超越了。他们的工作就是娱乐,娱乐就是工作。

再说"帝企鹅"的孵化行为,它们表现出来的精神似乎比人类的母爱还要伟大,但从本质上看,它同人类一样,乃是神奇的自然界为了物种繁衍,在机体上安装的"爱子的需要"在起作用。既然是需要,机体内在就有一种力量驱使你这样做,做了愉快,不做痛苦。

情感这个东西是很奇特的,当你没有触及它的时候,它是平静的,而当你一旦不停地去触及它,它会愈演愈烈。而一旦"烈"了,就难以平息,突然冷却是痛苦的。这种情形在生活中也是常见的。人在打牌、作画、游戏到了来劲的时候,就是平时人们常说的"感情上来了"、"在兴头上"的时候。此时,让他突然停下来接电话或去做事,他会烦躁、生气,甚至会骂人的。

19世纪中叶,俄国作家陀思妥耶夫斯基因反对沙皇政府,被判服苦役4年。其间,不许其写作。他非常痛苦。在给哥哥的信中,他说:"如果不许我写作,那我就会死亡。我可以在牢里关上15年,但求手里能握起一枝笔。"

在有些人看来,一些科学家、革命家之所以热爱科学、热爱革命,是由于树立了造福人类的崇高思想。他们不懂得:道德可能使人们下决心去学习一门科学,但决不能使人直接产生对这门科学的热爱。科学家对科学的迷恋,一定是出于对科学本身的爱,而这种爱来自人自身的情感需要。对于革命家来说,确实会把"革命成功"、"人民幸福"、"国家富强"作为奋斗目标的。但这只是他们坚持真理、追求理想所要实现的目标,是追求真理、追求理想的一部分,是他们为激情奋斗的一种表现,而不是他们自身直接具有的或通过教育直接产生的需求。他们如果没有好奇、正义、好胜、同情等情感需要,那么就不可能有这个目标。总之,不图回报的利他根源于自身的情感需要。

记住,情感被激发有时会产生热衷于某事物或事业的长时间的激情,这是我们应把握的极其重要的情感的特点,把握了这个特点,就能把握很大一部分利他行为的根源。

六、情感爆发而利他

最后,在行为动因的迷宫内,还隐藏着一个最难解开的难题,即舍生忘死的英雄行为的根本动因。这可谓是最大的难题。几千年来,"人不为己"论者在此挂上了沉重的铁锁,"自爱"论者在此也望而却步。人们常常发问:这些英雄连生命都不顾,他们的行为还会与自身需要有关吗?

应该看到,情感还有个特点,就是爆发性。心理研究表明,人的情感需要的强烈程度是可变的,在连续的刺激下,情感会越来越强,甚至爆发。两个人吵(打)架会越吵越凶,怒不可遏,以致杀人。在激烈的足球比赛中,人的情感如烈火燃烧,怒吼、争吵、有意冲撞、打人或报复的事时有发生。2005年10月25日《北京晚报》报道,一位经常审理命案的刑事法官,对屡屡发生的"激情犯罪"(因一时感情冲动而杀人)作出分析:三

人性百题
什么是"激情犯罪"?

分之二的命案都是激情犯罪,比如情杀、酒后杀人、想教训一下对方结果失手杀人。这些犯罪只是瞬时心理失衡而导致犯罪。研究显示,人进入激情状态后,大脑机能几乎完全被情绪所控制,主观意识仅指向与自己情绪体验相关的事物,理智程度不同地丧失,不能控制自己的行为,也不能预见到行为的后果。

应该相信,战场上的情况更是如此。此时,将士们的勇气主要并不是来自道义,而是来自被激起的现实的汹涌澎湃的情感。

在中国,电影《英雄儿女》是家喻户晓的,片中那个高呼"向我开炮"手握爆破筒与敌人同归于尽的王成,更是感动了一代又一代人。王成的形象并非虚构,他是中国人民志愿军在抗美援朝战场上英雄事迹的再现。影片中"向我开炮"的事迹,取材于1953年的一篇题为《向我开炮》的通讯,此文记载的是志愿军23军的于树昌和蒋庆泉的事迹。

人性百题
在抗美援朝战场上真有王成"向我开炮"那样的英雄吗?

1953年4月,在第三次攻打"三八"线附近的石岘洞北山战役中,23军67师201团步话兵蒋庆泉面对几乎攻到面前的敌人,向指挥所连连呼叫"向我的碉堡开炮"。23军《战地报》记者洪炉听说这一情况,立即找到当时在指挥所与蒋庆泉直接通话的两名战士陆洪坤、谷德泰,随后完成了一篇战地通讯《顽强的声音——记步话机员蒋庆泉》。结果蒋庆泉没有死,炸昏以后成美军俘虏。按照规定,凡被俘者不予宣传。通讯没有发表,但蒋庆泉那句"向我开炮"的惊天呼喊在军中迅速流传。另一场战役是,1953年6月29日晚,于树昌所在部队23军73师218团,为了配合金城主攻方向作战,对无名高地之敌进行反击。战斗中,步话机员于树昌看到冲过来的敌人,喊出了:"敌人上了我的地堡顶,开炮!向我开炮!为了胜利,向我开炮!"随后,于树昌砸碎了步话机,拉响最后一颗手榴弹,壮烈牺牲。根据这两人的事迹,洪炉和时任67师宣传干事的田镜波写出了《向我开炮》一文。上世纪60年代,这篇报道被《英雄儿女》的编剧毛烽和导演武兆堤发现,又结合了英雄杨根思抱着炸药包与敌人同归于尽的情节,塑造出了王成的英雄形象。

多少年来,老作家洪炉一直在寻找活着的"王成"蒋庆泉。21世纪初他在网上写了一篇《呼唤"王成":你在哪里?》的文章,2008年9月陆洪坤(蒋的上线台)通过这篇文章找到了蒋庆泉。不久,洪炉、陆洪坤和蒋庆泉相聚。

原来,蒋庆泉于战争结束后不久回到了家乡——辽宁省锦州市大岭村,从此一直默默无闻地生活在这里。近几年,由于洪炉和陆洪坤这两位当年的亲历者站出来为蒋庆泉"王成般的英雄事迹"作证,多家媒体跟踪报道了此事。

有一天,蒋庆泉和陆洪坤一起回忆了那段在心中深埋了50多年的历史。在朝鲜战场上,每一块阵地都被反复争夺,"人肉堆成山"。1953年4月18日,蒋庆泉和陆洪坤所在的23军67师201团5连接到攻占石岘洞北山的命令。出发前,连长便开始指定若他死后谁来指挥,一直从排长指定到了年岁最小的一位班长。攻山战斗中,165人组成的加强连,已经只剩下十几名战士,连长阵亡,排长阵亡,班长阵亡。蒋庆泉看着战友一个接一个地扑通扑通地倒下去,一个拦着蒋庆泉不让他出碉堡的战士,头被打碎了,胸口也喷着血。此时此刻,蒋庆泉热血沸腾。陆洪坤至今仍记得,当年步话机中蒋庆泉的嘶吼声,最后他不喊暗语了,直接喊"向我碉堡顶上开炮"。陆洪坤问,那你怎么办,他说你别废话,向我开炮,向我开炮!然而由于我方弹药供给出现了问题,蒋庆泉并未等到他要的炮火,他负伤被俘。

可想而知,在紧张激烈的战场上,战友的牺牲、敌人的凶残、战情的紧急、浓烈的战争气氛等等会强烈地刺激人的好胜心、好奇心、复仇心、自尊心、正义感等情感,以致爆发,如通常所说"打红了眼"。此时,他们激情满腔,根本没有死亡的恐惧,心中最强烈的控制一切的欲望是杀敌、报仇、胜利。据当年第十五军编撰的《抗美援朝战争史》记载:"上甘岭战役中,危急时刻拉响手雷、手榴弹、爆破筒、炸药包与敌人同归于尽,舍身炸敌地堡,堵敌枪眼等成为普遍现象。"

生命对任何人都是最重要的,但这并不是说人对生命的欲望,任何时候、任何情况下都最强烈。肉体的疼痛是人们经常感知的,而且是现实的,而谁体验过死亡的痛苦呢?因此,人们在情感燃烧的时候,将生命置之度外并不奇怪。

有人说,革命者的英雄行为完全是由崇高思想决定的,而与自身需要无关。应该看到,人求生的机制表现为对死亡的恐惧,任何有意放弃自己生命的行为,一般来说都有个感情蕴育过程,而不是简单的、突然发生的。献身不是受了教育就能"时刻准备着"的,而是情感爆发后的由情感引发的行为。试想,如果把一个革命者直接送到敌人阵前,他没有置身于激烈的战场,没有感情的激发过程,他会立即做出舍命斗敌的壮举吗?

如果说革命者的英雄行为出于崇高思想而与战场情况无关,那么按同一比例,激烈战场上不怕牺牲的人与在长期牢狱生活中意志坚强、不怕牺牲的人应该是一样多。可这在实际生活中是绝不可能的,前者比后者多得多。这是因为,在激烈的战场上,人虽有生存、享乐等需要,但被强烈的情感控制的大脑没有可能去考虑这些;而在狱中则不同,一方面他们年复一年的忍受着孤独、没有自由以及肉体受折磨的痛苦,另一方面,他们有足够的时间、充分的理智,平静地去考虑死的可怕、生的幸福、爱情的甜蜜、老人和子女的期盼等等。再说,人在战场上的激情往往比牢狱中的激情更强烈,更不怕死。

至于英雄行为与个人道德觉悟的关系。前面我们说过,这种人在长期的道德教育和环境影响下,道德成了自尊的警示牌,情感已被激发,并有了满腔的激情。因而,这种人的正义感、荣誉感、同情心等情感比一般人强烈。正因为如此,这些人一触即发。

再说,不怕牺牲的情况,人世间是普遍存在的,并不为革命者所独有。我们经常可以从电影、小说和历史书籍中看到。这当中有农民、无产阶级、地主、资产阶级、甚至还有一些反动人物。二战时期,日军大肆宣传武士道精神,极大地激发了人的好胜、自尊、仇恨等情感,致使很多青年产生"为国捐躯、以死为荣"的信念。正因为如此,在1945年日军同美军的战斗中,几千日本青年士兵报名驾驶"死亡飞机",同美军拼命。

可见,战场上不怕牺牲的行为是情感爆发所致,是情感爆发后极其强烈的情感的驱使。

说到这里,应该看到:

第一,不图回报的纯粹利他有三种情况:1.在满足情感需要时,表现出一种不图回报,不顾个人的劳苦、健康和金钱去关心社会和他人的利他行为,如母爱、情爱、自尊心、同情心、正义感等情感满足时。2.情感需要被激发产生利他的激情,形成某种有利于社会的强烈追求,甚至有些人长时间地处于激情之中的情况,如革命家、科学家、艺术家的行为。3.情感瞬间爆发而利他,如战场上的英雄。

第二,人在充满激情或情感爆发时聚集着强大的力量,这常常导致一些人会不辞辛苦、不顾一切、不图回报,甚至不惜生命地去关心他人或公众的事业;这种不图回报的利他,主观上不为自己,客观上根源于自身的情感需要。一切主观上不为自己的行为就是不图回报的利他行为。

我们终于找到了不图回报利他的原因,这为科学认识人行为的根本动因,为彻底解释人的全部行为提供了依据。

七、真实的人性

关于人性,长期以来人们一直争论不休。很多人把人区别于其他动物的理性作为人性,把残害人的行为称为"没人性"、"灭绝人性"。其实,真实的人性只有一种,那就是机体上存在着决定人欲望、追求、行为和生死的核心的东西。试想,人性如果是一些没有决定作用的东西,那还有什么意义。前已证明,机体需要是人的主宰,是人的一切行为的根本动因。无疑,机体需要就是这个核心的决定性的东西,就是人性。

动物界,不同动物之间总是有区别的,可这种区别只是外貌形态、生存方式和生存能力方面的区别,而不是受不受机体需要这个核心东西决定的区别。比如,老虎与绵羊、狐狸与鸡之间在体型、性情和行为特征上是有区别的,可它们在机体上存在需要、受机体需要主宰这一点上是没有区别的。它们的目标都是满足机体需要,一切特征都是为目标服务的。所以,如果把区别于其他动物的某个特征作为虎性、羊性、狐性、鸡性,那是拣了芝麻丢了西瓜。

人性必然会表现在人的追求上。那么,人追求什么呢?当然是追求自身机体需要的满足。机体需要是自然界在人体上设置的,目的是让个体担当起自我生存、人种繁衍和维护群体稳定的任务,为了达此目的,神奇的自然界使机体需要与强烈的快乐、痛苦的感觉紧密相连。满足了就快乐(或避免了痛苦),不满足就痛苦。这样,在这种感觉的驱使下,人的全部追求就是满足自身的需要,满足了就担当了、就保证了自己的生存、物种的繁衍和群体的稳定。

至此,我们终于对人性有了清楚的认识:

站在你面前的每一个人,其机体已经被自然界输进了用于自我生存、人种繁衍和群体稳定的若干程序,其中有一种程序是决定性的,那就是与快乐、痛苦的感觉紧密相连的机体需要,机体需要是人内在的根本动力,是人一切行为的根本动因。

个体生存、人种繁衍和群体稳定是人的全部目的;人的机体上存在着用于实现此目的的种种需要,这些需要包括生理需要和情感需要,它们的满足情况反应为强烈的快乐或痛苦的感觉;机体需要是人内在的根本动力,动力是人的核心;在快乐、痛苦的驱使下人全力追求机体需要的满足,这就是人性。

人性的具体内容包括:人的机体上不仅存在着多种生理需要,而且存在着多种情感需要;这些需要都与快乐、痛苦的感觉紧密相连,每一种需要的满足情况都反应为快乐或痛苦,这种反应既强烈又敏感,有的还特别强烈、特别敏感;每一需要在一定情境下都会有自己的特殊的反应;快乐、痛苦是人内在的直接动力,机体需要是人内在的根本动力,动力是人的核心,动力决定人的一切行为;动力的目标表现在欲望上,就是追求机体需要的满足;自然界在人的机体上既设置了个体生存方面的需要,

人性百题

人性中有利他的一面吗？

又设置了用于物种繁衍和维护物种生存秩序方面的需要，所以人性中既有自私（自爱）的一面，又有利他的一面。

人性中的自爱，决定于人的全部机体需要，一方面人不得不为满足自身生存方面的需要而奋斗；另一方面不得不为满足繁衍和群体稳定方面的需要奋斗，尽管这对自己的生存无用，但满足了就能获得快乐或避免痛苦，不满足全是痛苦。可见，人的一切行为本质上都是为了获得自己的快乐和解除自己的痛苦。应该说，这也是一种利己。

人的利他是人的本性使然。人有性需要以及母爱、情爱、同情心、正义感等情感需要，满足这些需要对个体的生存不仅没有好处，而且还大量地消耗肉体、财富和精力。可这是自然界的意图，自然界在人的机体上设置了这些需要，就是让人为了人种繁衍和维护群体稳定作出牺牲的。

显然，我"利他是人性一部分"的结论与以往截然不同。历史上有许多人认为人性中有利他的一面，尽管这些人若隐若现地看到了事情的本质，但由于历史条件的限制，他们只是从自爱推出利他，或作一般地直观分析，而无法用自然选择发现利他的本源。

把握了人的机体需要和基本欲望，就把握了人性。把握人性，是人制定方针政策、教育人、管理人、服务于人、做人的工作、与人交往和追求个人幸福的根本；把握了人性，就把握了一切有关人的事情的本质。

为了更好地把握人性，我们不妨作一点具体分析。

分析一：2010年10月全国出现"血荒"。11月7日，中央电视台法制频道大家看法"我建议"栏目，组织一场"如何走出'血荒'"的讨论。嘉宾主要有大学教授、公共问题专家、红十字无偿献血志愿者协会会长、媒体特约评论员方面的4位知名人士。讨论主要围绕"献血是靠爱心，还是靠激励"而进行。

中国传媒大学的一位老师介绍，对无偿献血的学生，学校给50元的代金券充进饭卡，还有加分鼓励，献血加20分，这个分影响学生的评奖评优（如奖学金、荣誉称号）和保研（保送研究生）。另一个单位介绍，给无偿献血者发毛绒玩具等纪念品。还有一个单位,给无偿献血者一定的物质奖励和休假。

对此,有三种意见,一是赞同适当的物质激励和精神激励,他认为多数人献血是与激励机制有关的。二是提倡精神鼓励,反对物质补偿,他认为物质补偿对无偿献血是有害的。三是从"人应该有爱心"、"无私的爱心"的观点出发,反对各种好处的激励(包括精神鼓励),认为献血应该是无偿无私的,不应该与利益、好处相联系(连高校给献血学生50元营养费和记20素质分也不可)。他说,这是利益驱动,不是爱心,是为了换个什么;爱是奉献,不是回报,"别谈激励"。他认为,物质补偿是"毒药",是对爱心事业的毒药,只要有一分钱在里面,都是一点毒药。

我认为,把"人应该有无私的爱心"作为国家献血工作的原则,是不懂得人性。对献血者来说,出于无私的爱可能有三种,一是出于母爱(给自己的孩子献血);二是出于同情;三是出于热心献血(即献血已成为自己所热衷的事业)的激情。人的任何行为都应有根据,这个根据就是与快乐、痛苦的感觉紧密相连的自身机体的需要。这就是说,要看人们有没有某个行为,就看"做与不做这个行为",他们有没有快乐、痛苦的感觉或有没有自身名利考虑。有,就有这方面的行为;没有,就没有这方面的行为。就献血而言,一个人如果亲眼看见一个病人生命垂危,急需输血,不献会感到痛苦,那他就会去献血,这个行为的根据是人的同情心;如果一个人只是见到了街头"无偿献血车",不献血既没有什么不安(同情心需要情景刺激),也没有考虑什么名利,那他就不会有献血的行为,因为这里没有"献血"的根据。把献血作为一种事业而充满激情的人是有的,但这种激情不是思想的光辉而是自身多种情感的聚集,再说有这种激情的人是极少数。如果谁硬说献血是出于与自身需要无关的爱心行为,那么这个行为只能是想象的行为,而不是真实的人的行为。一位被临时请到讨论现场的血站站长说得好:"不要把个人的献血提高到无私奉献的角度。"

如何走出"血荒"?我认为,应该从人的内在需求上进行驱动、激励,

人性百题
走出"血荒"能靠"爱心"吗?

最好的办法就是我国多年一直采取的把"献血任务到单位"的做法。这一做法好处是，单位有了任务，领导会重视，因为这直接影响领导的利益和面子；个人被选派，不去献血会受到领导和群众的非议，这个非议则会直接影响被选者的利益和面子。可见，这里主要是利益和面子在起作用。当然，在"任务到单位"的基础上，我提倡给献血者适当的物质激励和精神鼓励，比如表扬、荣誉证书和纪念品，有条件的单位也可以发一点营养费，以示关心慰问。另一方面要大力宣传"无偿献血是每一个公民应尽的义务"，使其成为自尊的警示牌。

分析二：人性经常纠缠在人际交往中，所以与人打交道实际上是与人性打交道。卡耐基说得好："我们要记住，跟别人相处的时候，我们所相处的不是绝对理性的动物，而是充满情绪变化、成见、自负和虚荣的东西。"[1]正因为如此，为人处世并不是读一本书，而是要把握人性，这就注定它是一门要下功夫研究和实践的科学。

那么，怎样为人处世呢？

> 人性百题
> 为人处世的基本原则是什么？

有个亲戚问我："我与人相处不会说话，你说我该怎么办？"我对她讲，说具体的很复杂，关键是要把握为人处世的基本原则，这个原则就是：让人高兴，起码不要让人不高兴。

为人处世主要是涉及人性的情感部分，其中最主要的是人的自尊心、仇恨心、好胜心。我们最需要把握的是，人有自尊心，特别爱面子，一旦自尊心受到伤害就会引起仇恨心，就可能进行报复。应该明白，让人高兴、别让人生气是搞好人际关系的前提。人在生气的时候常会产生敌对心理，这种心理力量远大于一个人对他人才能、表现或意见的理智判断。还有，人人都有情感，要让他人高兴就必须克制自己的情感，耐得住自己的性子，忍得住自己的痛苦。没有这些准备是不可能搞好人际关系的。要想个人有前途、事业成功、家庭和谐、心情舒畅就得作出牺牲；要图一时痛快就不要抱怨人生不如意，两者必居其一。

---

[1]《人际关系大全集》，第7页

中国也讲处事哲学和人际关系,但大多是不切实际、远离人性,而且受左的思想影响严重。对别人的缺点错误强调"要勇于批评"的"斗争哲学",对迎合他人喜好的做法则贬为"拍马屁"。这里,我给大家隆重推荐我特别信奉的"卡耐基为人处世学"。戴尔·卡耐基是美国成人教育之父、著名心理学家和人际关系学家。20世纪30年代他的《人性的弱点》等书问世至今,已经成为出版史上"最持久的畅销书之一",世界上几十个国家出版过这些书。其中,"与人相处的基本技巧"和"为人处世的12条原则"最受欢迎。卡耐基讲述的为人处世之道,有两个特点,一是始终围绕"人的本性"作出分析,二是用事例说话、生动有趣、通俗易懂。

下面,结合我的观点把卡耐基讲得最多的两条为人处世之道介绍给大家:

1. 满足他人的自尊心。卡耐基把"不要批评、指责或抱怨别人"作为为人处世的"第一条原则"。他说:"指责对方,无论你用什么方式:一个眼神,一种语气,一个手势,或直接说他错了,其后果都是一样的。他绝不会认同你,他感到他的智慧、判断力、骄傲和自尊心都受到了你的打击,于是,他会反击,而不是他改变意见。即使你运用柏拉图或康德的哲学逻辑也没用,因为你让他受了伤害。"当然,一定的批评有时是必要的,怎么办呢?卡耐基讲了两个办法:一是先表扬后批评;二是先说自己的错(缺点或不足)后说别人的错。其原理,我以为,人的自尊心实际上是在维护自己的地位,直截了当的批评会使他感到地位全无,先表扬后批评一正一负地位还能保全;只说他的错,他感到地位低于你,先说自己的错后说他的错,我错你也错,地位平等。这样,他就不会感到很丢面子。当然,这两种办法都要建立在态度诚恳、言语委婉的基础上。

人的自尊心十分敏感,要不伤害他人自尊心必须时时处处谨慎小心。要给人留面子,给人台阶下;不要用命令的口气,而多用商量、请教或建议的口气;不要在别的母亲面前大夸特夸自己的孩子。

卡耐基还就许多人喜欢"争论"、"抬杠"这个问题,进行了大篇的论述。在他看来,争论就是在争我对你错、我胜你负,这既直接伤害他人的

人性百题

先表扬后批评和先说自己错后说他人错为什么不会得罪人?

自尊心,又刺激人的好胜心。他举例,在一次宴会上,一位客人在交谈时引错了一句话的出处,卡耐基立即作了纠正,客人不服,于是争论起来。坐在卡耐基旁边的他的朋友用脚碰了碰他,然后说是卡耐基搞错了,那个客人是对的。在回去的路上,卡耐基问朋友,明明是我对了你为什么说我错了。这位朋友承认卡耐基是对的,但他说:"亲爱的戴尔,我们都是作为客人去参加宴会的,为什么要指明是他的错误呢?那样他会对你有好感吗?为什么要让他丢脸呢?他没有问你,而且也不需要你的意见,为什么要和他顶嘴呢?要永远避免和他人面对面地对着干。"是的,"在争论中没有赢家"。争论就是争我对你错、我胜你败,这是人的好胜心所不容的,不服输是好胜心决定的。再说,争论中双方都会片面地强调和寻找对自己有用的东西,这样越争就越会偏离真理,所以一旦争论起来常常会争个脸红脖子粗。还有,你如在争论中伤害了他人的自尊心,他就会对你产生怨恨,此时即使占了上风你也输了。正因为如此,卡耐基为人处世的一个重要原则就是"永不争论"。

2. 迎合他人的心理需要。人有尊重的需要,目的就是追求和维护自己的社会地位,它表现为爱面子,害怕批评责备,喜欢表扬称赞。批评责备是否定和降低人的地位,表扬称赞是肯定和提高人地位。所以,为人处世要迎合他人的自尊心,多表扬赞美。"看到别人的优点,给予真挚诚恳的赞赏"是卡耐基为人处世之道的"第二项技巧"。人人喜欢赞赏,人人受了赞赏都会开心,都会对赞赏他的人产生好感。卡耐基介绍著名企业家史考伯的为人处世之道。史考伯说赞赏和鼓励是我的"最大资本",用它能够有效地激发职工的热情,"在这个世界上,上司的批评最容易扼杀一个人的雄心壮志"。"因此我更加乐于称赞,而讨厌指责挑剔。"卡耐基讲了一则"太阳和风的故事"。有一天,太阳和风打赌,看谁能把"那个穿外套的老人"的外套脱下来。于是,风开始猛烈地刮起来,越刮越猛,可越刮老人把外套裹得越紧。最后,风太累了,不刮了。这时太阳露出笑脸,和煦地照耀着老人。老人热得出了汗,主动把外套脱了。于是太阳告诉风,友好的温暖比冷酷的凶暴更管用。

与人交往，应尽可能地不打断他人的话，打断就是不尊重，就会招来不满。这是因为，交往中的语言常常是附着情感的。一个人在兴致勃勃地讲述自己开心事的时候，或在自豪地向他人介绍自己的光荣历史或业绩的时候，或在满腔激情地向他人介绍自己的观点、意见的时候，或旅游归来、眉飞色舞地介绍自己的所见所闻（好奇心、爱美享受的继续）的时候，或向人诉说一肚子委屈的时候，此时此刻是他正在享受快乐或释放痛苦的时候，打断就是阻止他享受快乐、释放痛苦。我们应该当一个耐心的倾听者，倾听就是对他人的尊重和关心，就是让他人快乐。

第八章
机体需要是道德行为的最终基础

> 对人的行为特别是具有公益性质的行为，我们应多看结果，别去看它的动机；献血就是为社会做贡献，你管人家为什么献血（有人说明星献血是炒作、作秀），不要去讲人家的动机。
>
> ——顾骏（上海大学教授）

自有人类以来,道德就与人相伴。不管你是否认识它,爱它还是恨它,它总是出现在你的左右。时时处处约束、指导和困扰着你。

在一段很长的时间里,中外的道德教育总是要人们相信,道德是专为改造人的本性,净化人的灵魂,克服人的私欲而被制定出来的;道德就是要人完全彻底地行善、利他、关心集体和热爱国家,而为个人、追求个人幸福是不道德的,是可耻的。

一、物质利益并不是道德的最终基础

历史唯物主义从社会经济关系上寻找道德的根源,得出了如下结论:道德是调整人们之间以及个人利益和社会整体利益之间关系的行为准则和规范;道德根源于社会物质生活条件,物质利益是道德的基础。应该肯定,这个观点是正确的,它否定了把道德归结为人的"内心活动"、"主观意志"或"善的理念"、"神的意志"的观点,也否定了道德来源于人的感情和理智的认识,这是道德学说的伟大进步。

但是彻底的唯物主义者对道德的认识不应到此为止,在我看来,"社会物质生活条件决定道德"的观点并没有最终解决道德的根源问题。研究人的问题不仅要着眼人的社会,而且要着眼于人的自然。我们永远不要把人的自然撇在一边,人不仅是社会的,而且首先是自然的。对人来说,社会并不是最基本的东西,它只是作为人类进行物质生产的组织形式或联系方式建立在人的自然之上的,自然才是人最基本的东西。

在一般的意义上,说物质利益是道德的基础是对的,但千万不能把物质利益看作是最基本的东西。人要物质利益干什么？是为了满足机体上的种种需要。人的机体上如果没有需要,就不会需要物质利益;没有物质利益,就不可能有社会;没有社会,也就不需要道德了。本质上,道德离不开人的机体需要。《你不可不知的人性》一书说:"过去人们都说欧洲人有礼貌、有教养,但是看二次世界大战的纪录片,当面包有限的时候,人们就不再排队,他们推、打、抢,好像野兽。"

为了弄清人的自身需要与道德的关系,我们必须从头谈起。

首先,应该弄清楚:道德是怎样产生的？人要道德干什么？

人在自然界中生活,自身机体的种种需要驱使人们必须进行物质生产,而进行物质生产就必然在生产中形成一定生产关系(包括生产资料归谁所有、人与人在生存中的关系、劳动产品如何分配)。生产力决定生产关系,生产关系反作用于生产力。这种反作用是说,生产关系的好坏直接促进或阻碍生产力的发展。因此,在一定的生产关系建立之后,维护这种关系,就成了保证生产发展的决定性的事情,而一个社会的物质生产是否得到发展,直接影响整个社会的物质利益,从而最终影响每个人的利益。所以维护一定的生产关系是社会的大局,也是每个人的大局。

然而,维护生产关系并非易事,人面对着重重的困难:一方面,每个人都有强烈的满足自身需要的欲望,物质条件匮乏始终不能完全满足人的需要,在相当长的时间里,社会还不可避免地存在着剥削、压迫和不平等,社会十分复杂。另一方面,人的认识能力有限,常常并不能认识个人利益和社会利益的关系,认识不了社会这个大局。这样,个人利益与社会利益之间,必然时常会发生种种矛盾和冲突。这些矛盾和冲突,直接影响社会的稳定和生产的发展。如果任其发展下去,必然导致社会混乱、生产停滞、田园荒芜。最终,不仅他人无法生活,而且自己也无法生活。因此为了减少社会矛盾和冲突,维护一定的生产关系和社会的整体利益,人们不得不制定并遵守种种约束人行为的规范,这样道德就应运而生了。

是的,人们制定道德的直接目的不是个人利益,而是为了维护社会的稳定,为了社会整体的利益。这就是说,道德并不是直接建立在个人需要的基础上,而是建立在人们共同利益的基础上,道德就是要求人们服从大局,把社会利益放在第一位,关心他人、关心国家和社会的利益。无疑,这是十分必要的。

但是,我们应当清楚,人们制定道德的根本目的是为全社会每个个人的利益和幸福服务的。对于个人来说,只有社会稳定和发展才有个人的利益和幸福,这样,服从大局有利于小局,关心国家和社会的利益有利于更多地获得个人的利益,而人们对于个人利益的追求根源于人的机体的需要。所以,道德最终归于个人的机体需要之上。从另一个方面来说,人们正是基于有利于个人利益才制定和遵守道德规范的。

二、 道德与欲望关系的历史考察

历史上,除了封建社会,人们在道德上并不隐瞒个人的欲望和个人对幸福的追求。

奴隶社会时,人们在制定道德时,明确地把道德与个人利益联系在一起。反映公元前8世纪的希腊社会生活的赫西阿德史诗《田功农时》,把"劳动"作为美德。赫西阿德告诉人们,"神与人都厌恶一辈子懒洋洋的人",你该留心把工作做好,"那么,麦子熟时,你的仓库就充满谷物,人只有劳动才能获得畜群,获得财富"。[①] 古希腊雅典极盛时期,思想家伯利克里(约前495—前429)把为国家利益英勇作战作为雅典人的道德要求,又把这种道德要求直截了当地建立在对个人利益的关心之上。他强

---

① B·C·塞尔格叶夫著:《古希腊史》,高等教育出版社1955年版,第149页

调国家是个人自由幸福的保证,国家的兴衰与个人利益有着密切的关系。在一次民众集会时,他说:"每一个人在整个国家顺利前进的时候所得到的利益,比个人利益得到满足而整个国家走下坡的时候所得到的利益要多些。一个人在私人生活中,无论怎样富裕,如果他的国家被破坏了的话,也一定会牵入普遍的毁灭中;但是只要国家本身安全的话,个人有更多的机会从私人的不幸中恢复过来。"[1]当时,希腊城邦国家有一种普遍流行的道德观:一旦城邦灭亡,个人不仅财产会丧失殆尽,而且会沦为奴隶。

在道德根源的认识上,古希腊许多思想家明确地揭示了道德与个人的欲望和幸福的关系。普罗塔戈拉提出"人是万物的尺度"。[2] 他所说的"人"是指有感觉的人,他主张把个人的欲望和利益作为道德的根源。阿里斯提卜认为,幸福是人生的目的,德行不过是达到幸福的手段;德行之所以有价值,就是因为它给人以幸福,德行给人的快乐是无价值的。

封建社会时,统治者出于稳定社会的需要,把个人欲望与道德对立起来,诅咒人的欲望,推行禁欲主义道德观,反对人们追求现实的幸福。

随着资本主义生产关系的孕育、发展和人的认识的提高,终于从意大利文艺复兴运动开始,在西方掀起了反对禁欲主义的浪潮,建立了人道主义道德观。这种道德观公开宣称,道德根源于人的七情六欲,道德是为个人的利益和幸福服务的。文艺复兴时期,许多人认为,人的道德来源于人的感性欲望,即来源于人的自然属性;一切符合人的感官享乐的就是道德的,反之就是不道德。

文艺复兴之后,英、法、德等国家的大批思想家高举人道主义大旗,对道德的根源、道德与人欲的关系,作出了更为深刻的论述。

17世纪荷兰的斯宾诺莎认为人的自我保存的自然本性是道德的根源。他说:"保存自我的努力是道性首先的唯一的基础。"[3]

---

[1] 《伯罗奔尼撒战争史》,商务印书馆1978年版,第145页
[2] 《古希腊罗马哲学》,第138页
[3] 斯宾诺莎著:《伦理学》,商务印书馆1958年版,第173页

18世纪英国的大卫·休谟把人的利己心作为道德的根源;法国启蒙思想家卢梭、拉美特里、爱尔维修和霍尔巴赫等都从人的自然的本性和人的利益引出道德,主张把人的自然欲望作为道德的本源。爱尔维修说:"痛苦和快乐就是道德世界底唯一动力,而自爱底感情乃是能够筑下一个有益的道德底之唯一的基础。"①

19世纪德国的费尔巴哈坚持人本主义,把道德与人的自然欲望及物质利益联系起来,认为道德出自人的自爱自利的本性。他提出,人高于道德,人是道德的尺度。他宣告:"费尔巴哈并没有使道德性成为人的尺度,而是正好相反,使人成为道德的尺度:凡是与人相适合、相适应的东西,便是善的,凡是与他相矛盾的东西,便是恶的、劣的。"②费尔巴哈主张幸福即德行,道德中取消了幸福,也就实际上取消了道德的内容,"道德乃是福乐之条件、手段"。

20世纪非理性主义倾向是西方伦理学一个较普遍的特征,在当时许多派别中实用主义和自然主义等派别都把道德的根源归于人的本性。实用主义者用生物进化论解释人的行为和道德问题。认为人的道德观念和道德行为归根到底源于人类为求得生存而在进化过程中所形成的"人的本性"。实用主义代表人物杜威(1859—1952)说:"道德所坚持的目的,道德强加的规则,毕竟都是人本性的产物。""道德原则要是以贬低人的本性来抬高自己,就是自杀。"③

以上这些观点并不都是对的。正确的在于指出了道德与自身利益的关系,揭示了道德的最终根源,抓住了事情的本质。错误的在于不懂得道德与社会物质生活条件的关系,不懂得具体的道德规范不是直接来自人的欲望和利益,而是来自一定社会的物质生活条件。

长期以来,中国思想界肯定道德产生于社会物质生活条件,但否定个人的自然欲望是道德的最终根源。这种观点基于两点:一是把"道德

---

① 爱尔维修著:《精神论》,辛垦书店1933年版,第129页
② 《费尔巴哈哲学著作选集》下卷,第434页
③ 石毓彬、杨远编:《二十世纪西方伦理学》,湖北人民出版社1986年版,第237页

产生于社会物质生活条件"的观点作为终极真理；二是把个人的自然欲望和个人幸福作为低贱的东西。这样，个人的自然欲望与道德就成了水火不相容的冤家对头，不仅不能让个人欲望弄脏了纯洁高尚的道德，而且要用道德对个人欲望进行批判和改造。

几十年里，禁欲主义在中国兴风作浪，人性备受压抑和伤害。在思想上，个人欲望、个人利益、个人追求、个人价值、个人理想、个人发财、成名成家、个人自由、个人享受、个人幸福被蔑视、受批评，有时甚至被批判；所有那些属于个人私欲的东西统统被斥之为"资产阶级思想"，是低贱的，是"腐蚀剂"，是"修正主义的温床"、"复辟资本主义的土壤"，是万恶的根源。为自己、想个人就是不道德。所以，要"斗私批修"、"狠斗私字一闪念"、"与私有观念彻底决裂"。那么应该怎么办呢？一心为公，为他人，为集体，为国家，"集体利益高于一切"。理论界多次进行这样的讨论："人为什么活着"、"活着为了什么"、"为谁活着"。对此，谁如果说"为自己活着"、"活着就是自己最大的目的"，那一定要受到嘲笑和批评。活着为革命、"为他人生活得更美好"，为国家奉献一切，为共产主义献身，才是他们所要的答案。

他们也承认人要吃饭，但在他们那里，吃饭不是目的，吃饭是为了养好身体，身体不是目的，而是手段，"是革命的本钱"，有了好身体才能更好地为人民服务。有时，他们不得不说人道主义，但要加上"革命"二字，称"革命的人道主义"。他们也讲利益和幸福，但总是国家利益、集体利益、社会利益、阶级利益和整体的利益，而不是个人的利益。他们强调集体主义，而这里个人和个人利益是无足轻重的。"文革"期间，只讲集体，不讲个人，以至出现过演员上台演出不准报个人姓名的怪事。这就是"仿佛个人只是这架机器（集体）上的零部件，自身不具有独立存在的价值意义"，"革命的禁欲主义和共产主义的净化思想"成了伟大的道德原则。可见，中国在道德认识上存在着禁欲主义，存在着一系列的混乱和错误。

三、"潘晓讨论"的反叛及迷茫

1980年5月,《中国青年》杂志掀起了一场人生观大讨论(围绕潘晓"主观为自我,客观为别人"的观点讨论,也称"潘晓讨论")。历时7个月收信6万件,在全国引起了巨大的影响,称得上是新中国成立后思想道德领域里的一场"思想启蒙运动"。这场讨论的伟大在于,青年们开始觉醒,"左"的思想体系已被炸开,一些人大胆地提出了问题,似乎看到了什么,甚至发现了问题的本质。但是,由于青年们受"左"的思想影响太深,行为动因问题既涉及多种学科又是全世界的难题,所以一系列根本问题并没有在讨论中得到解决,人们仍处于怀疑、迷茫、矛盾之中。30多年过去了,今天是我们对这些问题作出回答的时候了。

> 人性百题
> 1980年全国开展的"潘晓讨论"是一场"思想启蒙运动"吗?

首先,有必要弄清以下两个问题。

1. 道德是管行为方式的,而不是管行为的根本目的的

从道德起源上可以看出,社会之所以需要道德,不是用来去除人的私欲的,而是为了调整个人利益与社会利益的关系、避免矛盾和冲突、维护社会稳定的。我们知道,人的行为如果给社会带来危害,问题不是出在人的私欲上,而是出在行为方式上。人的私欲即人满足自身需要的欲望是自然界赋予的,是植根于人的机体的。对它只能满足或限制,不能去除。但由于人的私欲的强烈、社会的复杂和认识的困难,人在谋求个人利益的过程中常常会出现损害他人利益和社会利益的行为,这才是道德要管的。

> 人性百题
> 道德应该管的是行为的根本目的还是行为方式?

事物都有内容和形式两个方面,行为也是一样。行为的内容就是行为的最终目的,行为的形式就是它的表现方式。照上所说,人们只能对人的行为方式作出道德评价,而无权指责人行为的根本目的。比如偷窃行为,偷窃的目的是为了财物,财物用于个人的生存和幸福,谁不要生存和幸福呢?可见,偷窃的根本目的并没有错,而偷窃这种方式错了,是不道德的。这就是,君子爱财应取之有道。

从道德的作用来说,道德所管(调整)的是个人利益和社会整体利益关系的行为,而不是人的所有行为。人的很多行为不是道德所管的。比如,个人的吃饭、睡觉、穿衣、看电视、上厕所、化妆、美甲、爱吃鱼、不吃肉等行为,是无须道德来管的。又如,个体劳动者受道德的约束更少。农民在责任田里劳动,是积极还是偷懒,一般来说并不危害社会利益,所以无须道德管束。

道德为什么要管个人利益和社会利益关系的行为呢?前面已经说过,影响社会的稳定和发展的不是个人对自我利益的追求,而是人与人之间特别是个人利益与社会利益之间经常发生的矛盾和冲突,会出现只顾自己利益,不顾或损害社会利益的行为,所以人们正是为了调整这些关系,维护社会整体利益才建立道德的。道德是什么,是调整人们之间以及个人利益和社会整体利益之间关系的行为准则和规范。

2. 区分多种不同的"为自己"

长期以来,为自己、自私、私欲、为私、为个人是被否定的。"为自己就是不道德"、"'人不为己,天诛地灭'是剥削阶级的处世哲学,无产阶级是不为自己的",这些观点根深蒂固地困扰着人们。

人追求自身需要满足的行为动机可以归为两类:一类是为他人(想到他人,没想到自己的好处),如母爱、同情;另一类是想到了自己,可称为"动机为自己"。

为自己都错了吗?不是。"动机为自己"有两种情况。一种是"直接动机为他人根本动机为自己",即想到了他人也表现为他人但最终目的是为自己,比如,教师尽管最终是为自己的利益,但平日关心学生和热爱教学工作,这种情况是普遍存在的。另一类是"直接动机为自己",这有三种表现:1. 与他人无关的为自己,如吃饭、睡觉、买菜、看电视、在自家责任田里劳动等。2. 应该关心而不关心社会和他人利益的为自己,如不孝敬父母,见死不救,对公共事业漠不关心,在公务员岗位上得过且过。3. 损人利己的为自己,如小偷小摸,损公肥私,爱占小便宜,借钱久拖不还,商品掺假。

对以上几种为自己的情况,要区别对待。"表现为他人,目的为自己"

是道德的,要充分肯定,大力提倡。"直接为自己"中的第一种情况,不涉及道德问题,是正当合理的,"为私利而活着"、"为奖金而工作"、"为自己的前途而学习"、"拼命挣钱",如果没有损害他人和社会利益,就没有什么错;一个人染发、穿金戴银、手淫自慰,夫妻看色情片,也无可厚非。"直接为自己"中的第二、第三种情况,是不道德的或是违法的,应坚决反对。

可见,对"为自己"既不能一概肯定,也不能一概否定。以往,人们之所以对"为己"、"自私"等争论不休,是因为人们在使用这些概念时,站在不同的角度,讲的不是同一个问题。人生观、处世哲学是指导人行为的理论,讲的是在对待社会利益时的行为动机和手段,在这里是不应该宣扬"为自己"的。作为手段,应该把行善、利他、关心集体、热爱国家、为人民服务作为道德原则。

"人不为己天诛地灭"是中国的一个谚语,自它从京剧《红灯记》中的鸠山之口说出,更是家喻户晓。长期以来,这句话被否定、被批判,"文革"时则被视为洪水猛兽。现在,这个谚语被弄到网上,引起了网民的热议。台湾影视明星徐若瑄竟以"人不为己天诛地灭"为名,写了歌词,灌了唱片。这句话原意难以考证,人们通常的理解是,人如果不为自己就会被天地所灭,或者是,人若不为自己就会受到天地的惩罚。这总体意思是说,为自己是天经地义的。

> 人性百题
>
> "人不为己,天诛地灭"全都错了吗?

我认为,"人不为己天诛地灭",从人的本性上说是正确的,人的机体上存在着需要,不去满足就无法生存,这是自然的法则。当然,如果把这句话作为人的道德原则或人生观,那是错误的,因为人们如果时时处处都为自己着想,而不关心他人和社会,那么社会就无法稳定和发展,个人也必然寸步难行。

至此,我们可以看出:

1. 为自己并不是道德一概所能反对的。道德所管的是损人利己的、或在需要的时候不关心社会和他人利益的为自己,而不反对人们正常活动中的为自己。

2. 人尽管在绝大多数情况下是想着自己的,但人常常会理智地选择关心他人、关心集体和国家利益的行为。因为只有这样才能最大限度地获得自己的利益。

3. 人还会做主观上为他人的事。这是因为：其一，人满足情感需要大量地表现为利他，如母亲爱孩子，科学家迷恋科研，人因同情而捐助等；其二，人会把道德作为自尊的警示牌，自觉遵守道德，关心他人，关心社会。这部分行为尽管客观上是在满足自身的情感需要，但主观上并没有想到自己的好处。

四、"主观为自我，客观为别人"的对与错

"主观为自我，客观为别人"是潘晓《人生的路，怎么越走越窄》中的一个观点。轰动全国的"潘晓讨论"主要是围绕着这个观点展开的。对此，有人大加赞赏，有人竭力反对。

潘晓的原话是这样的："我体会到这样一个道理：任何人，不管是生存还是创造，都是主观为自我，客观为别人。就像太阳发光，首先是自己生存运动的必然现象，照耀万物不过是它派生的一种客观意义而已。"

我认为，这个观点有正确、有错误。

> 人性百题
> "主观为自我，客观为别人"的观点是否正确？

这里，潘晓的"主观"，似乎不是指自己所想的，而是指导人内在的一种必然性，即"内在决定为自我"。如果是这样，尽管潘晓没弄清楚"内在决定"是怎样一回事，但"主观为自我，客观为别人"这个观点是基本正确的。

在我看来，这种"内在决定"，就是人的机体上存在着需要，机体需要决定人的一切行为。人的许多行为，在一定的心理层面上确实想到了他人，然而在心理层面背后还有个决定的东西，那就是与自身的快乐痛苦紧密相连的机体需要。结果出现这样的事实，人们或许没有从利他行为中获得利益，可他们获得了自我的快乐，避免了自我的痛苦。可见，人的"内在决定"表现为，人不得不受到自身快乐痛苦这一利己的力量的支配。同时，当你获得快乐或避免痛苦的时候，你必然客观地做了有利于

别人的事,这正是自然界的设计。自然界就是让人在为己(获得快乐和避免痛苦)时去"客观为别人"。

但是,不能忘掉,人的天性决定人不仅要为自己的生存奋斗,而且还担负着物种繁衍和群体稳定的任务,人性中有利他(即主观为他人)的一面,如母爱、同情等方面的行为。除此,具体来说,人的奋斗是由一个个具体行为组成的,每一个具体行为都是有主观动机的。在这些动机上,人并不都是为自己的。比如,前面所说的想到了他人也表现为他人的"最终目的是为自己"。可见,在动机上,我们并不能说人主观上都是"为自我"的。相信,这是潘晓所没有想到的。

再说,在"潘晓讨论"中,"主观为自我,客观为别人"是被当作人生观来讨论的。我以为,作为人生观这个观点是错误的,因为道德总是要求人们关心他人、关心社会。人生观是讲人们对人生目的和意义的看法和态度,是让人理智地去奋斗、去生活。摆在人们面前的事实是,人在社会中生活,个人利益的获得取决于社会利益和他人利益。因此,一个人要获得自己的利益,就必须关心他人和集体的利益。在这里,"为别人"应该是人自觉自愿的行动,是主观的动机,而不应该是"客观为别人"。从行为的直接目的来说,我们决不主张把自己追求个人幸福作为道德的原则。道德就是要人们压抑个人的欲望,要个人利益服从社会利益,关心他人和关心社会的。

道德是人们谋求幸福的手段。在一定程度上限制或克制个人的欲望,牺牲个人利益,目的是实现自己的利益、更大限度地满足自己欲望。这种目的和手段的辩证法,对有着高度发达大脑的人类来说,是并不深奥和奇怪的,在人的社会生活中也是经常发生的。在这个层面上,要求人们正确处理好个人利益与社会利益、集体利益和他人利益的关系,顾全大局,关心社会、集体、他人,是十分必要的。否定了这个基本原则,就否定了道德存在的意义。

正因为如此,人"主观""为别人"的情况是普遍存在的,我们到处可见人们在为国家和他人服务,尽管从最终来说其中的大部分是"为自我"

第八章　机体需要是道德行为的最终基础

的手段,但这是道德的。

还有,人与太阳是不同的,"像太阳发光,照耀万物不过是它派生的一种客观意义而已"对人是不适用的,人是有思维、有理性的。作为手段,人会在主观上"为别人",而太阳永远不会主观地照耀万物,而这正是人的高明之处。这是潘晓所没有看到的,或许正因为如此,她才觉得"人生的路,怎么越走越窄"。

五、"人都是自私的,不可能有什么忘我高尚的人"的对与错

这句话把"自私"与道德上的高尚对立起来,无疑是错误的。

前面说过,利他、为别人是人世间很自然、很普遍的事,既如此,就一定会有高尚的行为和高尚的人,这里关键在于用什么标准去衡量。在有些人看来,"高尚的人"是彻底的无我、忘我的人,有我、有私就不是高尚的人,似乎"高尚的人"必须处处与普遍人不同,简直要不食人间烟火、"毫不利己专门利人"才算合乎标准。

2002年影视明星章子怡给40名贫困学生捐款10万元。令人愤慨的是,章子怡的善举却遭到一些网民指责,甚至谩骂。有的认为章子怡是在"作秀",目的不是真正帮助贫困学生,而是借此给人一种亲和、近民的印象,是拿钱买荣誉;有的认为章子怡"吝啬",她拍片和拍广告赚了很多钱,10万元对她不算什么钱。

这些人的错误在于两点:一是对本性上自私存在着否定的偏见;二是不懂得对于一个人或一个行为的评价只能是道德评价。道德只管行为的方式,而不管行为的根本目的。因此这个评价只能在道德管辖的范围内和行为直接动机的层面上进行,而不能在人的本性层面上进行。在人性层面上,为己是很自然的事,无所谓好或坏、善或恶、高尚或低贱。

就捐款而言,个人给贫困学生或贫困家庭、给有关地区或国家捐款的事是经常发生的。论其原因:其一是出于同情心或在同情心等情感基

础上形成的对某项事业的爱（如慈善事业）；其二是想通过这件事获得社会的尊重，获得荣誉。

这都符合道德的要求，这里没有高尚或低贱之分。"拿钱买荣誉"有什么错？"给人亲和、近民的印象"有什么错？通过自己劳动挣得荣誉和利益有什么错？有钱人不捐款或少捐款就是"吝啬"，这是什么逻辑？不要去找那种与己无关的"高尚思想"，这样的思想是没有的。

2010年11月，中央电视台法制频道组织一场"如何走出'血荒'"的讨论。谈到献血动机，有人说明星献血是炒作、作秀。对此，上海大学顾骏教授等嘉宾认为，对人的行为特别是具有公益性质的行为，我们应多看结果，别去看它的动机。献血就是为社会做贡献，你管人家为什么献血，不要去讲人家的动机，人家献了400毫升的血就是献了爱心。我想，那种非要好人好事有着发自肺腑的、与己无关的"高尚品德"的人，一定是一个死抱着禁欲主义思想的僵化者或傻子。

在我看来，一个人或一个行为是否高尚的标准是，主观上有无利他、为公的自觉自愿，客观上有无给他人给社会带来实际的利益（好处），至于这个人本质上是否为自己与此无关。高尚的人并不是不为自己的人，而是不辞辛劳或不惜牺牲自己的利益，以满腔的热情关心他人或公共的事业，对他人、对社会有所贡献的人。实际生活中，人们正是这样认为的：那些关心他人、给人带来快乐和幸福的人就是好人；不惜牺牲自己的利益、经常关心他人的人就是高尚的人；给人们作出巨大贡献的人就是伟人。人们只看其主观上有没有利他的自觉自愿，客观上是否给他人带来好处，至于这些人是不是想到了自己，人们并不关心。

> 人性百题
> 高尚的人是不为自己的人吗？

"潘晓讨论"中有位青年说得好："一个人作为的结果，既然有了客观上为别人的事实，我们又何必偏要在好的事实中硬去寻找某个人的'坏'的主观动机呢？"比如，公交车上的让座行为。他让了座，论根源，本质上当然源于自身的需要，或出于对老、弱、病、幼、怀抱婴儿者的同情；或出于羞耻感，担心人们投来鄙视、责备的目光；或出于长期养成的根源于自尊心的道德习惯。但他却给别人带来实实在在的好处。正因为如此，被让座的人感激他,同车的人投给他以称赞的目光,此时又有谁去计较让座者的动机呢?对他人来说,人们之所以称利他、为公的人是高尚的人,正是因为这种人给人带来实际好处,社会需要这种人。

再说,章子怡的10万元给贫困学生帮了大忙,是"雪中送炭"。这难道不值得充分的肯定和颂扬吗?这样的人不是越多越好吗?高尚的人往往更注重情感需要的满足。高尚行为与人的本性的关系是植物与土壤的关系。如同荷花,不能因它出于淤泥,就否定它的美丽;不能因它美丽,就否定它植根于淤泥。人因为有追求满足自身需要的本性,才有高尚的行为,正因为有高尚的行为,人才能更好地实现人性。淤泥是土壤的一种,它同人本性为己一样,是自然所赋予,并没有什么卑贱之处。

总之,道德行为并不是不为自己的行为,而是理智地为自己的行为。高尚的人也有自己的七情六欲,也会关心自己,只是在关心他人和关心社会中关心自己。

浙江湖州市原永昌绸厂有位女挡车工,叫张玉兰。她很有志气,为了自己的前程和幸福,一心在普通的岗位上干出成绩。她每天早上班、迟下班,上了班就卖力工作,连吃饭时间也不肯休息。她每月的产品质量都名列第一,还创造了连续50个月无疵绸的建厂最高纪录。从1979年起连续6年被评为县、市劳模,1984年被国家纺织工业部评为全国纺织工业劳模,1985年被评为省特等劳模,1987年被授予"五一"劳动奖章,1989年被评为全国劳模、全国"三八红旗手"称号,并被选为第七届全国人大代表。无疑,她是一位品德高尚的人。

1996年,张玉兰当选为永昌绸厂厂长。2002年企业改制,市政府决定永昌绸厂整体拍卖。按市里政策,44岁的张玉兰被划在内退之列,每月工资400多元。一下子,张玉兰的利益、自尊、面子受到了重大的打击,她自身机体的种种需要在燃烧。她越想越闷,连续一个多星期吃不下、睡不着。不久,她患上了严重的抑郁症,整天精神恍惚,整夜睡不着。而就在此时,她丈夫因工伤工资被降到500元,儿子又考上了大学,每年学杂费1.5万元,生活费5000多元。巨大的压力严重地损害了她的物质利益和情感,她绝望了,服下了大量的安眠药,决心了结一生,后因抢救及时而脱险。

此后一段时间,她苦度时日,常常一块豆腐吃一餐,二斤青菜吃两顿。为此,她不得不为生活而奔波,她一次次托人找工作,然而一个个希望破灭。她不甘心命运的安排,办起家政公司,她顾不了那么多面子,生活逼着她豁了出去。毕竟,她是个道德高尚者,她靠诚信、苦干、负责换来了客户广泛的信任。因此,公司得到了迅速的发展,她又闯出了一条新的谋生之路。这是一位高尚者的真实故事。

六、道德教育应建立在对个人利益的关心上

道德教育是十分必要的,它是维护社会稳定和发展的重要手段。在社会制定出道德规范的时候,由于社会的复杂性和个人认识能力的局限性,人们常常并不能认识这些规范。在这种情况下,人们遵守它多是慑于社会舆论的压力。因而这种遵守缺乏自觉性和主动性,从而影响道德执行的广度和深度。因此,社会有必要对其成员进行道德教育,让人们认识个人利益与社会利益的关系,看清大局,从而自觉地遵守道德,关心他人和社会的利益。再说,道德规范要作为自尊的警示牌,必须通过大力地宣传使之成为整个社会的道德舆论,才能起到这样的作用。

中国一贯重视道德教育。古代中国有"礼仪之邦"的美誉,有"父慈子孝"、"与人为善"、"己所不欲,勿施于人"、"天下兴亡,匹夫有责"等传统美德。现代,道德教育是中国共产党的优良传统。在领导新民主主义革命和新中国的建设中,中国共产党始终把思想道德教育放在特别重要的位置,始终坚持不懈地利用多种形式大力地开展思想教育。实践证明,这样的教育为革命的胜利,为新中国建立和建设发挥了极为重要的作用;它有效地提高了人们的思想觉悟,激发人们的积极性,培养了人才。我们相信,赵一曼、黄继光、邱少云、雷锋、焦裕禄、任长霞等一大批值得人们信赖的英

雄和模范人物的出现,与中国共产党的教育有着密切的关系。

但我不能不说,这几十年来,中国在道德教育问题上存在着许多的错误和混乱,而突出地表现在道德教育的目的上。道德教育的目的是什么?这个看似简单的问题,已失去了本来的意义。

从道德的起源来看,社会制定道德规范的目的是想用道德来调节社会矛盾,维护社会的稳定和发展。要实现这一目的,其中重要的一环是要让人们了解道德规范的内容和意义,认识个人利益与社会利益的关系,从而使人们顾全大局,关心社会利益。为此,道德教育就是应该要人们树立为公、关心社会利益的思想觉悟,这是道德教育的直接目的。但是,维护社会的稳定和发展又为什么呢?个人生存和幸福是一切的根本,无疑道德教育又可以为人民群众更多地获得个人的利益。应该看到,这正是社会制定道德规范和进行道德教育的最终目的。

然而,在传统的观点看来,思想教育就是要提高人的思想觉悟,净化人的灵魂,克服人的私欲。人头脑里的私字越少,思想觉悟就越高,只有彻底地克服人的"私欲",才能达到"忘我"、"无私"、"超越自我"的境地,才能使人们树立大公无私、全心全意为人民服务的思想,彻底地忘我、无我就是思想的最高境界,就是思想教育的最终目的。

无疑,这是错误的。

错误之一,受禁欲主义的影响,把人的私欲看成是恶的东西,从而排斥、否定个人利益和个人追求。应当承认,自有人类以来,人们追求个人利益而损害社会利益和他人利益的情况是大量地、普遍地存在的。如偷盗、欺骗、贪污、受贿、损公肥私、争争吵吵、打打杀杀、争权夺利、尔虞我诈、不讲孝道等等。可这是人们谋求私欲手段的"坏",而不是私欲本身的"坏"。人们追求自己的利益是合情合理的。人是自然存在物,自然赋予了人肉体和需要。一个人从诞生那天起,自然也就赋予了他生存和追求幸福的权利,任何人都无权反对这一权利。历史上,中国朱熹主张"存天理、灭人欲";西欧的宗教神学家把个人肉体的欲望和情感看成是"邪情私欲",而把一切称之为爱情的东西说成是"卑鄙下流",这是封建社会的禁欲主义。

如今一些人把"想自己"、"为个人"当作低贱丑陋的事情予以反对,对此我们不能不说,这仍然是一种禁欲主义。在浩瀚的宇宙之中,有谁会笑话人的情欲、鄙视人们为情欲而奋斗呢?一位哲人说得好:"只有人才能给自己和别人强加这种奇怪的念头:为享乐而追求享乐是不光彩的,是享乐主义。"我们的思想教育大可不必持有这种奇怪的念头,应该实事求是地承认人们的个人利益,维护人们追求个人正当利益的权利。对于谋求私欲手段上的"坏",是应该反对的,但我们不能否定私欲这个根本。

错误之二,把个人利益与社会利益对立起来,只看到人们谋求私欲损害社会利益和他人利益的一面,看不到人们能够认识个人利益与社会利益的一致性,而关心社会利益的一面。社会利益是整体的、全局的利益,是个人利益的源泉和保证,代表着个人的最大利益。国家利益制约着个人利益,一个人只有积极地为社会利益而奋斗,才能更好地获得自己的利益。对此,人是能够认识的,而一旦认识了,就会自觉地关心社会利益,积极地为社会利益而奋斗。有些人总认为,一个人为个人就不会关心集体,追求个人利益就不会积极地为集体利益而奋斗。显然,这种看法是违背马克思主义唯物辩证法的。事物是相互联系的,人是有大脑的。理智的人追求自己的利益,只会关心集体和国家的利益而不会损害这些利益。

错误之三,不懂得道德教育不是要人们抛弃个人利益,而是帮助人们更好地获得自己的利益。前面说过,机体需要是自己的主宰,是人内在的全部动力;人的一切行为和思想都无法与人的机体需要相违背。

我们的思想教育必须建立在这一客观事实之上,任何时候都不要遗忘或背离这一客观事实。那种让人们克服自身的需求、接受某种思想的企图,那种以为只有克服个人追求才能建立为公思想的想法,是一种不切实际的幻想。人的机体需求是思想(思想觉悟)的沃土。任何思想只有建立在人的机体需求这一沃土之上,才会有充足的营养而生机勃勃;思想脱离需求,如同树木离开土壤,那必然枝枯叶萎、软弱无力,有时即使美丽动人,那至多也只是花瓶里的花。如果要说"克服",思想教育不可能克服人的七情六欲,不可能克服人们对个人利益合理追求的欲望,而只能克服那些损人利己的杂念。

事实上,人们接受什么样思想是有选择的。选择的标准,就是是否有利于自身需求和利益,是给自己带来快乐(或解除痛苦)还是带来痛苦。或许你接受了"为祖国繁荣昌盛而奋斗的思想",那么你的情感一定已被实际生活所激发,已具有了这方面的激情和欲望。任何思想如违反或远离个人的需求和欲望,是决不会被人们接受的。不管它听起来是多么革命、多么美好、多么动听,人们也不会去遵守。这也就是说,人们无法提高与自身需求相背离或无关的认识和觉悟,凡被某个人接受的思想,一定是符合他内在需求的思想。有人以为,思想教育神通广大,只要我们加强思想政治教育,人民群众就会有高尚的思想觉悟,就会"大公无私"、完全彻底地为人民、毫不利己专门利人。其实,道德教育离不开人的需求,与个人的自身需要无关、纯粹出于伟大思想和崇高觉悟的行为是没有的。说到底,集体主义根源于人的需求,而不是产生于教育。道德教育不应要人们不追求自己的利益,而应要人们正确认识个人利益与整体利益的关系,顾全大局,关心社会和他人的利益,以便更多地获得自己的利益。在一定的意义上,思想教育就是帮助人们看清自己的利益所在,更科学地为自己的利益而奋斗。

可见,长期以来中国思想教育的软弱无力的症结,不在教育的形式,也不在教育的内容是否新颖或全面,而在于思想教育不了解人;对个人利益和个人追求不是积极地肯定和维护,而是经常地否定和排斥。因而,思想教育的出路在于把思想植根于人的需求,把要人们接受的思想和人的需求联系起来,从对受教育者的前途、利益和幸福的关心上提高人的认识,调动人们为集体、为国家奋斗的积极性。这样的思想教育就一定会受到人们的欢迎,一定会充满生机和活力。

我认为,要切实做好思想工作,必须把思想教育落实到具体人的具体利益和具体幸福上。人是由个体组成的,每个个体要生存和发展必然会有个人的利益,会有个人的痛苦或幸福。一种思想教育如果只关心整体利益和整体幸福,而不关心个人利益和个人幸福,那么无论它怎么"革

"命"和"高尚",也因没有说到受教育者的心里,而使受教育者感到与己无关而无动于衷,甚至还可能使受教育者产生反感,称之为"空洞的说教"。

要做到这一点,我的主张是:

一是把大道理和小道理结合起来。所谓大道理,就是科学的理论,就是科学的人生观、道德观。所谓小道理,就是根据具体人的具体利益和所处环境,指导人们权衡利弊的具体道理、方案、方法和策略。大道理脱离小道理,是空洞的、无的放矢的理论,小道理离开大道理的指导,就会因看不清全局利益和长远利益而迷失方向。可见,只有坚持大道理和小道理相结合,思想教育才能行之有效、生动有力。

在实际生活中,我们常看到这样的情况:一些思想政治工作者对自己的亲友进行教育时,既讲大道理又讲小道理,既具体又实在,既讲这样做对他的好处,又讲那样做对他的危害;而对自己的下属或学生进行教育时,常常是唱高调、说大话,竭力回避个人利益和个人幸福。其结果是,前者的教育效果一定比后者好得多。

二是从个人利益的关心入手进行教育。有两种方法:一是紧密联系个人利益进行教育。我们在大街上或工地上常会看到这样的宣传标语:"交通法规,生命之友","为了您的生命安全和家庭幸福,请您遵守交通规则","上有老,下有小,出了事故不得了"。另一个是撇开个人利益直接用革命道理进行教育,而它最革命的标语是:"为了共产主义、为了国家和人民,请你遵守交通法规。"

请问,哪一个有效呢?无疑,是前一个。这两种说法目的一致,都要教育人们遵守交通法规或劳动纪律,那么为什么前一种有效呢?显然,前一种紧密联系了个人的利益。我们知道,前一种方法的用意是,把对受教育者的道德要求与受教育者的个人利益、前途和幸福联系起来,从对个人利益的关心上,激发受教育者的自觉性和积极性。我想,这应成为我们思想教育的基本原则。

美国著名企业家和人际关系大师卡耐基有个成功的秘诀:要说服他人,应从他人利益的关心入手。他的策略是,你要别人去做某事的时候,

人性百题
思想教育为什么应建立在对个人利益的关心上?

你一定要同他的利益挂钩。卡耐基著书立说和演讲经常引用这样一个故事:有一天,他的朋友和朋友的儿子要把一只小牛赶入牛棚,但他们犯了一个一般人所犯的错误——只想到他们自己所要的,而不顾对方的需要;一个在后面推,一个在前面拉。但那只小牛蹬紧双腿,顽固地不肯离开原地。女仆看到了他们的困境,她想到了小牛的需要,于是她把拇指放入小牛的口中,让小牛吮着手指,同时轻轻地把它引入牛棚。这说明,要一个人做什么?强制是没有用的,只有从他的内在需要的关心上激发他内在的积极性,才能让他自愿去做。

卡耐基曾处理过这样一件事,他向纽约一家饭店租下大厅,准备作为期20天的系列演讲。就在日期快到的时候,他突然接到通知,要他必须付比以前高出3倍的租金。此时,入场券已发出去了,所有的通告都已公布。他自然不愿多付增加的费用,可是跟饭店的人谈论自己不要什么又有何用呢?几天后他去见饭店经理。见到经理,卡耐基没有同他争吵,而首先对他的行为表示理解:"我根本不怪你,如果我是你也可能发出一封类似的信,你身为饭店经理,有责任尽可能地使收入增加。"接着,卡耐基站在饭店的角度,十分热心地同饭店经理一起分析增加租金对饭店的利和弊。说到"弊",卡耐基说,这一系列演讲会吸引许多受过教育的、水准高的文化人士来到你们饭店,这是极好的广告机会。你们在报纸上做广告,每次得花5000元,而且不一定能吸引这么多人前来参观。我想,如果我们不得不停租,这对你们来说可能是一笔很大的损失。最后卡耐基说,希望你考虑一下然后告诉我。第二天,回信来了,租金只上涨50%,而不是原来的3倍。

我以为,这应该也是我们思想教育的秘诀。这就是:从个人利益的关心上,激发受教育者的自觉性和积极性。我相信,这样的思想教育一定会受到人们普遍的欢迎,这样的思想政治工作者一定会被人们誉之为"良师益友"。如今,这已成了现代管理的秘诀,要想调动劳动者的积极性,应把种种管理措施与劳动者的个人需要紧密联系起来,也就是说,从能够满足个人的物质需要和情感需要上激发劳动者的积极性。

第九章
机体需要的满足就是幸福

> 幸福是一种感受,是一种实实在在的生理感受和心理感受。这种感受并不是来自人的意志,而是来自机体需要的满足。

幸福是美好的,人类的历史就是一部不断追求幸福的历史。几百万年来,人们流血流汗地劳作、战争、建设、学习、创造、争权夺利以致犯罪冒险,都是为了幸福。整个人类,无论是遥远的古代人,还是我们身边的现代人;是大人,还是小孩;是领袖,还是平民;是英雄,还是罪犯,人人追求幸福。

　　幸福是人全力追求的根本目的。对此,历史上思想家们有过很多的论述。费尔巴哈说:"对于幸福的追求是一切有生命和爱的生物、一切生存着的和希望生存的生物……的基本的和原始的追求。""同其他一切有感觉的生物一样,人的任何一种追求也都是对于幸福的追求。"[①]密尔说:"幸福就是人类行动的唯一的目的,而促进幸福,便是用以判断人类一切行为的标准。"[②]还有人说,把人生的无限追求总括起来,就是对于幸福的追求。

一、幸福是机体需要满足时的感受

　　幸福是什么?几千年来,思想家们作出了许许多多关于幸福的理解和定义。它们观点不同、差别很大,以致有人认为"没有一种幸福的定

---

① 《费尔巴哈哲学著作选集》上卷,第 536 页
② 《西方伦理学名著选辑》下卷,第 263 页

义,能够为多数人所接受"。傅立叶说,单是罗马尼禄时代就有278种关于幸福的互相矛盾的定义。康德也认为,人们难以提出一个确切的"幸福"概念。他说:"幸福的概念是如此模糊,以致虽然人人都在想得到它,但是,却谁也不能对自己所决意追求或选择的东西,说得清楚明白,条理一贯。"①20世纪90年代,中国有书说:"幸福是什么,这是一个无法直接作出具体的回答的问题。""事实上,不同的学派,不同的人生观、价值观,不同的人的差异,在所追求幸福的具体内容上大不相同。"

对此,我不敢苟同。我认为,任何事情只要从根本上分析就能一通百通。我们只要抓住幸福的本质,就一定会给幸福一个统一的、确定的定义。现在是到了能"说得清楚明白"的时候了:人的机体上存在着需要,满足机体需要就快乐,得不到满足就痛苦。这样,幸福必然与机体需要的满足紧密相连。

综观历史上人们对幸福的种种认识,主要的问题在于没有从幸福本身去理解,而多是从幸福的途径、手段、条件而言的。如,亚里士多德认为,幸福是"合乎德性的现实的活动";苏格拉底和柏拉图等人认为"德行就是幸福",霍尔巴赫说,幸福是"一种存在方式"。我认为,研究幸福,首先应该弄清幸福本身的含义,而不是幸福的途径、手段、条件的含义,不把握幸福本身的含义,是无法论及幸福的其他方面的,而且必然会造成矛盾和混乱。

> 人性百题
>
> 幸福是机体需要满足时的感受吗?

人是有感觉的,如酸、甜、苦、辣、麻木、晕眩、冷、热、烫、疼痛、暖和、凉爽等生理的感觉,又如喜悦、自豪、恐惧、羞愧、忧愁、怜悯、愤怒、孤独、寂寞等心理的感觉。人的感觉可归为两类:一是快乐,二是痛苦。快乐的感觉是人所喜欢的感觉,是机体需要获得满足时的感觉状态,是人所追求的。这样,人们就把获得快乐的感觉称之为幸福。幸福等于快乐,快乐代表着机体需要的满足,代表着自然界所赋予个体的自我生存、人种繁衍和群体稳定的"责任"得到了落实。实际生活中,每一个人都有这

---

① 《西方伦理学名著选辑》下卷,第366页

样的体验:机体需要得到满足的时候就是快乐的时候,就是幸福的时候。饿了,吃着米饭和大肉的时候;渴了,喝水的时候;热了,吹着风扇的时候;冷了,置身于火炉的时候;性渴求时,享受性爱的时候;热恋时,恋人相会的时候;看一部神话大片的时候;听一首优美歌曲的时候;置身于名山大川的时候;走上领奖台的时候,人们都会感到舒服和愉快。

可见,幸福是一种感受,是一种实实在在的生理感受和心理感受。这种感受并不是来自人的意志,而是来自机体需要的满足。人若没有机体需要,也就不会有痛苦和快乐的感觉,也就没有幸福可言。

从另一个方面来说,当人感到快乐的时候,一定是人自身机体需要获得直接或间接满足的时候。饿极了,一碗米饭下肚感到舒服,那是满足了食物的需要;金榜题名时的开心,那是满足了好胜、尊重的需要以及预示了多种需要满足的前途和利益;洞房花烛夜的甜蜜,那是满足了情爱、性爱的需要;一个科学家在科学研究的天地里获得了无穷的乐趣,那是满足了好奇、好胜等需要;一个公务员为顺利完成一项工作而高兴,那是在前途和利益的台阶上又跨了一步,同时在工作中还可能满足了好胜、尊重等需要。

那么,是不是只有快乐才是幸福呢?不是。因为需要的满足在生理上不仅反应为快乐,而且还反应为没有明显感觉的无痛苦的平静状态。幸福等于快乐加无痛苦。

前面说过,自然界为了使动物个体能够自保,在其机体上安装了保护机体的报警器和驱动器,而这就是疼痛感。人的疼痛感遍及全身,并时常出现。它是恶魔,它死缠着人们,使人每日每时地、或多或少地在痛苦中煎熬,甚至还使人时刻处于死亡的威胁之中。因此,人们害怕疼痛,力求躲避或解除疼痛。正因为如此,人们摆脱痛苦的欲望比获得快乐的欲望更强烈、更经常。经验告诉我们,人的需要的满足更多地表现为既无快乐又无痛苦感觉的平静状态。从生活实践来看,即使一个人的机体需要都得到了满足,这个人在一天、一周、一月、一年的生活中,明显感到快乐、开心的时候是很短的。一天 24 小时,能有一两小时感到快乐就不

人性百题

无痛苦是一种幸福吗?

错了,而其他时间大多是处于既无痛苦又无快乐的平静的状态。所以,无痛苦的平静状态是人生活的最大愿望和主要目标,无痛苦是幸福的一个重要内容。

这一思想历史上曾经有过。伊壁鸠鲁把"身体的无痛苦和灵魂的无纷扰"作为快乐,"身体的无痛苦"就是肉体的快乐,而"灵魂的无纷扰"就是精神的快乐。快乐的量的极限就是一切痛苦的消除。弗洛伊德说:人们"追求幸福,他们想成为幸福的人,而且想要保持幸福。这一目的具有积极和消极两个方面。一方面它(幸福)是想避免痛苦和不愉快;另一方面,则是想体验着强烈的愉快感"。① 密尔说:"幸福,是指快乐和痛苦的免除,不幸福,是指痛苦和快乐的丧失。"② 爱尔维修认为,趋乐避苦是人的本性。

由此,我们应该得出这样的结论:幸福是肉体和精神的快乐及无痛苦。

婴儿有没有幸福感? 快乐的感觉是人人都有的,因而幸福感也是人人都有的,婴儿当然也不例外。幸福不是认识到的,而是感觉到的。婴儿没有对幸福的认识,但有快乐的感觉。饿了会哭,吃饱了会笑。笑、哭是需要满足时的情绪表现。

人性百题
幸福有阶级、是非、美丑之分吗?

幸福有没有阶级性,有没有美丑之分、是非之分? 在有些人看来,这是肯定的,而在我这里,是否定的。就幸福本身而言,只要是机体需要真正的满足,机体和心灵真正的快乐,那就是幸福,这里没有高尚的幸福和丑恶的幸福之分,没有正确的快乐与错误的快乐之分。就吸毒、强奸而言,你不能说此时此刻他是痛苦的、不快乐的。问题在于这种短时间的幸福会毁掉人一生的幸福。这是幸福观的问题,而不是幸福本身的问题。就幸福观而言,为一时之快乐,毁了自己的一生的幸福是极不理智的、愚蠢的行为。

---

① 《二十世纪西方伦理学》,第303页
② 《西方伦理学名著选辑》下卷,第242页

二、人幸福的基本需求是相同的

有人说，各人有各人的幸福。从局部或表面的现象看，由于人的认识、兴趣、爱好、习惯不同及生活环境、条件不同，人的具体需要不尽相同。有人看重精神生活，有人看重物质生活；有人喜欢吃甜的，有人喜欢吃辣的；有人喜欢喝酒，有人喜欢喝茶；有人喜欢吃鱼，有人喜欢吃肉；有人素食主义，有人荤食主义；有人喜欢音乐舞蹈，有人喜欢科学研究，有人喜欢绘画摄影，有人喜欢社会活动。因而，对于同一事物，有人喜欢，有人不喜欢。喜欢的，满足了就快乐，不喜欢的，就无动于衷，硬让他"享用"，他会感到痛苦。因此，应当承认，各人在幸福具体内容的程度上是有不同的。

但是，幸福的基本内容是相同的。这是因为，人的机体需要是相同的，满足机体需要所需的基本东西是相同的，所不同的是这些东西具体的形式或种类。比如，人人都要满足情感需要，但各人具体的兴趣、爱好不同；同样，食物是人人都需要的，但各人对甜食、辣食、素食、荤食等食物的具体种类（主要是口味）的喜好不同。我们不能因此说，各人有各人的幸福。

> 人性百题
>
> 所有人幸福的基本需求和内容是相同的吗？

下面，让我们看看人满足机体需要所需的基本内容是如何的相同。

满足食物的需要，要有营养物质。

满足睡眠的需要，要有房、有床、有被、有睡眠的时间。

满足健康和温度的需要，要有充裕的物质条件，如，住有楼房，室内有沙发、席梦思、空调、洗衣机，外出有车代步，防病治病有钞票，劳作轻松，家务有保姆，等等。

满足性的需要，要有美丽或俊猛的称心如意的异性。

满足安全的需要，要有较好的生活环境和物质条件，以致居住安全，外出安全，心里踏实；无威胁生命的疼痛、疾病、死亡。

满足好奇的需要,要有书报、影视,要能参加旅游、娱乐、交友等活动,要有繁华热闹的生活环境等。

满足美的需要,要化妆打扮,穿着美丽,居所富丽堂皇,能游览美景,能从事艺术创作、表演和艺术欣赏活动等。

满足情爱的需要,要有情投意合的恋人,婚后夫妻恩爱、长相厮守。

满足母爱的需要,要有儿女及儿女健康成长。

满足好胜的需要,要有广泛的兴趣爱好;参加种种竞赛活动和社会活动。

满足尊重的需要,要有一定的社会地位,受人尊敬和爱戴。

应该相信,这些基本的东西是人人都需要的,有了这些基本东西,每个人都能幸福。

据此,我们可以把人幸福所需的基本东西归纳为5种:(1)充裕的物质;(2)美丽或俊猛的异性、健康成长的子女及和睦的家庭;(3)丰富的娱乐活动和社会活动;(4)受人尊重;(5)劳作轻松。衡量一个人的幸福,应有5项指标,即物质充裕、健康长寿(取决于各种需要的满足)、生活舒适(包括劳作轻松)、心理愉快、性满足。

物质条件是幸福的基础,一般来说,有了充裕的物质条件就有了大部分的幸福,这不仅能满足生理需要,而且为情感需要的满足提供了保障。比如,购买书籍、报纸、化妆品、玩具、钢琴、电视机和旅游、看电影、找对象、陪女朋友逛街购物、结婚、家庭和谐等都离不开物质。

有些人过分强调精神生活的重要,而看不到物质需要的重要性。他们说:"一些大款腰缠万贯,物质生活相当丰富,他们却没感到有丝毫的幸福。"《红楼梦》大观园里的人穿金戴银,不愁吃、不愁穿,可他们"并没有感到有何幸福之处"。这言下之意,钱对幸福无足轻重。

我认为,一个人在物质生活得到满足的情况下,某一时刻没"感到"幸福是可能的。前面说过,幸福常常是没有明显感觉的,生理上无痛苦也是一种幸福。还有,某一时刻"没有感到"快乐不等于完全没有幸福。幸福是全时间、多方面的。应该说,不管是物质还是精神,任何满足都会给人带来一份幸福。这就是说,你即使情感上有痛苦和惆怅,但如果物质上得到了满足,你就有了一部分的幸福。可想,那些人住着楼阁,坐着轿车,吃着山珍海味;外出,累不着;酷暑,热不着;严寒,冻不着;坐着、睡着,硌不着。在这样优越的环境下生活,物质需要得到了很好的满足,谁能相信他们没有"丝毫的幸福呢"?谁能相信大观园里的人与整日操劳、贫苦度日的刘姥姥相比更不幸福呢?如果这些人过的是食不果腹、衣不遮体的穷苦日子,那不是更痛苦、更不幸福吗?

健康长寿是人幸福的最为重要的内容。生命是幸福的基础和根本,是最可贵的。很多人生了重病,总是不惜一切代价地挽救生命。2006年8月26日,上海《新民晚报》报道:在长海医院接受"造血干细胞移植"的许多患者,为了生命,不惜花费巨款甚至全部家产。一个富商为了挽救自己的生命,花掉了600万元;一个家庭为了挽救18岁女孩的生命,花掉了180万元;一对夫妻为了挽救女儿的生命,卖光了家里所有值钱的东西,包括房子。1957年,文物鉴定家、书法家启功被打成右派分子,后又下放农场接受劳动改造。他经不住每天的批斗和尊严的丧失,在妻子章宝琛面前流露出自杀的念头。章宝琛不容分说,将他拉到胡同口。指着一个修鞋的人说:"你看到了吗?人家眼睛瞎了,腿被锯掉了,妻儿又在车祸中丧生,可他要活,顽强地活了下来。"从此,启功打消了死的念头。

长寿是人们梦寐以求的。无论遇到怎样的厄运和不幸,只要人还活着,那就还有幸福可言,生存本身就是幸福。古代皇帝想万寿无疆,民间百姓盼享年"古稀"。寿命是幸福的主要内容,是幸福的标尺。寿命越长就越幸福。一个残疾人也可算作幸福行列中的人,一个生活平淡而长寿的人比一个腰缠万贯而短寿的人更幸福。

健康是生命的保证,疾病意味着痛苦和死亡。叔本华认为,在一切幸福中,人的健康超过其他幸福,我们真可以说,一个身体健康的乞丐要比疾病缠身的国王幸福得多。我们知道,人在重病时,由于痛苦的折磨和死亡的威胁,都深感健康的重要。在病房里,常听到这样感叹:"哎,没有病该多好啊,我情愿不要钱,不要官,也要有个好的身体。"

关于生活舒适。生活舒适本质上就是机体上疼痛感(包括各种不适)的减少和避免。前面说过,人在进化过程中为保护机体、维持生存,在机体上形成了疼痛的机制,即机体一受到侵害,就产生疼痛感。这种疼痛感布满全身,有饥饿、口渴、受伤等方面的疼痛;有走路、站立久了腿酸脚痛;有劳动多了疲劳、腰酸背痛;有热时心里发慌,冷时身体打颤;有头晕、麻木、瘙痒等等。我们知道,这种疼痛感不仅是广泛的、经常的,而且是深刻的,有时疼痛起来是锥心刺骨的。所以,疼痛感的减少和避免是生活舒适的重要内容。

生活舒适具体表现为:吃的舒服,既能吃饱又能吃得美味可口;住的舒服,居室宽敞,设备齐全,睡有席梦思、保暖被,坐有沙发、躺椅,脚下有地板、毛毯,洗澡有热水,冷热有空调;穿的舒服,夏有丝绸,冬有毛衣、羽绒服、皮大衣;行的舒服,外出乘车、打的或自备助动车、小轿车,上楼有电梯;家务轻松,菜有冰箱储藏,洗衣是全自动,活重请保姆,忙了下饭店。

工作轻松,这是生活舒适的重要方面。任何人为了生存和生活总要劳作,而劳作都要付出体力、脑力和心力,都会给人带来或多或少的疲劳和艰辛。人世间很多劳作是十分辛苦的。如农民顶着烈日锄禾,矿工在恶劣的条件下于井下劳作,哨兵在零下几十度的边关孤守,护士端屎端尿、常上夜班,在路边卖菜的摊贩起早摸黑。还有,人为了生活,每天都要进行大量的劳作。所以,人们总是追求工作的轻松和劳逸结合。

关于心理愉快。人的情感需要的满足都会给人带来快乐和惬意。与满足生理需要不同的是,情感需要的满足会给人带来更广泛、更持久的幸福感。马斯洛说:"高级需要的满足能引起更合意的主观效果,即更深刻的幸福感、宁静感,以及内心生活的丰富感。"[①]这里,有发现新奇事物、听神话故事的兴奋,有被正义之事激起的满腔激情,有胜利的喜悦,有平静、踏实的安全感,有唱歌、跳舞时的心醉,有与恋人在一起的甜蜜,

---

① 《动机与人格》,第 115 页

有听到自己的孩子第一声啼哭的开心,有被人尊重、爱戴的陶醉和自豪。情感因素可以致病,可以影响人的寿命,这已被医学和人的生活实践所证明。现代医学告诉人们,人的健康包括心理健康,而且心理健康会影响生理健康,一个人精神经常处于不愉快状态,会引起许多种疾病。

母爱的快慰是心理愉快的一部分。生儿育女原本与个体生存没有直接关系,是自然界将培育人类幼仔的功能植入个人的机体之中,使之在生儿育女的过程中时常产生一种特殊的精神快慰,即母爱的甜蜜。另一方面,当母亲得到了子女的关爱、孝敬,会感到特别的温馨。没有子女,没有养育子女的经历,就不可能有这方面的快乐。

关于性爱的满足。性需要的满足使人产生极其强烈的性快感。这种快感是肉体上所能产生的最强烈的快感,是其他一切快感所无法比拟的。一个人没有性满足或许也能健康长寿,但人不仅要活着,而且要活得有质量,活得有滋有味。没有性的满足,应该说,人生是不精彩的,幸福是不完整的。家庭是幸福的港湾。这里,不仅有稳定的性满足,而且有夫妻间的照顾和慰藉、孤独感和空虚感的避免、家庭的温馨和欢愉。

对于健康长寿、生活舒适、心理愉快、性满足在幸福中各自的地位,如果用百分比来表示,我以为,健康长寿40%,生活舒适25%,心理愉快25%,性满足10%。

健康长寿是最重要的,一个人如果活不到40周岁,其他方面再好,幸福指数也不会超过60;现代人的寿命一般应在75周岁以上。农村有些人活100多岁,尽管生活条件一般,一辈子平平淡淡,但也应该算是幸福的,幸福指数应为75—80。幸福指数最高的人,应该是一些寿命较长的领袖人物、革命家、科学家、艺术家。这些人富有激情、被万众拥戴,时常处于高度兴奋、开心之中,这是其他人所没有的。再说,他们的工作本身就是在满足自己的情感需求,就是在充分地享乐。

要达到"健康长寿、生活舒适、心理愉快、性满足"的幸福目标,钱是十分重要的。但我们又不能同意"有钱就有一切,有钱就有幸福"的看法。钱是物质生活的基础,但并不是情感生活的全部基础。在我看来,

人性百题
哪些人的幸福指数最高?

对整个幸福而言,钱大概只有60%的作用。人的部分情感是钱所无法满足的,情感本质上只能用情感来满足,这或许正是许多富豪觉得不幸福的原因。

在实际生活中,应该看到,人的大部分情感的满足与自己的脾气、性格、心态、道德修养有密切的关系。有好的脾气性格,就会与人为善、热情大方、活泼开朗、幽默、宽容,这不仅会少生气、少发愁,而且会得到许许多多的快乐;有好的心态就会自我调节,不自寻烦恼;有好的道德修养,就会受人尊重。有了这些,就会积极投入人群之中,参加自己喜爱的事业和活动,使自己生活有趣、富有激情。这样,就有了人际融洽、夫妻和睦、家庭和谐,就有了心情舒畅和生活幸福。

这里,我想指出,一定程度的激情(不是痴迷)对人生和幸福有着特殊的意义。人生要有激情,要有英雄主义、理想主义。一个人一生没有激情,不仅可能没有大的发展,而且可能没有持续的、高档的幸福。我所说的激情生活,不是指一部小说、电影带来的激动,而是那种融入社会、为自己热爱的事业奋斗的激情。比如,战争年代革命者的一腔热血,20世纪60年代热血青年学雷锋的那股劲头,科学家对科学、艺术家对艺术的执著追求和热爱,等等。人的物质欲望尽管经常出现,但没有持续性,满足了就没有了。所以这种满足的快乐是断断续续的。而人的情感欲望有持续性,激情有时能持续三年五载、十年二十年。尽管这期间会有其他欲望,但这种激情是一种始终存在的、经常处于重要地位的欲望。从事富有激情的事业就是在满足情感需要,因而在激情持续的日子里,人心中时常荡漾着幸福,有时会有苦累,但苦累的感觉常常会被火一样的激情所抑制。

人幸福的内容应该有物质和情感两个方面。生活实践证明,物质生活和情感生活对人的幸福都十分重要,两者缺一不可。一个人只有既满足了物质需要、又享受了丰富的情感生活才是幸福的人。仅有物质需要的满足没有情感需要的满足,不是完全的幸福。相反,只有情感需要的满足而缺少物质需要的满足,也不是完全的幸福。

古往今来,常有人蔑视、否定物质生活,而过分强调精神生活的重要;有人站在禁欲主义的立场上,反对把肉体快乐作为幸福的内容,他们认为物欲是低贱的、是罪恶,会把人引向灾难的深渊。有位对中国思想颇有研究的学者告诉我们:"'快感'在中国过去的价值观里,无论儒家、道家、佛教,都是比较受到轻视的,甚至被认为是一种堕落、下流的东西。"古希腊哲学家赫拉克利特有句名言:"如果幸福在于肉体的快感,那么就应当说,牛找到草料吃的时候,是幸福的。"[1]今天,有些人为了强调精神生活的重要性,常喜欢引用这句话。实际上这是一种禁欲主义的观点。时至今日,还有人大加赞赏,不是很可悲吗?

自然界赋予人肉体,赋予人维持机体生存的物质需要,不满足就痛苦和死亡,满足了就快乐,就能生存。人吃的时候,就是需要满足的时候,就是快乐幸福的时候,这有什么值得嘲笑的呢?人的欲望并不丑恶,人追求物质享乐,追求快感,并非"卑鄙下流"。

三、幸福的人生才是有价值的人生

1980年,《中国青年》就潘晓的信开展"人生的意义究竟是什么"的讨论,这就是轰动全国的"人生观大讨论"。讨论中,一些人坚持这样的观点:只有为祖国、为人民作出贡献,甚至献出生命的人生,才是有意义、有价值的人生。

什么是衡量人生价值的标准呢?我们还是先作些分析。

什么叫人生,人生就是人生存和生活的经历。人每日每时都在生活,也每日每时都在经历着人生。这可以是一个人一辈子的生活,也可以是一个人某一阶段的生活,还可以是一个人一天的生活。

什么叫生活,就是人为了生存和繁衍而进行的各种活动。也有人说,人每时每刻所做的、所经历的都是生活的内容。但究其本质,生活就

---

[1]《古希腊罗马哲学》,第18页

是过日子,就是柴米油盐,就是谋求自身需要满足和满足的过程。人有物质和情感两个方面的需要,因而人也就有物质和情感两个方面的生活,即物质生活和情感生活。人之所以有生活,是因为人的机体上有种种需要,人要满足这些需要,没有需要也就无所谓生活。机器人会做工,但机器人没有生活,因为机器人自身没有需要。可见,生活的真谛就是满足自身机体的需要。

在有些人看来,人"活着"是容易的事,不需要用"全部"力量去追求,正因为如此,理论界常常开展"为谁活着"、"活着为什么"的讨论,以引导人们去为他人、为社会作贡献。

事实怎样呢？在整个生物界,每一生物个体都无时无刻地、艰难地为"活着"而奋斗。即使如此,还是有大量的生物在激烈的生存竞争中死亡。在人类200多万年的历史长河中,人类一直为吃饱肚子而斗争,直至21世纪的今天,全球仍有一半左右的人没有解决"温饱"问题。中国有13亿人口,经过几十年的改革开放,人民生活有了很大的提高,但仍有很多人生活在贫困之中。

再说,"活着"如果仅是吃饱肚子没有饥饿的痛苦,那还可以用一部分时间去专门为社会作贡献。问题是,人有多种需要,每一种需要没有得到满足都会有痛苦的感受,这些感受也同样是强烈的,人不得不受这些需要的控制。所以"活着"不只是温饱问题,而应是快乐的、无痛苦的、有质量的生活。如果谁认定,"活着"就是指存活,一个人只要有生命就万事大吉了,就能去为他人了,那真是太幼稚了。还有,"活着"并不是自己一个人活着,还要抚养孩子、赡养老人、照顾家庭。人的行为不是由意志决定的,不是你想去干什么就能干什么的,而是由自身存在的多种需要决定的,人无法摆脱它的控制。可见,"活着"绝非易事。

我们到处可见,顶着热日锄禾的农民,流着汗水劳作的工人,城里潮水般上班的人,车站、码头成千上万背着行李打工的人,起五更睡半夜做小生意的人,顾不得脏腥卖鱼杀鸡的人,卖鸡蛋的白发老太,卖老鼠药的残疾青年等等。他们都在为"活着"而奔忙。有一次,我弟弟给我讲述了他在海边渔家几天几夜的所见所闻。这些人都是农民,因家里穷,背井离乡到海上捕鳗鱼苗。有一户人家为赶季节,小年夜那天,老婆含着眼泪随丈夫赶往几百里外的海边。这些渔民所用的都是载重六七吨的小船,生活及捕鱼设施十分简陋。吃,有饭但常常没菜;穿,有衣但简单而破旧;睡,在船舱里,狭小而脏乱。他们的工作,总是在一无遮挡的寒风和永不停息的波浪中进行的。他们用的是柴油机,发动要用手摇,悲惨的是,好多男女被发动机吞食了一两根的手指。更使人提心吊胆的是,海上还时常传来船翻人亡的噩耗。渔民们感叹"不是生活所逼,谁来受这个罪"。

那些高官、富豪是不是能多为社会作一些贡献呢?人的追求是无止境的。当了高官还想当更高的官,有了钱还想有更多的钱。高官特别注重自己的名声地位,富豪追求更豪华的物质享受和丰富多彩的情感生活。可见,这两种人不仅不会闲得没事,而且还会十分忙碌。当然,富豪比一般人多为社会作贡献是可能的,比如从事慈善活动。可从事慈善活动也是自身情感需要的驱使,或出于同情,或出于荣誉,或出于对一些事业的热爱(源于好奇心、好胜心等)。

人生的价值就是自身生理需要和情感需要的满足,越满足就越幸福,价值就越高。因此,幸福是衡量人生价值的标准。幸福的人生才是人们追求的人生。一个人只有充分、合理的满足自身需要,充分地享受快乐和幸福,这样的人生才是有意义、有价值的人生。在我们周围,当有人感叹自己的人生无限美好的时候,那一定是他的需要得到很好满足的时候,是开心的时候;当有人厌世的时候,那一定是他的物质需要长时间没有得到满足的时候,或者情感需要受到伤害陷入极度痛苦的时候。

那么,为他人、为社会的事不就没人干了吗?不,人人都会干,人人都在干,人人都应该干。其一,人有利他情感和利他激情;其二,在理性上,为个人和为社会并不是对立的,在绝大多数情况下,它们是一致的,是一个东西的两个方面。对个人来说,为他人、为社会作贡献是个人获得幸福的最佳途径。一个人只为自己的金钱和地位,不关心他人,不为

> 人性百题
> 幸福的人生才是有价值的人生吗?

社会作贡献,是无法获得自己的幸福的,其人生观是错误的人生观。在这种人生观的指导下,人生不会幸福。个人要有道德和理智,要充分认识个人利益与社会利益的关系。在追求个人"金钱、地位和幸福"的时候,决不能把"他人的幸福、他人的利益、他人的需要"撇在一边。我们切切不要忘记:要把个人的追求融入到为社会、为他人的工作中去;不顾社会利益和他人利益是没有出路的;危害他人、危害社会,必然危害自己。

四、个人幸福是国家一切工作的落脚点

国家是为人民服务的,人民是由一个个的个人组成的。人民的幸福最终应该落实到个人,应表现为全社会一个个的个人幸福。没有一个个的个人幸福,人民幸福就是空话。

这个看起来很简单的道理,做起来是十分不易的。这里关键的问题是,有些人常常把个人利益和社会利益、个人幸福和人们幸福对立起来;而之所以对立,是因为害怕个人利益会影响、损害社会利益;之所以害怕,是认为人的私欲是可怕的、邪恶的;有了这种认识,就出现了蔑视、否定、反对个人利益和个人享受的情况。从历史上看,这种情况主要出现在封建社会,并形成了禁欲主义。

禁欲主义兴盛于封建社会,当时它起到了维护社会稳定和发展的作用(详见下一章),但它严重地压抑了人的欲望,摧残了人性。正因为如此,欧洲从14至16世纪文艺复兴运动开始,思想家们用人道主义、人本主义对禁欲主义进行了猛烈地评判。而中国在1911年清王朝被推翻后,禁欲主义远远没有像西方那样受到长时间的猛烈的冲击。所以,在中国,禁欲主义还严重地影响着人们的思想。就是在新中国成立之后,个人利益、个人追求、个人享受、个人幸福、人权等常常被蔑视、否定、批判。在"左"的思想盛行时,为自己、谈享受是可耻的,是资产阶级思想;邓丽君歌曲被说成是"靡靡之音"而被封杀;选美、模特更是不可想象的,就连

男女恋爱也变得见不得人。20世纪60年代初,一对恋人婚前生子,男的被判刑,女的受批判。"文革"时的"样板戏"把爱情斩尽杀绝。《白毛女》《红色娘子军》里原来还有爱情的影子,后来由于怕观众"误会",就强调只有纯洁的"革命战友关系",连夫妻关系也都淡化、净化到讳莫如深的地步;《红灯记》里有祖孙三代,没有夫妻、恋人的踪影;《沙家浜》里阿庆嫂的丈夫跑单帮去了,与阿庆嫂并无"男女之事";《海港》的女主人公年龄不小,但绝无涉及爱人的言辞。正因为文艺作品里取消爱情,使得社会生活里爱情乃至正常的夫妻关系也都转入地下。如果青年男女在公园里卿卿我我,则会遭到"工纠队"的训斥、殴打,甚至扣留。

> 人性百题
>
> 作家刘心武为什么要写《爱情的位置》一书?

1978年,作家刘心武决心为爱情恢复名誉,撰写了小说《爱情的位置》。小说发表后,引发了轰动,许多报刊转载和电台广播。短短一个月,刘心武收到7000封的读者来信。小说"给了他们解放感"。有一位渔民听了广播后,激动不已,他说他终于知道原来隐藏在心底的爱情并不是罪恶,现在可以跟女朋友公开来往了。可见,人们所受压抑之深。

禁欲主义根深蒂固,不是一下子就可以铲除的。就中国而言,政策上对个人利益和个人幸福限制还比较多;思想上排斥个人利益和个人幸福的问题还严重存在。我发现,许多关于道德品德、人生观、价值观、伦理学方面的书提出的道德要求,几乎都是在远离个人利益和个人幸福的基础上提出的。1996年,有书说:"在马克思主义看来,一个人只为家庭而活着,如同禽兽的私心;只为一个人活着,这是卑鄙;只为自己活着,这是耻辱。只有全心全意为人民服务的人,才是一个高尚的人,有价值的人。"[①]

现今,关于幸福,我们常看到这样一些观点:"为人民服务就是幸福"、"为人类的解放事业——共产主义贡献自己的一切,这才是最大幸福的"、"把争取最大多数人的幸福,实现人类的解放,看作是自己最大的幸福"、"革命先烈和先进模范都把为共产主义而奋斗,为社会主义作贡

---

① 陈瑛主编:《人生幸福论》,中国青年出版社1996年版,第335页

献,为人民利益而献身作为最大的幸福。"

这里的关键问题是,人会不会追求与自身需要无关的所谓幸福?对此,中国传统思想是肯定的;我是否定的,这里有禁欲主义。

1. 幸福是自身实实在在的机体感受,没有这种感受就不是幸福。快乐和无痛苦是个实际的东西,哪里有这种东西,哪里就有幸福。如吃了糖果感到甜蜜,走上领奖台感到喜悦,母亲给自己的孩子喂奶时感到温馨,劳累一天坐下休息时感到轻松。这些都是实际的、具体的。

2. 幸福并不取决于"看作"(认识),而取决于自身需要实实在在的满足。上面所说的"就是幸福"、"这才是最大的幸福"、把它"看作是自己最大的幸福",这显然是把幸福看成是人的认识,认为是幸福也就幸福了。

3. 应该肯定,为国为民、英勇献身的英雄模范人物是存在的,比如,邹容、秋瑾、雷锋、焦裕禄就是这样的人物,可他们并不是出于与自身需要无关的伟大思想,本质上他们的行为根源于他们自身的情感需要。这些人的一些情感在特殊环境的强烈刺激下凝聚成了理想的激情,这种理想就是"为人类的解放事业奋斗"或者是"为人民服务",在激情的驱使下,他们在为理想奋斗的时候就是满足情感需要的时候,就是获得幸福的时候。应该看到,这种人是存在的,但是极少的,且这并不是出于人平静时的欲望。

而从上面的观点来看,个人似乎没有幸福可言,为人民服务就是你的幸福,你只要全心全意为人民服务,为共产主义奋斗,你就有了幸福,就有了最大的幸福。至于你个人实际上是否获得幸福是无关紧要的。这里或许又有禁欲主义。追求自身机体需要的满足即追求幸福是人的本性,是自然赋予的权力。这是任何力量都无法改变的人性规律。费尔巴哈说:"什么东西阻碍我追求幸福的愿望,根本损害我的自私心和利己主义,它就不应当存在也不能存在。"[1]

历史上有"德行就是幸福",如今有"为人民服务就是幸福",如果是

---

[1] 《费尔巴哈哲学著作选集》下卷,第 452 页

说德行会给人带来幸福,那是对的。然而,事实上一些人武断地认为,人在行善的时候就是幸福的时候。这是一种理性主义幸福观,本质上是禁欲主义的,是要人们"不想自己"而为人民、为社会幸福奉献一切。

幸福的本意是个人幸福。需要存在于个人的机体之上,满足需要的苦乐只能是个人的感受,不是你说我快乐我就快乐。我的幸福在于自身需要获得实实在在的满足,机体上有了实实在在的快乐的感觉和无痛苦的感觉。否则,不管如何动听,我的肉体和心理上也没有一丝快意。

对一个国家来说,应坚信人的一切追求最终是个人的生存和幸福,个人幸福与社会幸福是一致的。因此,一个国家,一方面要教育人民热爱国家、关心他人,另一方面要充分肯定在一定社会条件下人们追求个人利益和个人幸福的合理性,要让人们看到自己的利益,而不要回避个人利益。

承认个人幸福,似乎有悖于我们的传统观念。在有些人那里,承认"人人都追求幸福",但不承认"人人都追求个人幸福";承认人要享乐,但不提倡个人享乐;承认人有欲望,但反对个人为自己的欲望而奋斗。有的人谈起"追求幸福"娓娓动听:"人的一生中要做无数件事,有无数追求,要经历数不尽的困难。但人们不是为了做事而做事,不是为了追求而追求,更不是为经受痛苦而经受痛苦。人的一切活动最终目的无不是为了幸福。"可是,我仔细一看,他们讲的人,不是个人,而是阶级、人民、人类;这里讲的幸福,不是个人的幸福,而是阶级、人民、人类的幸福;这里讲的人的一切活动,不是个人的一切活动,而是人类的一切活动。幸福被束之高阁,个人无影无踪。欧洲中世纪带有宗教色彩的平民起义,要求群众抛弃生活上的享乐,以便更好地发挥自己的革命毅力。我们今天的有些宣传何尝不是这样呢?

新中国成立之后,党和国家大力地开展思想道德教育,有效地激发了广大人民群众热爱祖国、关心集体、为人民服务的热情,推动了社会的发展。然而,毋庸讳言,有时又走到另一面,把社会和国家的利益作为根本利益,而把个人作为国家富强人民幸福的工具。思想理论界曾多次开展"为谁活着"、"活着为什么"的讨论。这是很怪的,它明显地把个人"活着"作为手段,而把要"为"的对象作为目的。其基本的用意,就是要引导人们:你活在世上,要全心全意地为人民服务,为社会作贡献,而不要追求个人利益和幸福,要无私奉献。这样,衡量人生意义的标准就是对社会贡献的大小,贡献越大人生就越有意义。这样的讨论对社会、对个人都是有害的,应该坚决废止。我以为,要想有效地引导人们积极关心社会、关心他人,应该进行"怎样使自己的人生更幸福、更有意义"的讨论,以教育和引导人们正确处理个人利益和社会利益、利己与利他、奋斗与前途的关系,从而使人们正确地把握自己的人生之路。

个人不是手段,而是目的。人所奋斗的一切都是为了人,而人吃饭、穿衣、谈恋爱、结婚、看病、美容、看电影总是落实到个人。人的需要存在于个人的机体,而不是存在于千百万人的连体。国家应该看到,人机体上的需要是人的一切欲望、意愿、行为的全部动力,满足自身机体的需要是人的全部目的。所以,国家机关和一切社会工作者,应毫不迟疑地支持个人正当的追求,积极地为广大人民群众更好的生活创造条件。

就事情的本质来说,个人尽可能的幸福是人世间一切活动的根本,是一个国家、一个政党一切工作的最终的落脚点。可惜,个人常常被排斥、被否定、被扼杀。有人说:"那些为人类幸福做出贡献的人,之所以会成为最幸福的人,是因为他们的事业会给千万人带来幸福。他们的欢乐是与千万人同欢乐,他们短暂的生命,他们的人生价值,将随着这永恒的事业而得到永生。作为生物躯体,将化为泥土,不再存在;但他们的业绩,他们的人格,将与天地同存,将永远被那些高尚的人所传颂,所怀念。他们的精神、灵魂是不朽的。"有人鼓吹:"人生不仅包括了生,也包括了死。生是人生的追求,伟大的死也是人生的一种追求。壮烈的死就是永生。"①

生命是幸福最为重要的基本的内容,一个人没有生命,就无所谓什

---

① 《人生幸福论》,第189页

么幸福。对于一个已死的躯体、已化为泥土的人，除非承认人真的有来世，否则"与天地同存"的荣誉，别人的传颂和怀念，什么"流芳百世"、"永垂青史"又有什么价值。对于这种宣传，我不能不说，是荒谬绝伦的欺骗，是真正的愚民宣传，是中世纪禁欲主义的翻版。

一个国家，要人们为国家和集体的利益而奋斗可宣传的东西很多，大可不必作这样的宣传。尽管，在一些关键时刻，个别人的牺牲能换来巨大的社会价值或千万人的幸福。但是，人有生存权和幸福权，任何人任何宣传都没有权利直接要求人们为事业抛弃个人的幸福，去献身、去死。从伦理角度上说，这也是不道德的。从人权的角度来说，这是对人权的侵犯。

我们要大声疾呼："个人"身上还笼罩着禁欲主义。我们要为个人追求幸福、个人享乐正名，要为它唱赞歌。它是天然合理的，是我们一切工作的出发点和落脚点；尽情享乐，人人幸福，是我们最伟大的、最崇高的目标。任何害怕享乐，不必要的限制享乐的言行都是愚蠢的。一个社会任何时候都应在积极组织和鼓励人们在努力生产的同时，尽可能地想方设法地让人们去享乐。

时至21世纪的今天，全世界越来越多的国家和人民自由自在的享受生活、追求幸福，中国改革开放不断深入，思想观念不断解放。我们应该彻底抛弃禁欲主义，尽可能多地给"个人幸福"以空间和条件。

作为个人，应该看到，社会的稳定和发展需要节制人的欲望。人的私欲是一匹难以驾驭的马，弄不好会有破坏性。所以，为了人们根本的利益，国家应该从制度、法律、道德等方面对个人的欲望和行为作出种种限制，从思想教育上要求人们全心全意为国家和集体的利益而奋斗。为此，国家不得不把大量的精力用于国家的管理、制度建设和社会的稳定。没有这些，就没有社会的发展和国家的富强；没有国家的富强，国家就拿不出多少东西给人民。

当然，人是目的。一个国家应积极地千方百计地谋求全社会每个人的幸福。

首先,带领人民群众与天斗、与地斗、与人斗,去获取尽可能多的物质利益。没有奋斗就没有人的幸福可言。

其二,在保持社会稳定和发展的前提下,直接给人的生活提供条件,积极创办、支持和扶植让人们享受生活的事业和场所。改革开放以来,中国直接用于人生活的服务行业,如文化娱乐、旅游、住房、服装、美容、休闲等有了很大的发展。卡拉OK娱乐场、桑拿浴、咖啡屋、舞厅、网吧、婚姻介绍所等如雨后春笋。同时,政府还为人民着想,大兴公共福利事业,不断美化环境,增设休闲场所,开辟步行街,扩大敬老院,国家越来越关心人的生活,人民群众越来懂得生活。这是很好的事,应继续保持,并进一步发展。

其三,随着社会的发展,要不断修改和调整有关人民生活的方针、政策、法律、法规、道德规范。法律和道德总是要限制人的欲望的满足的,法律和道德是把尺子,尺子过长就是禁欲。法律法规、道德规范的依据是一定的物质条件和社会条件。因而,当社会发展了,一定的条件变化了,我们就应该及时地调整这些规定,以释放人欲。我们应确立这样的思想原则:只要没有给社会造成大的不良影响,就让人尽情享乐。2002年8月,陕西某地一户居民夫妻俩在家看黄碟,当地派出所所长接到群众电话举报,立即派员上门"执法"抓人。在农村,农闲时民间的"小来来"(即赌资很少的打牌、打麻将等娱乐行为)是农民常有的娱乐、交往活动,可在有些地方常被列入赌博之列,予以打击。2006年8月15日《中国青年报》报道,北京市有关部门为保持城市"一尘不染",不准流动摊贩进入城市。对此,有专家主张宽容对待流动摊贩。有专家认为,在公民的所有权利中,生存的权利是最重要的。在经济条件没有那么发达的情况下,重视人的基本权利比城市的整洁更加紧迫。另一专家谈了德国汉堡等一些城市的情况,圣诞节前的一个月,市政厅前的广场上搭建了许多临时木板房,供商贩经营,老百姓在小摊上喝啤酒、吃面包。

我认为,只要公民的活动没有给社会造成什么影响,不管你如何看不惯,听起来多么"下流"、"不道德"、"怪异",我们都无权去阻止,而应尽可能地给人以自由,让人享受生活。即使有些事对社会有些影响,也不能一律"格杀勿论"。事情常常有两面,即既有让人享受生活的一面,又有给社会带来一定负面影响的一面。只有积极的一面,没有消极一面的事是很难找到的。我想,一些事如果对社会的负面影响很小,而能让人得到很大的快乐、幸福,就应该支持或放行。如一有点负面影响就阻止,很多幸福就会被扼杀。这样,我们奋斗又是为了什么呢,扼杀又为了什么呢?生活的目的又体现在哪里呢?

近几年,中国大讲"以人为本"。2007年,"以人为本"还被写进了《中国共产党党章》,这是伟大的进步。照理,把人作为根本、把人的生存和幸福作为一切工作的目的,是不成问题的。然而,这一思想是来之不易的。中国在人的问题上长时间地存在着"左"的错误,比如,对人道主义和人本主义持否定和批判的态度;尽管我们一直把全心全意为人民服务作为宗旨,但在实践上,这个宗旨常常落实不到个人。在有的领导者那里,相对于国家或集体的利益个人的权利又算得了什么呢?在这种氛围里,人们不懂得生活是目的,更不敢谈个人享受。据了解,这曾是许多社会主义国家的通病。

我以为,"以人为本"中的"人"应该是一个个具体的个人,而不是抽象的集体、阶级、社会。社会利益不落实到个人是空的。2008年5月,中国人学学会副会长王锐生教授在一次座谈会上说:"在理论界,有一种糊涂的观念——认为以人为本的'人'不可以理解为个人,否则就会导致以个人为中心的个人主义。把个人(自然包括个人的生命)排除在以人为本之外,余下的是什么呢?人类?阶级?人民群众?没有了一个个具体的、现实的个体,它们不都是一些抽象的概念了吧。持这种观点的同志如果到救灾的现场,救援者会告诉他们,护卫生命第一,我们寻找的、拯救的正是一个个个体的生命。救援者的以人为本正是集中体现在保卫个人,保卫个体的生命。"他还说:"在新中国成立后的几十年里,'人权'这一概念一直未被接纳。究其原因,是传统理论的误导。苏联模式的传统理论,漠视人的个性,排斥人道主义,搞阶级斗争扩大化,把人与人的

人性百题

"以人为本"中的"人"应该是个人还是集体、阶级、国家?

斗争推到极端。"对此,我非常赞同。

那么,个人最根本的东西是什么呢?是生存和幸福,是物质需要和情感需要的满足。所以,要坚持"以人为本",就是要把满足人民群众的物质需要和情感需要作为我们一切工作的目的,就是解决民生问题,让人民享受生活,而且最终一定要落实到个人。要做到这一点,在大的方面,就是要发展经济;在具体方面,就是要让个人得到实惠,重视解决涉及广大老百姓生活的若干问题。如柴米油盐、工资、住房、看病、养老、婚姻、菜篮子、饮用水、物价、休闲、娱乐、环境、公共交通、孩子入学、残疾人等问题。

五、谋求幸福是一门科学

一个人要获得幸福,首先是要奋斗。奋斗是获得幸福的基本途径,这是谁都知道的。问题是,对个人来说,经过奋斗有了富足的经济条件就一定幸福吗?不是。谋求幸福是一门科学。除了奋斗,还有生活,奋斗有很多学问,生活也有很多学问。在我看来,目前中国人对待生活存在两大问题:一是缺乏享受意识,二是不懂得如何享受。

1. 奋斗与享受

奋斗是手段,幸福是目的。人之所以创业、奋斗、挣钱,最终不是为别的,而是为了生存和幸福。一个人一生的幸福应该是一生中每天每月每年幸福的总和,而每月或每年又是由每天组成的。所以,人应该快乐每一天,这才有价值,才有意义。当然,在没有条件时,应当创业、奋斗、挣钱;在条件许可时,就应尽可能地去享受。条件一般,就多奋斗,少享受;条件较好,就少奋斗,多享受。现在一些年轻人超前享受,一边工作,一边贷款买房、买车,这可能是明智的。在条件已经较好或很好时,还辛苦挣钱,不知享受,是傻子。人生就是几十年,长的也不过八九十年。一个人真正的价值在于现世的快乐和幸福,快乐和幸福越多就越有价值。

许多人平日很少考虑自己的人生、幸福,可每当听说某人死了或参加了谁的追悼会,都有一番感叹:"人就那么回事,总归要死,在世有钱就应该好好地享受,一辈子辛辛苦苦不值。"

在中国,由于受封建道德和"左"的思想的影响,长期以来人们很少讲享受,更不懂得应当充分地去享受。封建社会推行禁欲主义。解放后,思想理论界受此影响,推行"左"的思想,只讲奋斗、奉献,反对享乐,一度还把享乐当作享乐主义来评判,弄得人们不敢讲享受。如此这般,中国同西方国家相比,人民缺乏享受的意识。

> 人性百题
> 中国人缺乏享受意识吗?

有一些人经济条件很好,足够余生生活,可还省吃俭用、一心挣钱。究其原因:一是缺乏享受意识,二是省吃俭用成了习惯。我有一个亲戚,在苏北农村小镇上。本世纪初,他50多岁,此时就有七八十万,三个女儿在大城市,都已经成家,条件都很好。可他们夫妻俩不仅舍不得花钱享福,还辛苦劳动。看到钱不挣舍不得,看到同行挣钱,还较劲。经我多次劝说,想通了许多,家里置换了新房,花了四万多元进行了装潢,买了两台彩电、两台空调,还有洗衣机、冰柜之类。生意上,好做的就做,不做就玩。现在他们大部分时间休闲在家,想外孙了就去女儿家住住。

还有一些人,一辈子辛辛苦苦,年老时自己不享受,有意无意地在为子女留钱。应该说,子女成家后,做父母的并没有再扶养的义务,有钱自己应该尽量享受。子女有困难,可予以资助。不过,这是关心,不是义务。自己一辈子创业辛苦,晚年应该好好享受。对于这一点,作为父母应理直气壮,作为子女应积极支持。

应该看到,人生始终需要奋斗的激情,即使不需要为物质条件而奋斗,也需要激情。这个激情可以是绘画、歌唱、舞蹈、摄影、收藏方面的激情;也可以是科学研究、革命斗争、文艺创作、体育活动、慈善事业方面的激情;还可以是经商办企业既为挣钱又为满足融入情感事业的激情。这些激情哪里来?它来自大量读书和吸收外界信息,来自实践和与人的广泛交往。在此,会有大量的情境刺激你的情感,而其中一个或几个情感则可能被激发而产生某方面的激情。

> 人性百题
> 人生为什么应该有激情?

我们知道,人在理想的激情下工作和生活是很愉快的,如马斯洛所说,他们是"自我实现"的人,工作就是快乐,快乐就是工作。在激情的鼓舞下,他们浑身充满活力、快乐、兴奋、甜蜜、充实、不知苦累。可见,人生需要为理想而奋斗的激情,一生没有激情是很大的缺憾。

2. 饮食与幸福

> 人性百题
> 人的许多病是吃出来的吗?

人要生存和幸福,每天要吃饭,可吃饭有很多的学问。经验告诉我们,人的许多病是吃出来的。美国参议院营养与健康特别委员会曾在提交国会的报告中说:千百万美国人塞进肚子的东西,很可能使他们患肥胖病、高血压、心脏病、糖尿病、癌症。一句话,会慢慢地致命。中国明代伟大的医药学家李时珍说:"饮食者,人之命脉也。"世界卫生组织原总干事钟恒说过:"许多人不是死于疾病,而是死于无知。"吃什么,怎么吃?对人的健康有着十分重要的影响。

吃什么、怎么吃才科学呢? 中国有句老话:杂食者,美食也;广食者,营养也。现代人的经验是:5+2+1,即5份谷物和豆类,2份蔬菜和水果,1份肉类。从根本上看,人类是在生物进化中产生的,人及其祖先的机体在几百万年进化过程中是吃一定的食物而形成的,也就是说,正是这些食物制造了人的机体。这些食物有确定的种类和一定的量。应该说,这是自然界给定的食谱,正是这一食谱养育了人。因此,我们不能凭想象和好恶改变这一食谱,改变了就会危及机体的健康,就会生病。

应该知道,人吃饭是经常的、大量的。每人每年平均饮食消耗量达一吨。可见,如果饮食安排不合理,健康受损是必然的。世界卫生组织根据统计得出结论,决定人类健康的第一个因素是遗传,第二个因素是膳食营养。因此,我们不要改变传统的饮食,而要坚持基本的饮食原则,即平衡膳食。20世纪营养学一个最大的贡献,就是建立了平衡膳食的理论。在此原则指导下,特别要重视吃天然的食物、吃五谷杂粮。在生物进化中,生物母体为了后代,把多种营养精华集中到子粒里,这是大自然中物种繁衍的颠扑不破的法则,所以,吃种子(谷)是智慧的选择。另一方面,每一种食物各有其特殊的物质成分,吃五谷杂粮能满足机体对多种物质的需要。

3. 既要节制物欲又要节制情欲

节制物欲是十分必要的。物质需要的满足有个度的问题。古人云：物无美恶，过则为灾。比如，吃得太饱，撑胃；睡多了，腰酸；性过度，肾亏；不仅如此，不合理的、过多的追求物质享受，既可能使人贪图享受，丧失斗志，还会引起种种疾病，如肥胖、高血脂等富贵病。随着人类物质生活水平的提高，节制物欲越来越显示出重要性。

那么，情感方面的欲望该不该节制呢？古往今来，人们似乎都讲节制人的物质欲望，而很少有人主张要节制人们满足情感方面的欲望。在我看来，物欲要节制，情感方面的欲望也要节制。我们知道，为满足情感需要，人类制造出许许多多的机会、活动、器械供人享受，如唱歌、跳舞、舞会、戏剧、电影、绘画、网络游戏、旅游、魔术等等，可这不是自然的意图，其本身已失去情感刺激物原本用于生存和繁衍的作用，所以千万不能过度。所以，许多精神刺激虽能让人快乐，但并不利于生存，如大量娱乐性活动如果用情过度，不仅有害健康，而且影响人际关系和自己的事业。

常言道"眼不见心不烦"。人有多种情感，每一个情感都有对应的刺激物，只要遇到它们的刺激物就必然被激发。激发了往往会产生一些负面的情绪，如生气、心烦、伤心等。这个过程是必然的，要想心不烦，除非眼不见。所以，人应回避（节制：不听、不看、不想）来自他人背后的议论以及媒体中种种惹人生气的事情、言语、情节的刺激，以保持心理宁静。还有，人不要多疑、多虑、多愁，不要胡思乱想，以避免情感受到刺激，使自己无端生出一些烦恼、忧愁、愤怒。"没心没肺没烦恼"、"遇事不要往心里去"应该是人生活的一大原则。

人的物欲容易满足，而且满足了欲望就暂时消失了。人的情感方面的欲望却不同，情欲是由内外情境因素刺激情感需要而产生的。如果人在做某事时一些情感受到持续的、强烈的刺激，这些情感就会不断地被加强，如同火会越烧越旺，以致对一些事情上瘾。在生理需要基本满足的情况下,情欲的满足不受生理条件限制,满足起来没有尽头,以致常有上瘾的情况出现。

人的机体是一个均衡的整体,而自然界给人的时间、精力和空间是不变的。因此,在情感方面一旦上瘾,也会产生不良后果。从实际情况来看,主要有两种,一是在一定程度上失去理智,而影响其他需要的满足,影响工作、生活和健康;二是容易导致精神疾病,如忧郁症、神经官能症等。

这样的事比比皆是。玩乐上瘾,这是大家所知的。有些人为娱乐、打牌、跳舞、唱歌、艺术欣赏、游戏等着迷,以致影响自己的幸福。比如,赌博上瘾,一门心思在赌博上,越输越来劲(好胜心、自尊心被激发),甚至会不顾一切、倾家荡产、家破人亡。当代社会,很多青少年迷上了网络游戏,成了网迷。一旦迷上了,影响学习不说,还影响人的身心健康。有位初中生沉迷于网络游戏,有一次一进网吧就是11天,出来时已骨瘦如柴,结果精神出了毛病,自杀身亡。

这一二十年,由于中国文艺界的繁荣,出现了很多影星、歌星,同时也出现了千千万万追星的粉丝。人们喜欢艺术,崇拜影星、歌星是正常的。但也有极少数人追星达到了痴迷的程度,弄得精神崩溃、家破人亡。2007年年初,香港发生了震惊全国的"追星事件"。兰州有个女孩,从16岁开始,迷上了香港天王巨星刘德华,并如痴如狂地想与这位巨星见面。父母十分疼爱女儿,看着女儿那么痛苦,就顺从了女儿,并多次不辞辛苦,不惜倾家荡产,帮助女儿四处追寻刘德华。2007年年初,一家三口追到了香港。女儿见到了心中的偶像,可她还不满足,要求与刘德华单独见面、合影,刘德华没有答应。结果,父亲跳海自杀,女儿痛苦至极。

养宠物也有上瘾的。有个老太太竟然养了上百只各色各样的猫。自己省吃俭用、贫苦度日。而卫生问题既影响自己的健康,臭气外泄又影响邻居关系,被人议论、嘲笑。这些都是情感上的痴迷,即"走火入魔"。

为爱情、为子女、为探险、为正义、为同情有没有过头、上瘾、走火入魔的问题呢？有。所谓走火入魔，本质上乃是人的一些情感的心理机制受到过于强烈的刺激，出现了紊乱或故障，它表现为被情感所困不能自拔。可见，哪里有这种现象，哪里就会有过头、上瘾、走火入魔的问题。比如，有人受好奇心、好胜心的驱使而痴迷于探险，其勇敢精神值得肯定，但如过了头，不惜金钱，不顾亲情，甚至弄个粉身碎骨或尸体都找不到就不值得了。梁山伯和祝英台对爱情的坚贞，千古颂扬，这是应该的；但从个人幸福的角度来说，他们不顾现实，为情所困，一个忧郁气愤致病而死，一个自尽而亡，这能说是值得的、幸福的吗？有位母亲，一贯溺爱自己的女儿，女儿考上大学要去外地，她怎么也放心不下，愁了几天几夜。后来，她不远千里跟随女儿去了学校，在学校附近租房，无微不至地照顾女儿，弄得自己受苦、女儿反感、同学议论。

人性百题
梁山伯和祝英台为爱情牺牲生命是否值得？

4. 为事业、为他人也会"走火入魔"

在情感方面，有这样一个现象，人的某些情感受到外界情境的刺激，会在某些事情上变得特别强烈，以致形成压倒一切的欲望，即"走火入魔"。在这种强大的欲望的驱使下，人的行为常常会出现偏向。此时虽然也在满足需要，可这不仅不能给人带来幸福，反而会带来灾难。比如，有的人把心思长时间地放在他所热爱的事业上，不顾一切地忘我工作，这是可贵的。但结果，有的人到中年身体就垮了；有的不仅自己吃了很多苦，而且还因此影响了家人的幸福，弄得儿不认母、夫妻离异。有位女高级知识分子，年轻时一心搞事业，决定不生孩子。她觉得有了孩子，等于给命运之神以人质，使之有后顾之忧而不能全力以赴地搞事业。结果到老时，失去丈夫的她，饱尝了无依无靠、孑然一身的痛苦。

人性百题
为事业、为他人也会"走火入魔"吗？

长期以来，中国已形成这样的思维定势：一些为了事业、理想、艺术、爱情、子女、正义、同情作出重大努力，而遭受贫困、疾病缠身、妻离子散，甚至牺牲生命的人，会受到社会的肯定和颂扬。应该说，这些行为往往对社会是有利的，社会需要人们为革命、为科学、为艺术不顾一切，努力奋斗，执著追求；这些人是高尚的，确实令人钦佩，甚至让人感动流泪。但因为这些行为给个人带来了过多的不幸，一味地颂扬是不妥的。社会舆论应该从对个人负责的角度,给个人以正确的指导。

　　2012年1月9日,上海东方电视台"东方直播室"举办了"我为教育狂,值不值"的讨论。其中有一场讨论就"中学教师柏剑助养29个学生"而展开。参加讨论的除了柏剑本人外,有:作家、社会学家、大学教师、资深媒体人和观众。柏剑是辽宁省鞍山市华育学校体育教师,38岁。从1995年工作时起,他不断将贫困学生(被丢弃、家人不管)领到家里助养,供吃供住供上学(包括上大学后的学费、生活费),至今已先后助养了100多个学生,现家里还有29个,这些孩子都叫柏剑"爸爸"。为了使29个孩子更好地生活和成长,2011年9月他花20多万元租下了(包括租金、装修、添家具)鞍山市一个运动场,让孩子全部住了进去。助养这么多学生,既需要大笔资金又需要多人操持"家务",可他只有每月3000多元的工资,为此他不得不拖进全家帮忙。三姐夫交上每月3000多元的工资;二姐在学校打份工作贴补;老爹老妈卖了牛,老妈省吃俭用,一块钱的公共汽车都舍不得花;操持"家务"的是70多岁的母亲和二姐、姐夫,每天从早上四点多到晚上八九点;同时还东挪西凑,向亲戚朋友借债。他曾获得"全国五一劳动奖章"和"全国模范教师"称号。家人的态度,开始因为收的学生少还能忍耐,现在是强烈反对。

　　讨论中,有人支持,有人反对,柏剑或介绍、或申辩,唇枪舌剑,气氛热烈。柏剑的母亲和二姐一直是愁眉苦脸,还时常在擦着眼泪。朋友现场爆料,他现欠债40多万元。此时,柏剑二姐长长地叹了一口气。

　　大学教师志凌激动地说:"我和你都是东北老乡,否则我真懒得说你。你献爱心,把家人折磨成什么样子了。媒体采访你,你是人前显贵,可你妈你姐呢,那是人后受穷又受罪。"社会学家顾骏教授直截了当地说:"这不是做好事不做好事的问题,而是做得有点走火入魔了。"

　　我以为,柏剑是了不起的,但真的走火入魔了。他助养贫困学生不是一个两个,而是100多个;不是捐钱捐物,而是领到家里供吃供住供上学;不是一年两年,而是不辞辛苦、费尽心思地奋斗了16年;不是花费三万五万元,而是掏尽腰包并到处求人花了100多万元。他的择偶标准是,要女朋友同意将来与孩子住在一起,并没完没了地助养这些没有血缘关系的"儿子"。结果他谈了三个,都因无法接受这些条件而告吹,弄得他如今38岁了还没有成家。

而他16年来由于多种情感的不断激发,早就激情满腔,欲罢不能。16年前,是同情和自尊使他收了第一个孩子。这个孩子家里贫困,父母放任,孩子没钱吃饭,经常逃学并向同学借钱,可这孩子喜欢柏剑的体育课,特别听柏剑的话。一次,班主任找柏剑,请他先带一带,他同意了。我以为,柏剑的同意,其一是出于同情,他说:"不拉他一把,他一辈子就完了。"其二是出于面子,班主任特意请他带一带,不答应会得罪人。带了孩子后,柏剑给钱吃饭,与他谈心,问寒问暖,一段时间下来有了感情。一天,孩子要柏剑做他爸爸,还甜甜地喊了一声"爸爸"。20多岁的柏剑从未受到过这样的尊重,这一喊,他的心彻底软了。"爷俩人抱着哭了好长时间",于是柏剑收下了第一个"儿子"。

柏剑同情心特别强,他看到没人管的孩子就同情,就为他们的将来担忧,所以就一个个地收。柏剑二姐说:"你见到孩子都看着可怜,一个个收下来,到何时为止啊!"

柏剑好胜心极强,收了众多的孩子,他的雄心壮志是培养他们成人、成才、上大学。为实现这一目标,他对这些孩子进行严格的教育和管理,还亲自带领孩子进行体育特长训练。他租运动场的目的,就是让孩子更好地训练。孩子文化基础差,有了体育特长、比赛获奖,考大学就能加分。马俊杰是他的偶像,他决心像"马家军"那样训练,让更多的孩子上大学。柏剑在会场上坦言:"我有这个梦想","不想当元帅的兵不是好兵"。确实,他已有几个孩子上了大学。

不仅如此,柏剑在与孩子的朝夕相处中,会有不断的情感激发。为实现目标,他的同情心、好胜心和自尊心会变成责任心,不断地驱使他去奋斗。同时,他的种种情感还会不断地被新的情况激起,如不断出现的孩子的可怜、孩子的期待,"儿子"对他的依赖和爱,自己的一个个承诺,家人的抱怨,孩子的成绩,国家的肯定,媒体的关注,社会怀疑的眼光等等,不断地刺激他的同情心、好胜心和自尊心等情感,从而使他毅然决然地决心一直干下去。他的胸中激情如火。

他坚信自己是正确的,对一个坚信自己正确的人来说,一般的批评、责备和规劝是无用的。主持人问柏剑妈妈,你还认不认这个儿子,他妈妈说:"一家人吃饭都成问题,我认不了啦。"一位现场观众问:"你这样做,是不是想出名,或者是为炒作?"一位朋友说:"求求你醒醒吧。"还有人说:"未来的路是绝境,你进了死胡同。"可柏剑理直气壮、振振有词,他说,我心态很好,没有做一次噩梦,我站在鞍山市的大街上,可以堂堂正正地面对我们三千万的父老乡亲。我认为我人生有意义,一辈子没白活。他还激动地表示:"我会承诺,不到咽气的那一天,我不可能停止。"

我要告诉柏剑的是,不要以为一个人为国家或为他人操劳在任何情况下都是对的,人有不理智的时候,理智行为应该是,在关心他人满足自己一部分情感需要的时候,不能不顾自己的正常生活,不能损害家人的利益。

当然,对个人来说,想干成一项事业,特别是创造性的事业,作出牺牲、甚至很大的牺牲是必要的,有些成果不下大功夫是出不来的。但是,我们应该把握的是,作长时间的牺牲或太大的牺牲是不值得的;如果不作出这样的牺牲就不能成功,那就应该部分或全部地放弃这一事业。国外有位智者说得好:"一个人如果在14岁时不是理想主义者,他一定庸俗得可怕;如果在40岁仍是一个理想主义者,又未免幼稚得可笑。"有时尽管因激情而失去理性,会给自己的利益和前程带来影响,但即使如此,也应尽可能地让其延续。一个人有满腔的激情、充满活力、不怕苦累,那是十分快乐的。问题是,我们不能长久的生活在理想主义之中,更不能为此付出生命的代价。

除此,在谋求幸福的问题上还有很多东西值得思考、需要筹划。比如,婚姻是人生大事。在恋爱阶段,你坚持怎样的择偶标准呢?是把感情放在第一位,还是根据现实情况,把一生的幸福放在第一位?男性如果经济上不用愁,可否像"皇帝选美"那样把相貌放在第一位?女性如果条件一般,可否把对方的经济条件放在第一位,而把年龄、相貌、文化层次放在第二位？你是否相信,感情与物质条件有密切的关系,俗话说:"穷则饥,饿则吵。"进入婚姻阶段,应该怎样精心呵护婚姻,共筑爱巢？当婚姻难以维系时,是勉强凑合,还是作出努力挽救婚姻、或者果断离婚？当已离异或丧偶时,是囿于传统观念裹足不前,还是大胆地、坚决地选择再婚？又如,心理健康对于幸福是十分重要的,可在实际生活中,我们经常见到这样的情况:遇事多愁善感,失利时悲观失望,愁起来常常睡不着觉以致失眠;脾气暴躁,动不动就发火;性格内向,不善交流,有事常常闷在心里。对这些心理问题,你该怎样自我调节,怎样改善自己的性格、脾气？所有这些都是人生的重要课题。

可见,谋求幸福大有学问。我们一定要经常地思考、筹划,不能稀里糊涂过日子。人有习惯性、有惰性。如果我们不经常筹划、不经常下决心,一转眼就是三年五载。人生就那么些年,马虎不得。

第十章
人欲限制与人性实现

看起来，人欲限制与人性实现这两者是对立的，可奇怪的是，在人类历史的长河中这两者是统一的。

历史告诉我们：人类在追求自身需要满足的过程中，社会对人的欲望的一定的限制是必要的；另一方面，实现人性即完全满足人的自身需要是人类的根本目的，随着社会的发展和人的发展，人欲限制会越来越少，人性最终会得到完全的实现。

一、人欲先压抑后解放是社会发展的必然

人欲是人的机体需要被激起时的心理反应。一切需要只有成为欲望才能支配行为。正因为如此，人们常把人的基本欲望直接看成需要，把"七情六欲"看成人的基本需要。

人有欲望就要满足。然而，从总体上说，人欲的满足并不是随心所欲的。这一方面受自然的限制，另一方面受社会的限制。自然方面的限制是显而易见的。自然环境、自然规律、自然灾害、疾病都直接制约人的生存和生活。就人自身的自然而言，一个人一顿只能吃一定量的食物，吃多了就会撑得难受；人体对各种物质的需要有一定的指标，超过或不足就会生病，营养过多会发胖，营养不良会贫血。

这里，我想着重研究一下社会对人欲的限制，这是一个极有价值的问题。

首先，我们应该明白，由于物质的缺乏和人认识的不足等原因，人们

在强大的自然欲望的驱使下,个人与个人之间、个人与社会之间时常会发生广泛的有时很激烈的矛盾和冲突。对此,社会如果不对人的欲望进行一定的限制,势必影响社会的稳定和发展,甚至直接造成社会的动荡和混乱。

社会对人欲的限制一般表现在两个方面:一是制度上,二是道德上。

纵观人类的历史,社会对人的欲望的限制经历了怎样的过程呢?

在原始社会,当时只有血缘家庭和氏族的管理,没有统一的国家管理,人们共同劳动,平均分配,人是平等的,道德上是"风俗的统治"。应该说,原始社会对人欲的限制是很少的,人是自由的。

奴隶社会在制度方面加强了管理,有了国家、军队、法律和法庭。奴隶没有人身自由。奴隶主把奴隶当作"会说话的工具"、当牲口,可以随意打骂、买卖、陪葬和杀戮。可以说,在整个人类的历史上,奴隶社会在制度上对欲望的限制是最严重的;在道德上,对人欲的限制是很少的,是纵欲的。

封建社会政治压迫与奴隶社会相比已有较大的缓解。人不再被买卖或杀戮,农民有了一定的自由;但人被划分为若干等级,而这种等级制十分严格,人被层层管制。在道德上,道德被强化,并竭力推行宗教和禁欲主义,从而大大地加强了对人的思想的控制。可以说,在整个人类的历史上,封建社会在思想道德上把人欲压到了最底层。

资本主义社会对人的管理不是靠棍棒,而主要靠法治。与以往相比,工人获得了比奴隶、农民多得多的平等和自由。在思想道德上,资产阶级毫无保留地批判禁欲主义,主张人性解放,人性自由。可以说,在资本主义社会特别是在发达的资本主义国家,人是比较自由的。

社会主义社会对人的管理既靠法治又靠人治,在制度和道德上对人欲的限制较少,人民地位平等并享受广泛的权利和自由。

由此可知,几千年来社会对人欲的限制,制度上经历了奴隶社会限制最多,以后逐步解放的历程;思想上经历了奴隶社会纵欲、封建社会禁欲、资本主义社会之后逐步释欲的历程。

这种人欲限制，是正确的还是错误的，是历史的偶然还是必然，这里有没有规律可循？对此，我的回答是肯定的。按人的本性的要求，人的需要应得到完全的、充分的满足，不应受到任何的限制，任何一种限制都是反人性的。但是，在社会的发展过程中对人性又不得不进行一定的限制。所谓人性，简言之，就是人的机体上存在着与快乐、痛苦的感觉紧密相连的机体需要。然而，要满足需要就要进行生产，要进行生产就要根据生产力的状况结成一定的生产关系。一定的生产关系是生产发展和人们获得物质利益的保证。可是，生产关系（生产资料谁占有、人与人在生产中的关系、产品如何分配等）中包含着人与人之间的矛盾。这种矛盾在有的社会中是平缓的，在有的社会中则是相当尖锐复杂的。对此如果处理不好，就会直接影响生产关系的稳定，从而阻碍物质利益的获得和需要的满足。这样，维护一定的生产关系就显得特别重要，而要如此，关键在于要让全社会的人都能服从这个制度。

> **人性百题**
> 人类在漫长的发展阶段对人欲进行不同程度的限制是必要的吗？

靠人自觉自愿地听从安排、服从管理，是极其困难的。这是因为人的自觉性取决于人的需要的满足程度和理性程度。人的欲望十分强烈，人的需要越不能满足，人的理性就越差。从人类发展的历史来看，人类欲望的满足程度和认识水平的提高都是极其缓慢的。所以，要人服从社会的管理，只能靠一定的制度和道德对人欲进行一定的限制，其中不乏强制性的，甚至是暴力的限制。社会越不发达越要强制。如同一个人的成长，在其年幼时，由于缺少理性，应多管束，甚至用点强制和体罚；随着他越来越成熟、懂事，就应晓之以理、逐步减少束缚。

从人性角度来说，限制欲望是反人性的。但为了大局，为了社会的发展和稳定，不得不来点"反人性"的东西。或者说为了实现人性，人类不得不在为其奋斗的过程中，根据一定环境和条件，在一定程度上、一定范围内限制、压抑人的欲望的满足。所谓"不得不"，就是必然的，而必然的就是合理的。一句话，反人性在人类发展的一定时期是必要的。具体的说，在一定的条件下，一定的与人性相违背的制度、法律、道德是必要的，我们不能一说"反人性"就予以否定。

而从另一个方面来说,机体上有需要就必然追求满足。人的需要完全的、充分的满足即人性的实现是人类奋斗的最终目的。因而,"反人性"仅仅是手段。所以一旦"反人性"的东西赖以生存的条件发生了变化,就应及时去除"反人性"的东西,以释放被限制的人性。社会是不断发展的,人的文明程度和素质是不断提高的。因而,对人欲的限制即反人性的东西应越来越少,人越来越能够自由自在地生活,人性越来越获得解放。可以预见,人欲的限制最终将归于消失,人性最终必然获得彻底的解放。

为了明白起见,整个观点可归纳如下:

人类社会是在极度野蛮、贫困的基础上发展起来的。从人的本性来说,人的欲望应得到完全的、充分的满足,不应该受到任何的限制。然而人们在为满足需要的奋斗过程中,为让人们尽可能多地获得自己的利益,不得不根据现有的社会的需要和人的条件,在制度和道德上对人欲实行一定程度的限制,即来点"反人性"的东西。但满足是目的,限制是手段,随着社会的发展和人的发展,"限制"应及时去除,以解放人的欲望。这样,反人性的东西会越来越少,人性会越来越多地得到解放,最终人性将获得彻底的实现。

为了进一步证明这一观点,我们不妨追溯一下人类已走过的历史。

二、奴隶社会对人欲的残酷限制是必要的

200多万年前,人类从类人猿进化而来,人类进入了原始社会。当时,生产力十分低下,与这种生产力水平相适应的只能是原始共产主义的生产关系。人类最早的社会组织形式是血缘家庭。一个血缘家庭就是一个集团、一个公社、一个生产单位。血缘家庭存在了200多万年。5万年前,血缘家族被由血缘关系联系起来的氏族公社所代替。各个血缘家庭或氏族公社是分散而独立的,全社会没有统一的组织。在这种社会

制度下,人类共同劳动、共同消费、没有剥削,人与人之间没有不可调和的矛盾和冲突。所以,维护原始社会的生产关系(即血缘家族或氏族公社内部的生存关系),制度上不需要使用强制性的手段,有社会习俗也就够了。恩格斯说:"这种十分单纯质朴的氏族制度是一种多么美好的制度啊!没有军队、宪兵和警察,没有贵族、国王、总督、地方官和法官,没有监狱,没有诉讼,……大家都是平等、自由的,包括妇女在内。"①

随着生产力的发展,产品有了剩余。出现了占有生产资料的奴隶主,出现了管理社会的统一组织——国家。奴隶被强迫劳动;战俘不再被杀,而被当作奴隶、当作劳动力。这样私有制和阶级就随之产生了。最终,奴隶社会取代了原始社会。

奴隶社会建立了军队、法庭、监狱,用暴力(在政治制度上)保护奴隶制。在奴隶社会,奴隶主占有生产资料和奴隶;奴隶在奴隶主的强制下进行劳动。奴隶没有人身自由,可以被奴隶主打骂、买卖、转让、出租、赠送、抵押,奴隶主对奴隶"操有生杀予夺之大权"。因而,当时屠杀、人殉是常见的。中国殷代大墓人殉多达三四百人。从人性角度上说,奴隶制是最没有人性的。

然而,从人类的发展和社会的发展来说,奴隶制是必要的。它是社会发展的一大进步,是人类自觉组织起来利用自身的力量征服自然的壮举。

在历时200万年漫长的原始社会,由于生产力的十分低下,整个社会是极其分散的、随意的。一个广大的地区的一个个家族、氏族或部落是彼此独立的,并没有统一的组织和领导。如达尔文看到的未开化的"火地岛","各个部落没有一个共同的政府,没有一个共同的领袖"。这使得对整个社会生产力的组织、指挥,防御灾害、兴修水利,大规模的集中生产、抵御外侵都无法进行。应该说,这正是200万年的原始社会发展极其缓慢的直接原因。而奴隶制建立后,原来由血缘关系维系的氏族被按地

人性百题

奴隶社会是人类自觉组织起来的壮举吗?

---

① 《马克思恩格斯选集》,人民出版社1972年版,第4卷,第92—93页

区组织起来的国家所代替了,这就把整个社会组织起来了。正是这样的组织,一两千年的奴隶制使人类社会得到了迅猛的发展。铜器得到普遍的使用,农业、手工业、商业、畜牧业都有了较大的发展。最为明显的是,国家的统一有利于大规模水利建设。历史上,中国夏朝有大禹治水,埃及有开凿运河。另一明显特征是:建筑业有了很大发展,奴隶主集中大规模的劳动力,建造了宫殿、神庙、陵墓、贵族住宅。比如世界闻名的金字塔就是埃及奴隶社会的左王朝时期建造的。第三个特征是:城市迅速增加,埃及二十六王国时,"有人居住的市邑有两万座"。

无疑,生产的大发展,使人民群众的生活水平与勉强维持生存的原始社会相比也有了很大的提高。就奴隶而言,尽管当牛做马,没有人身自由,但与原始社会生活难以维持、战俘一律被杀掉相比,已大大前进了一步。

可想,社会要发展,人民生活水平要提高,不建立和维护奴隶制,不对人性作残酷的限制是不行的。那个时候,一方面人类还没有摆脱"野蛮"状态,人类的认识能力和文明程度还十分低下,野性多于理性;另一方面人与人之间的矛盾十分激烈尖锐。要人类自觉服从管理,国家要管理庞大的地域和人民,不得不使用暴力。这里的原则是,社会对人欲的限制程度取决于社会关系中人与人之间的矛盾和对立程度。

在思想方面,由于人与人之间的矛盾主要由棍棒解决,加之,社会文明程度和人类认识能力还很低。所以奴隶社会在思想方面对人欲的限制是很少的,道德力量是薄弱的。可以说,奴隶社会思想上是纵欲的。正因为如此,在奴隶社会,许许多多少男少女们在一起游戏、运动和跳舞常常是赤身裸体的。

三、封建社会推行禁欲主义和宗教是必要的

在奴隶社会的后期,由于生产的发展、物质生活的改善和奴隶的反

抗，奴隶的地位逐步有了改变，人身权利随之有了提高，有的成了自耕农，有的被"释放"。奴隶被殴打、杀戮的现象逐步减少。到了封建社会中后期，人有了一定的人身自由，不再被买卖、随意殴打和杀戮。劳动者从"会说话的工具"变成了享有一定自由的农民。可见，封建社会在人身权利方面向人性解放迈了一大步。

但是，封建社会地方割据十分严重，社会矛盾仍较激烈。另一方面，由于奴隶社会道德薄弱，思想上对人欲的放任，对社会的稳定和发展产生了极大的危害。而这也正是奴隶社会后期动乱、世风日下和腐败以致灭亡的重要原因。面对这种情况，怎么维护封建制度，怎么管住"老百姓"，像奴隶社会那样使用暴力已不行了，建立完备的法制当时还不可能。因而，不得不从两个方面着手，一是在政治上，建立中央集权制和严格的等级制度；二是在道德上，思想和道德约束的作用被突出出来。当时社会文化方面也还不够发达，统治阶级还拿不出多少科学的思想理论教育人民，被统治阶级也还不能充分地认识客观世界和自我利益。这样，非科学的宗教和禁欲主义就乘虚而入，成了封建社会的统治思想。

集权制和等级制在当时是必要的，是与封建社会的经济和文化条件相适应的。如果那时实行广泛的民主，那么，封建社会的生产关系一定无法维持。

封建禁欲主义是历史的必然，是全世界的普遍现象。中国当然也不例外，或许有两千年封建历史的中国禁欲主义更为严重。中国在对待人的欲望上，开始是"以利为耻"、"防欲"、"寡欲"、"制欲"、"禁欲"，到宋朝时，出现了以"存天理，灭人欲"为纲领的"程朱理学"。中国封建社会后期，程朱理学成了统治思想。

宗教是人类不能解释自然和自身的产物，是对客观世界的一种虚幻的反映。宗教产生于原始社会，到奴隶社会已出现了世界性三大宗教，即佛教、基督教和伊斯兰教。开始，宗教是在民间信奉和传播的，它适应广大下层人民群众企望脱离苦难的需要，是社会下层人民的宗教，它企望揭示人类苦难的根源，给人指明生活的出路，提供救世良方。当时宗教主要是图腾崇拜和自然崇拜,不具有维护社会制度的性质。到了封建社会,为了控制人的思想,以维护封建制度,宗教就成了维护社会稳定和发展的手段。为此,还不断增添新的内容。当封建统治者明显地意识到宗教对维护其统治的重要性的时候,宗教就有了迅速的发展,宗教就成了封建社会的统治思想,有些国家还成立了国教。如,中世纪西欧基督教会在意识形态领域取得了支配地位,它垄断了西欧的文化和教育,为封建社会蒙上了神赐的圣光。历史证明,在整个人类的发展史上,封建社会是宗教迷信最盛、最受宠的时期。就中国而言,佛教在西汉哀帝时(也有说东汉明帝时)由印度传入,东晋南北朝时期开始兴盛,隋唐两代达到了鼎盛。在隋朝短短30多年间,全国共度僧23多万人,建寺庙3900多所,造佛像20多万尊。

推崇宗教在很大程度上是一种道德宣传,其直接目的在于影响、约束人的行为,最终目的是维护一定的社会制度。封建宗教的内容大多是道德。我去过三峡"鬼城",使我进一步领悟到封建宗教的本质。"鬼城"有阎王殿、奈何桥,在通向阎王殿道路两侧有几十尊青面獠牙的魔鬼雕像,阎王殿里阴森可怕,高大的判官面目狰狞。不仅如此,"鬼城"还用一组组血淋淋的塑像告诫世人:人在世不行善,做坏事,死后要下十八层地狱,要被剜心、剖腹、锯成两半。鬼教的基本思想是:善有善报,恶有恶报。

在封建社会禁欲主义和宗教常常是结合在一起的。基督教中禁欲主义是基本的道德原则。它宣称,肉体的欲望是罪恶的渊薮,人们要弃绝一切欲望,忍受痛苦,听从天命,服从现存的世界秩序,求得上帝的拯救。

人性百题

封建社会推行禁欲主义和宗教是必要的吗?

我们知道,道德正是当时社会稳定和发展所特别需要的东西。一方面,社会上人与人之间无休止的争斗、倾轧、残杀、贪婪和欺骗、战争状况已成为严重的社会问题。因而,从社会稳定的大局考虑,对人欲进行一定程度的压制是十分必要的。再说,那时还没有达尔文的进化论和马克思的历史唯物主义,也没有科学的人体生理学和心理学,人们直观地把人的欲望看成是万恶之根源。既然人欲是坏的、恶的,那理所当然的应给以诅咒、否定、禁止。可见,禁欲主义既是社会发展的需要,也是人类认识的必然。另一方面,奴隶社会人欲横流的危害触目惊心。要维护封建制度,就要规范人的行为、限制人的欲望。然而,棍棒不行,思想上又认识不到,那么就只能推行非科学的宗教和禁欲主义,这也是历史的必然。

事实证明,宗教及以禁欲主义为核心的道德起到了维护封建制度的作用。宗教道德统一了人的思想,制约人的行为。与奴隶社会相比,封建社会大大稳定、统一,社会矛盾、争斗、战争大大减少,这样,社会生产得到了进一步的发展。当然,在封建制度已经没落行将被一个新制度代替时,宗教就成了麻醉人们、阻止革命的"鸦片"。

这使我领悟一个道理:在社会生活中,同一事物常有目的和手段两个方面。目的是根本,手段服从于目的。为了目的,手段有时不一定是科学的。在研究历史的时候,我们不能因手段的不科学而否定目的的正确性和必要性。这好比"善意的谎言";又如,陈胜、吴广为了发动起义,在鱼腹中塞入"大楚兴,陈胜王"的布条。

由此,我想,封建社会的道德,其理论基础是宗教和禁欲主义当然是错误的,但其目的是维护当时的生产关系,维护社会稳定,这是正确的。我们不能因其理论上错误,而否定它重大的历史作用。

四、人性的不断解放是历史的必然

封建社会后期,由于生产力的发展,产生了资本主义生产关系,这种生产关系需要给人更多的自由。另一方面,随着文化科学的发展,禁欲主义和宗教的非科学性被逐步认识。在这种情况下,社会上蕴育着一种普遍的、强大的解放人性的欲望。

14至16世纪,整个欧洲从意大利开始发生了轰轰烈烈的文艺复兴运动。这是一场资产阶级反封建、反宗教的思想解放运动,矛头首先指向教会和宗教神学,使教会威信扫地。在伦理思想方面,文艺复兴运动集中地反对宗教神学和伦理道德观,特别是集中反对禁欲主义。人道主义者对禁欲主义进行了猛烈地批判和痛快淋漓的嘲讽,他们以人性反对神性,以人道主义反对神道主义,以个性解放反对封建等级制度。

人道主义者认为,人是自然的产物,人的自然欲望是人的本性。他们主张人是自然的中心,提倡人的价值、尊严和个性解放;明确肯定和歌颂人的欲望,认为人的欲望是合乎自然规律的,它决不受任何力量的约束和阻拦,任何想人为地禁止人的欲望的企图都是荒谬和极其有害的。文艺复兴运动是一场伟大的思想解放运动,是一场人性解放运动。千年之久残酷压抑人的欲望的封建道德遭到猛烈地抨击,在思想道德领域较为彻底地恢复人性的本来面目,还了人性以自由。

资本主义社会建立之后,社会对人性的压抑大大地减弱了。道德方面,禁欲主义退出了历史舞台,人道主义、利己主义是道德的基本原则,与封建社会相比,对人的欲望限制的范围和力度也大大地减小了,而且道德的理论基础越来越具有科学性。制度方面,法制的作用被突出出来。正因为如此,资本主义社会的法制与以往社会相比是最健全、最完备的。我们看到,现在的资本主义国家中,公民的人身、财产、民主、自由等方面的权利受到了尊重,有了保障。

20世纪世界上一些国家建立了社会主义制度。就中国而言,自1949年中华人民共和国成立以来,人性获得了空前的解放。这是一场彻底的荡涤了旧社会一切污泥浊水的革命;政权中所有的大小官员都是新的,都是革命队伍中的知识分子和工人、农民出身的革命者;新中国的一切制度和方针政策都是按照新思想重新建立和制定的。这里,劳动人民真正是翻身当了主人,全国人民享受着广泛的平等、自由和权利。虽然这当中经历过曲折,"反右"和"文革"时期人身自由被侵犯,禁欲主义死灰复燃,人性遭劫。但自1978年改革开放以来,公民的人身自由等方面的基本权利得到了很快的恢复和发展。

现在,中国在提倡艰苦奋斗的同时,也提倡人民自由地享受生活。正因为如此,随着社会的发展,人们开始大胆地追求享受,如穿金戴银、化妆美容、购物、出国旅游、买房子搞装修以至买轿车等等。另一方面,国家强调以人为本,采取各种政策提高人民的生活水平。比如,国家下大决心为城市居民解决住房(廉租房、经济适用房),在城市建设方面,国家花巨资美化城市,开辟城市绿地,开放城市公园,建立休闲娱乐场所,让人们休养生息。同时,在国家的扶植下,社会兴起了饮食业、娱乐业、旅游业、美容业、休闲业。我们看到,全国大小城镇舞厅、酒吧、茶馆、咖啡馆、健身房、保龄球馆、美容美发厅、桑拿房、泡脚店到处可见。

如今不管是城市还是乡村,各类教徒自由出入教堂、寺庙。

性的需求是人的一大需求,性的解放是人性解放的重要标志。婚姻制度方面,旧社会父母包办、媒妁之言、三从四德。解放后,自由恋爱、婚姻自由、寡妇改嫁已逐步成为社会的新风尚。特别是改革开放以来,恋爱男女在公共场所搂搂抱抱、亲亲热热,司空见惯,无人过问。以前结婚要经单位批准,而单位常片面强调晚婚。2003年,国家改革《婚姻登记程序》,男女双方符合法定年龄,带身份证、户口本即可到婚姻登记机关登记结婚,手续极其简单。以前离婚十分困难,第一关是单位,而单位总是一次次劝阻,弄得许多夫妻一二十年毫无感情甚至多年分居也无法离婚。现在离婚也确实自由了,已婚男女,双方自愿,带身份证、户口本、结婚证可当即办理离婚手续。

除此,国家对婚外性行为的管理也有所放松。以前,婚前性行为要受行政处分或党内处分;现在,除了学校已无人过问。婚外情即通奸,以往管得很严,撤职、处分、开除党籍;现在,一般人员由单位做做劝诫工作;党员和国家干部是看影响,没什么影响的一般也是批评教育。在性传播方面,涉及性的小说、刊物、影视、摄影、绘画比较自由地在市场上传播,有一定性感成分的选美比赛、时装模特大赛被允许在国内举行。总之,在中国现阶段,人更自由,人欲限制逐步减少,人性空前解放。

当今世界,各国都在朝着解放人性、给人更多自由和权利、让人幸福的方向发展。

18世纪,资产阶级为解放人性创立了人权思想。这个思想反对的是,封建专制主义、禁欲主义、神的权威的思想和制度,主张的是人的价值、人的尊严、人的权利、个性解放。

人权思想形成于文艺复兴时期,后来英国霍布斯、洛克和法国的孟德斯鸠、卢梭等思想家将这一思想发展为较成熟的思想理论和政治学说。在实践上,"人权"思想是资产阶级推翻封建社会、建立新社会的战斗口号。奴隶社会把人作为会说话的工具,封建社会的禁欲主义压得人喘不过气来。资产阶级第一次公开地把自由和平等宣布为人权,并付诸大幅度解放人性的行动。应该说,资产阶级对人性解放作出了重大贡献,"人权"思想的创立具有划时代的意义。

"人权"思想创立者的基本观点是:自由平等是人一生下来就有的权利,是自然界赋予的,人应该享有这些权利。英国思想家霍布斯认为,每个人都有一种"自然权利",而所谓自然权利"就是每一个人按照自己愿意的方式运用自己的力量保全自己的天性……也就是保全自己的生命的自由"。[1] 洛克认为,"人类天性都是自由、平等和独立的"。[2] 法国启蒙思想家卢梭认为,自由平等乃是人类不可转让和放弃的天赋权利,"放弃自己的自由,就是放弃自己做人的资格,就是放弃人类的权利"。[3]

人权是人的基本权利,是人享受生活和幸福的基本内容。充分的享有人权就是让人们充分地毫无阻碍地满足需要、享受幸福。只有这样,才有人性的完全解放。因此,人权问题是事关人类生存和幸福的基本问题,是一个国家应承认、尊重、保障的起码的问题,而资产阶级的人权思想为近现代法律的制定奠定了理论基础,正因为如此,从18世纪后期开始,人权思想逐步进入了各国的宪法和联合国的宪章。

---

[1] 张纪成著:《人权初论》,云南人民出版社1993年版,第19页
[2] 《政府论》下篇,1964年版,第59页
[3] 《社会契约论》,1980年版,第16页

1776年7月4日,美国通过《独立宣言》,这是世界上第一个保障人的自由和权利的法律文件。它宣称,"人是生而平等的,他们都从他们的造物主那边赋予了某些不可转让的权利,其中包括人人都有生命权、自由权和追求幸福的利权"。《独立宣言》中有关人权的基本内容,1791年以《权利法案》的形式被载入美国宪法。

1789年8月26日,法国通过《人权和公民权宣言》(简称人权宣言)。它规定,人生而平等,享有自由、财产、安全和反抗压迫的权利;财产是神圣不可侵犯的权利;公民在法律面前人人平等;任何人非经法律规定和法律程序不受控告、逮捕或监禁;"任何人的私生活、家庭、住宅和通信不得任意干涉"。自由就是指有权从事一切无害于他人的行为、言论、出版等自由的行使,不得超越法律规定的限制,等等。法国的人权宣言,被作为序言纳入法国1791年、1793年的宪法中,并被誉为近代有关人权的政治法律文献的最高典范。所以,各国几乎都仿效法国。

进入20世纪,人身自由、人格平等、婚姻自由、言论自由、法律面前人人平等、宗教自由、私有财产不容侵犯等基本人权,已写进联合宪章和很多国家的宪法,已成了世界各国普遍承认和遵守的事实。

1948年12月10日,第三届联合国大会通过《世界人权宣言》。《宣言》规定:人人生而自由,在尊严和权利上一律平等;人身不可侵犯;男女平等;人有自由迁徙和出入境、拥有财产、宗教自由、发表意见的自由、和平集会和结社自由、参与治理本国的原则和权利。

继《世界人权宣言》之后,联合国于1966年12月16日通过了《经济、社会、文化权利国际公约》(又称《A公约》)和《公民权利和政治权利国际公约》(又称《B公约》)。《B公约》规定:公民有生命权;禁止酷刑和非人道待遇;禁止奴隶制和强迫奴役;人身自由和安全的权利;剥夺自由的人应给予人道待遇;迁徙和选择住所的自由;人格的权利;思想、良心、宗教自由,言论自由,集会自由,结社自由,结婚和组织家庭的权利;参与和管理公共事务的权利;在法律面前人人平等。

《世界人权宣言》受到各国的普遍重视,各国都在宪法中遵照或参照

> 人性百题
> 世界上第一个保障人的自由和权利的法律文件是什么?

其基本原则和精神,结合本国的实际情况,对人的基本权利作了规定。其中几乎各国都在宪法中规定公民有信仰自由、教育自由、劳动自由、通信自由、结社自由等权利。

同时,联合国还通过了《禁奴公约》、《废除奴隶制、奴隶贩卖及类似奴隶制的制度与习俗的补充公约》、《禁止酷刑和其他残忍不人道或其他有辱人格的待遇和处罚公约》、《难民地位公约》和《消除对妇女一切形式歧视公约》。

随着社会的不断发展,人性必将逐步地得到解放,最终必将得到完全的实现。尽管这是漫长的,但这是必然的。到那个时候,阶级、阶级斗争不再存在,与阶级相联系的国家制度则随之消亡,人们不再受政治上压迫、经济上剥削。人充分自由,个性充分发展,人的思想和行为已不受社会的任何限制。

具体来说,随着社会的发展和人的发展(文化程度和认识能力不断的提高),制度的限制、法律的限制和道德上的限制会越来越少。国家职能有的会消失,政府部门及其职能会越来越少,管理的强度会越来越弱,有些职能会被社区的管理所代替。由于人的理性和自觉性越来越高,人的自制力大大增强,其中包括法律和纪律管理的减弱,许多方面将被人的自制所代替。

在社会限制中性欲是最受限制的。应该相信,随着社会的发展和人的发展,社会对性的限制会不断减少,以尽可能地让人满足性欲。所以对婚前性行为、无婚性行为、妓女问题应该慎重对待,既不能一概扼杀,又不能放任自由。一些国家实行性解放、性自由,结果又解放过了头,给社会带来了很多问题。

若干年后,人类可能回复到一个新的类似原始社会状态。在这个社会中,人类在更自然的状态下生活。人的社会性大大减少,人类更加自由。用现在的观点看,将来的情形是不可思议的。可我们不要忘了,那是在物质极大丰富,人的文化修养、理性非常之高时的情形。社会限制被个人自我约束、自觉限制代替了。应该说,这就是马克思所说的共产主义社会。这并不是很快就能实现的,我以为,大概要200年、500年或更长的时间。现实是人们不是等待200年、500年才有自由与幸福,而是在走向未来社会的过程中,社会每前进一步人类就多一份自由与幸福,人类的前景是美好的。

应该相信,这是完全可能的。我们看到,随着科学技术和经济的迅猛发展,各国的距离"缩短",关系越来越密切,互相影响越来越大,人民的生活都变成世界性的了。另一方面,我们如今的社会也已经有了将来社会的内容:许多国家道路清洁、人民礼貌、社会文明、公民讲究卫生、遵守公共秩序已成习惯。在中国,20世纪90年代上海公交车实行无人售票。开始,许多人以为实行不了多长时间(担心逃票),而结果实行得很好。多少年来,上海公交车上秩序井然,人们都自觉投币(或刷卡),逃票的几乎没有。

五、"合乎人性"不是检验历史和现实的标准

历史和将来的发展证明,在人类发展的过程中限制人的欲望是必要的,而随着社会的发展释放人欲也是必要的,人性最终必将得到完全的实现。我认为,这一观点是我们看待历史、对待现实和预测未来的一大准则。

以往,人们总是对解放人性持肯定态度,对压抑人性的制度、阶级、道德持否定态度,认为剥削、压迫、剥削制度是坏东西,奴隶主、地主、资本家是与人民为敌的坏人,在资本主义制度建立初期,就有一些人著书立说揭露工人阶级被剥削的悲惨状况。

衡量一种制度是否合理的标准,不是看是否有剥削和压迫,是否合乎人性,而是看是否适应生产力的发展。因为从根本上说,只有适应生产力的发展,给人们带来更多的物质利益,使人们更好地满足自身需要的制度,才是合乎人性的制度。那种一说剥削、压迫、剥削阶级就否定的

观点,是片面的,是幼稚可笑的。

既然如此,在奴隶社会、封建社会和资本主义社会的上升时期,它们的统治阶级及国王、皇帝、总统对建立、维护和发展这个制度的作用是应当肯定的;在这些社会制度下,统治阶级是领导阶级,国王、皇帝、总统是这个阶级乃至全国人民的领导者。要么,否定这个制度,要么就应肯定这些东西。

在这些制度下,奴隶给奴隶主当牛做马,农民耕种地主的土地,工人在资本家的工厂里做工,他们经济上受剥削,政治上受压迫,从人性角度上说是应否定的,但从历史的角度,则是应当肯定的。既然一种社会制度是历史的必然,那么它的政治制度和意识形态,不管看起来多么不合理、多么荒唐,都是应该肯定的,都是有利于社会发展的,实际上也是有利于被剥削、被压迫的人民的。

用这个观点,我们发现,中国现代的历史教科书,贯穿着一种否定剥削制度、批判剥削阶级、过分颂扬农民起义的观念。"维护统治阶级的利益"、"为资产阶级取得和维护统治地位服务"常常是贬义的。历史证明,在以往阶级社会的一定历史阶段,生产关系是适应生产力的发展的,社会是前进的,生产是发展的。试问,在这个阶段,统治阶级如果不维护自己的地位和利益,能有社会的稳定和生产的发展吗?

从严格意义上说,称奴隶阶级、地主阶级和资产阶级为"剥削阶级"似乎也是一种贬义,一种否定。这种否定观不懂得在社会的发展过程中限制人欲(反人性)的必要,不懂得历史上如果没有人欲的限制、没有剥削和压迫,就没有今天社会繁荣和人民幸福。再说,如果说一切剥削、压迫都是错误的,那么人类应该将没有剥削、压迫的原始社会永久保持下来。原始社会经历了200多万年,再有几千年算不了什么。但可以断定,人类社会的发展还会那么缓慢,人类至今还会那么贫穷、落后、野蛮。理性告诉我们,没有暴力,人类就无法摆脱贫穷和落后。

应看到,为适应生产力的发展,建立和维护一定的生产关系是社会发展的根本所在,而这是根据统治阶级的利益和意志建立起来的。统治

人性百题

中国现代历史教科书否定剥削制度、批判剥削阶级是正确的吗?

阶级是生产关系中的主角,是领导阶级。所以,历史教科书应把统治阶级作为主角,把统治阶级建立和维护一定的生产关系,发展经济、政治、文化作为主线,围绕一个个生产关系的建立、发展、停滞及与之对应的经济的变迁和统治阶级的进步、贡献、没落、反动来写。

这就是马克思的唯物主义历史观。既然一定生产关系是生产力所决定的,是社会发展的必然,那么就应肯定这种生产关系。对以往的几个阶级社会来说,生产关系存在的本身就肯定了私有制,肯定了剥削,肯定了奴隶主阶级、地主阶级和资产阶级在生产中的领导地位。不仅如此,我们还应肯定建立在生产关系之上的政治制度和意识形态。把中世纪说成是黑暗时期是错误的,封建社会对宗教和禁欲主义的推崇是历史的必然。一些人之所以对以往阶级社会的许多东西持否定态度,关键在于没有把马克思的历史唯物主义贯彻到底。现在看来,以往阶级社会的许多东西是多么地不合理、多么荒唐,但这是历史,是当时的生产力发展所必须的。这如同原始社会由于生产力极端低下、食物极度匮乏,不得不杀死战俘一样,是必须的。

如今,能不能把"合乎人性"作为检验当今各国制度的标准呢?同样不能。

中国现在实行共产党领导的多党合作制和人民代表大会制,不搞轮流坐庄,不搞普选;既承认公民有言论、出版、集会、结社、游行示威的自由权利,又对这些权利进行一定的限制;对人的管理,一方面是法则,另一方面是中央、省、市、县、镇以及村委会和国家企事业单位的管理。每一级通过决定、命令、谈话、指示、批评、处罚等行政手段管理着人们。这也就是说,中国现阶段是既有法治,又有人治。实事求是地说,中国在依法治国的同时,人治还起着重要的作用。应该说,这是适合中国国情的。

一些国家不顾中国的事实,批评中国"不讲人权",国内也有一些人表示不满,他们崇尚"民主、自由"。

什么叫人权?所谓人权,就是个人应当享有的自由、平等、幸福的权利。从人的本性上说,满足自身机体的需求是个体和物种生存的根本,而满足机体需要就应享有自由、平等、幸福的权利,即享有人权。然而,在现实中,人在社会中生活,人要满足机体的需要,就要从事物质资料生产,而人与人在生产中结成什么样的关系,事关产品的多寡。在生产力没有发达到一定程度,人类没有足够理性的情况下,要建立能适应生产力发展的生产关系,就必须对人满足需要的欲望进行一定程度的限制,实际上也是对人权进行一定的限制。所以,在社会生活中,人的权利,如马克思所说:"永远不能超出社会的经济结构以及由经济结构所制约的社会的文化发展。"①

就现实而言,在一定的社会条件下,一个国家给人民自由、民主、人权的程度,是根据人的自然本性的要求呢?还是根据这个国家现实的社会物质条件和文化条件呢?前面已经说过,满足人的自然需要,解放人性是人类的崇高理想。但要实现这个理想,是有条件的。在条件不具备的时候,社会不得不限制人的自由、民主、平等,不得不来点"反人性"的东西。比如,奴隶社会不得不剥夺奴隶的人身自由,这是历史的必然。如果不是这样,而是给奴隶充分的自由,那就只有暴力、混乱、战争和死亡。

今天,一个国家实行什么样的制度,道德对人欲是否要给一定的节制,人性解放到什么程度,给人民多少民主和自由,仍然取决于这个国家的物质条件和文化条件。一个国家给人民的民主和自由是否符合这个国家的实际是无法衡量的,但可以通过实践检验。其标准是社会的发展和稳定,而最终是看生产力的发展和人民生活水平的提高。一个国家实行某种制度,不管给公民多少民主和自由,如果不能促进社会的稳定和发展,人民生活水平下降,国家充斥暴力、混乱,那么必然是一个错误的制度。相反,一个国家实行了某种制度,尽管人欲限制还比较多,民主自由还不那么充分,但社会稳定、生产发展、人民生活水平不断提高,那就是一个好的制度。民主和自由不是乱给的。在一定的社会条件下,给多

---

① 《马克思恩格斯选集》第4卷,第477页

了或给少了都会影响社会的发展和稳定,而最终必然导致人民越发不能自由,人性越发不能解放。

中国有13亿人口,占世界人口的22%,这是全世界任何一个国家都没有的问题。同人口多形成显著反差的是,中国耕地少,只占世界耕地的7%。除此,中国是以农业为主的国家,生产力还不发达。中国有近一亿的文盲,人民群众的文化水平还不高。这就是中国的国情。

这里摆着两大问题:一是13亿人口的温饱问题,一个是稳定问题。可以想见,要让13亿人吃饱穿暖,是多么的不易。再说,中国与一些人口少、文化层次高、经济发达的国家相比,人们为生存所产生的矛盾、冲突要多几十上百倍。因此,要解决中国的问题,必须既要重视发展,又要特别重视社会的稳定。正因为如此,中国领导人在把握了中国的特殊性之后,总是反复强调:中国不能乱。

据2006年《环球人物》第五期报道,原苏联总统戈尔巴乔夫在莫斯科接受该刊记者的专访时,他深有感触地说:"我给中国朋友的忠告是:不要搞什么'民主化',那样不会有好结果!千万不要让局势混乱,稳定是第一位的。"在谈到苏共下台时,他说:"我深深体会到,改革时期,加强党对国家和改革进程的领导,是所有问题的重中之重。在这里,我想通过我们的惨痛失误来提醒中国朋友:如果党失去对社会和改革的领导,就会出现混乱,那将是非常危险的。"

可见,处理中国的事情,为了社会的稳定,还不能处处靠法律,事事讲民主、自由、人权。法制、民主、自由的存在都是有条件的。如果说这些东西任何时候都是最好的东西,那么为什么奴隶社会、封建社会不实行完备法制,不给人民充分的民主和自由呢?而事实是,在奴隶社会,皮鞭是好东西;在封建社会,禁欲主义是好东西。

当然,今天的世界是不能没有民主、自由和人权的,但仍有个程度问题。其依据仍然是各国的物质条件和文化条件。就中国的条件来说,现阶段实行共产党领导下的多党合作制和人民代表大会制,不搞多党制,不搞普选,既要靠法律,又要发挥人治的灵活性、适用性和能动性;既要讲民主,又要讲集中;既要有自由,又要有严密的管理。这对中国来说是必要的。其检验的标准,就是新中国成立以来特别是1978年改革开放以来中国的发展和稳定,这是举世公认的事实。一个不适合中国物质和文化条件的制度,是不可能使中国几十年持续发展和稳定的。应当肯定,中国对人欲的限制是基本符合中国的物质文化条件的,是合理的、必要的限制,"不讲人权"的指责是没有根据的。

制度问题既是一个牵一发而动全身的问题,又是一个十分复杂的问题。对此,我们应慎之又慎,不能有半点马虎。一些人对民主、自由、人权崇尚之至。而对中国的情况不作认真地思考,就怀疑、指责、评头论足、牢骚满腹,这是极不负责的态度。一个关心国家前途和人民利益的人,应该从中国国情出发,慎重考虑中国的问题,既不能只从美好的愿望出发,也不能照搬外国的东西。世界各国不应有统一的人权模式,一个国家的公民能够享有权利的程度和范围,取决于这个国家的物质文化条件。条件不同,程度也就不同,因而,一个国家的人权规范应根据本国的情况而定。同样,由于各个国家的具体情况有所不同,各个国家对人性的限制也不应是同一个标准。这个国家民主多点,那个国家集中多一点;这个国家废除死刑,那个国家保留死刑;这个国家在道德上提倡个人奋斗,那个国家在道德上多强调为公、集体主义……这都是可以的。我们不能用统一标准去肯定这个否定那个。检验的标准,是看各个国家的具体情况,看实际的效果,任何国家都不能把本国的人权模式强加于他国。

当然,一个国家既应限制人欲又应解放人性。随着社会的发展和人的发展,及时地解放人的欲望是应该的,是绝不能含糊的。完全地满足人的自然欲望是人类的奋斗目标,充分的自由、快乐、幸福是人类的崇高理想。

人性百题
"天赋人权"的观点错了吗?

应该看到,在一定意义上,"天赋人权"的观点是正确的。"人权"可以从两个方面去理解,一是自然的权利,一是社会的权利。我们知道,自然界赋予人食物、避痛、安全、性、情爱、尊重、好奇、爱美、好胜等机体的需要。有需要就要满足,要满足就要有充分的自由(平等包含其中)。这也就是说,自然界在赋予每个人种种需要的同时也就赋予了每个人满足这些需要的权利,赋予每个人自由平等的权利。这是自然的必然性(这就是天赋人权)。

人的自然权利和社会权利是同时存在的。人在现实中得到的权利是社会的权利,但此时在人的机体内部始终存在着一种充分享有自由平等,充分满足人的需要,获得完全幸福的天生的欲望以及与之相伴的自然权利。

人之所以接受社会所给的已受限制的权利,实属不得已。所以,人总是渴望"人性复归","恢复自己的权利"。若我们不承认人有与人的自然需要相伴的天生的权利,人就无须去"争人权"。既然,人的一切权利已经由社会给定了,给多给少无关痛痒,那么还要"争什么"、"复归什么"、"恢复"什么呢?

人常常犯这样的错误:坚持自然唯物主义,不懂得如何解释历史,坚持了历史唯物主义,又把自然扔到了一边。应该看到,自然权利是社会权利的基础,人若天生不需要任何权利,也就不会产生社会权利。从另一个方面来说,人的社会权利是人的自然权利的一部分。奴隶社会中人的社会权利最少,反人性的程度最高。此后,社会权利逐步增多,反人性的程度逐步降低。将来当社会权利与自然权利基本相等时,人性就得到了复归,人类就获得了充分的自由和幸福。

当今,人权问题已得到了全世界的普遍重视。

应该承认,中国在"人权"问题上经历了一个发展过程,也就是经历了一个不断解放人性的过程。由于几千年封建思想的影响和人们对"共产主义"、"集体主义"的片面理解,中国曾对个人的自由、权利、享受、幸福缺乏足够的重视(还有过嘲弄和批判),不愿意给个人更多的权利(担心给人民过多的权利会影响社会的稳定)。思想理论界往往忽视个人利益,片面强调个人利益服从国家和集体的利益。这在法律制度和行政管理上则表现为,对个人利益、个人的基本权利重视不够;对公民生活方面的行为管理过多、过严;有些方面和地方侵犯公民的财产、利益和人权的事还严重存在,人治过头的情况还时有发生。中国宪法中规定:"国家保护公民的合法的收入、储蓄、房屋和其他合法财产。"而事实上,有些地方的"土政策"时常侵占个人的利益。前几年,许多地方搞小城镇建设或市政建设,大批民房被拆。有的地方,不顾老百姓死活,强行拆迁,而很少补偿。如今,许多城镇确实很漂亮,可有的是建立在侵犯个人财产、老百姓痛苦之上的。对此,有的领导者振振有词:"不牺牲一些人的利益,能有今天的辉煌吗?"在一些领导者眼里,个人利益太渺小,为了国家和集体利益,牺牲点个人利益算得了什么呢?

同时,在理论上中国曾长期对"人权"问题持批判、回避的态度,反对资产阶级提出的人权思想,特别是极力否定"天赋人权"的观点,认为"天赋人权"的思想是建立在唯心史观之上的。

随着中国改革开放的深入,"人权"问题日益得到重视。1990 年 12 月,江泽民在美国肯尼迪人权中心致周光召的批示中指出:"建议对'人权'要做一番研究,回避不了。"

1991 年 11 月 1 日,国务院新闻办公室发表了《中国的人权状况》白皮书,第一次阐明了中国的人权理论。书中开宗明义的指出:"享有充分的人权,是长期以来人类的理想,从第一次提出'人权'这个伟大的名词后多少世纪以来,各国人民为争取人权作出了不懈地努力,取得了重大的成果。但是,就世界范围来说,现代社会还没能够使人们达到享有充分人权这一崇高的目标。"

2004 年国家把"尊重和保障人权"写进了根本大法。这是中国从"左"的错误到人性化的巨大进步,是中国在人权问题上的巨大进步。

2004 年 3 月,十届人大二次会议接受中共中央在宪法中加进"公民的合法的私有财产不受侵犯"和"国家尊重和保障人权"两个条文的建议。这就是党和国家纠正不合理、不必要限制解放人性的实际行动。这具有划时代的意义:其一,在中国它第一次宣告了公民私有财产的神圣性,为保护公民私有财产提供了根本性的法律依据。其二,它冲破了长期以来"左"的错误思想的束缚,勇敢地从天上回归到了人间,第一次实事求是地与国际人权规范接轨。这有力地推进了人性的解放。

2008年5月12日四川省汶川大地震,数万人遇难。国家决定5月19日至5月21日为全国哀悼日。其间,为死难民众,全国降半旗(国旗),举国上下默哀、鸣笛3分钟。这是非常人性化的具有重大历史意义的举动,在中国是史无前例的。这里,人民被置于很高的地位,人民得到无上的尊重。

2011年,经过千苦万难,国家终于出台了拆迁法,终于由"人说了算"变为由"法说了算"。

总之,现阶段中国既要限制人欲又要解放人欲,对该限制的要坚决地、毫不动摇地予以限制;同时要及时纠正那些不必要的限制,并根据社会的发展不断解放人性。一个国家既要从现实出发,根据一定的物质和社会条件限制人的欲望,又要从人性出发,随着社会的发展及时释放人欲。只看人性,不看实际,一味强调解放人性是错误的;但客观条件变化了,死抱着陈规旧俗、本本主义,不及时解放人性也是错误的。一个国家应在基本保证社会稳定发展的基础上,尽可能多地让人们享受生活的幸福。全人类每一个人的自由、平等、幸福是人类奋斗的最高的、最终的目标。

尽管各个国家的具体情况不同,但人性是相同的,人们所争取的人权目标也是相同的,各国的物质文化条件也有相同之处,因而各国最基本的人权规范应该是相同的。正因为如此,才有联合国的《世界人权宣言》及许多"公约"。对此,中国应逐步与国际人权规范接轨,应认真学习、借鉴别国的人权规范。

主要参考书目

[1] 河北师范大学生物系遗传育种教研组:《生物进化论》,北京:人民教育出版社,1975年。
[2] (英)达尔文著,舒德干等译:《物种起源》,北京:北京大学出版社,2005年。
[3] 叶笃庄编:《达尔文读本》,北京:中央编译出版社,2007年。
[4] (美)恩斯特·迈尔著,田洺译:《进化是什么》,上海:上海科学技术出版社,2009年。
[5] (美)杰里·科因著,叶盛译:《为什么要相信达尔文》,北京:科学出版社,2009年。
[6] 李难:《进化生物学基础》,北京:高等教育出版社,2005年。
[7] 周永红、丁春邦主编:《普通生物学》,北京:高等教育出版社,2007年。
[8] 刘凌云、郑光美主编:《普通动物学》(第三版),北京:高等教育出版社,1997年。
[9] (美)I·阿西摩夫著,阮芳赋、陈大卫等译:《人体和思维》,北京:科学出版社,1979年。
[10] 陈炳卿、孙长颢主编:《营养与健康》,北京:化学工业出版社,2004年。
[11] (美)马克·贝科夫著,宋伟、郭燕、高勤译:《动物的情感世界》,北京:科学出版社,2008年。
[12] (英)苔丝蒙德·莫里斯著,余宁等译:《裸猿》,上海:学林出版社,1988年。
[13] 刘国隆主编:《生理学》,贵阳:贵州科技出版社,1991年。
[14] (日)栗原坚三著,叶荣鼎译:《趣谈味觉与嗅觉的奥秘》,上海:上海科学普及出版社,2004年。
[15] (意)马耶尔纳编,张娇、黄寰、罗子欣译:《世界动物百科一本全》,合肥:安徽少年儿童出版社,2009年版。
[16] (奥)弗洛伊德著,林尘、张唤民、陈伟奇译:《弗洛伊德后期著作选》,上海:上海译文出版社,1986年。
[17] (奥)弗洛伊德著,高觉敷译:《精神分析引论》,北京:商务印书馆,1986年。

[18] (美)马斯洛著,许金声等译:《动机与人格》,北京:华夏出版社,1987年。
[19] (美)马斯洛等著,林方主编:《人的潜能与价值》,北京:华夏出版社,1987年。
[20] (奥地利)格奥尔格·马库斯著,顾牧译:《弗洛伊德传》,北京:人民文学出版社,2011年。
[21] (美)弗兰克·戈尔布者,吕明、陈红雯译:《第三思潮:马斯洛心理学》,上海:译文出版社,1987年。
[22] (美)D·M·巴斯著,熊哲宏、张勇、晏倩译:《进化心理学:心理的新科学》,上海:华东师范大学出版社,2007年。
[23] 刘鹤玲:《所罗门王的魔戒——动物利他行为与人类利他主义》,北京:科学出版社,2008年。
[24] 达尔文原著,梅朝荣改编:《进化论——弱肉强食的故事》,武汉:武汉大学出版社,2007年。
[25] (美)约翰·P·霍斯顿著,孟继群、侯积良等译:《动机心理学》,沈阳:辽宁人民出版社,1990年。
[26] 高觉敷主编:《西方近代心理学史》,北京:人民教育出版社,1982年。
[27] 冯广国、彭文晓、周宗明主编:《心理学》,北京:经济科学出版社,1988年。
[28] (美)加德纳·墨菲、约瑟夫·柯瓦奇著,林方、王景和译:《近代心理学历史导引》,北京:商务印书馆,1980年。
[29] 张爱卿:《动机论:迈向二十一世纪的动机心理学研究》,武汉:华中师范大学出版社,1999年。
[30] (美)E·R·希尔加德、R·L·阿特金森、R·C·阿特金森著,周先庚等译:《心理学导论》,北京:北京大学出版社,1987年。
[31] (美)克雷奇等著,周先庚等译:《心理学纲要》,北京:文化教育出版社,1981年。
[32] (美)杜·舒尔茨著,杨立能等译:《现代心理学史》,北京:人民教育出版社,1981年。
[33] 曹日昌主编:《普通心理学》,北京:人民教育出版社,1980年。
[34] 章海山:《西方伦理思想史》,沈阳:辽宁人民出版社,1982年。
[35] 罗国杰主编:《马克思主义伦理学》,北京:人民出版社,1982年。
[36] 朱贻庭主编:《中国传统伦理思想史》,上海:华东师范大学出版社,1989年。
[37] 石毓彬、杨远编:《二十世纪西方伦理学》,武汉:湖北人民出版社,1986年。
[38] 魏英敏、金可溪编著:《伦理学简明教程》,北京:北京大学出版社,1984年。
[39] 陈瑛主编:《人生幸福论》,北京:中国青年出版社,1996年。
[40] (保)瓦西列夫著,赵永穆、范国恩、陈行慧译:《情爱论》,北京:三联书店,1984年。
[41] 《关于人的学说的哲学探讨》,北京:人民日报出版社,1982年。
[42] 彭波主编,《中国青年》编辑部编:《潘晓讨论:一代中国青年的思想初恋》,天

津:南开大学出版社,2000年。
[43] 张步仁:《西方人学发展史纲》,南京:江苏人民出版社,1993年。
[44] 孙纪成:《人权初论》,昆明:云南人民出版社,1993年。
[45] (美)亨利·托马斯、达纳·李·托马斯著,陈仁炳译:《伟大科学家的生活传记》,南京:江苏科学技术出版社,1980年。
[46] (德)费尔巴哈著,苏震华、李金山译:《费尔巴哈哲学著作选集》,北京:商务印书馆,1984年。
[47] 陶大镛主编:《社会发展史》,北京:人民出版社,1982年。
[48] 吴倬编著:《神的世界探源》(宗教学篇),北京:清华大学出版社,1994年。
[49] (英)罗素著,靳建国译:《婚姻革命》,北京:东方出版社,1988年。
[50] (美)戴尔·卡耐基著,李异鸣、郭海东译:《卡耐基大全集》,北京:新世界出版社,2005年。